教育部高等学校材料类专业教学指导委员会规划教材

国家级一流本科专业建设成果教材

铸造装备及自动化

（第2版）

樊自田　杨 力　龚小龙　编著

ZHUZAO ZHUANGBEI
JI ZIDONGHUA

U0254304

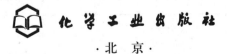
化学工业出版社
·北京·

内容简介

《铸造装备及自动化》(第2版)共分11章,主要内容包括铸造方法及设备与铸造自动化、智能化概述,铸造车间生产布置,铸造熔炼设备及控制,黏土砂造型设备及自动化,化学黏结剂砂造型设备及自动化,造型材料处理及旧砂再生设备,落砂、清理及环保设备,铝(镁)合金铸造成型设备及控制,消失模铸造设备及生产线、熔模精密铸造设备及自动化,增材制造快速铸造设备。书中结合现代铸造特点较系统地介绍了当前铸造生产中主要设备的工作原理、结构特点及自动化控制,内容新颖、资料丰富、图文并茂。

本书可作为高等学校的本专科、研究生教材使用,也可供从事相关专业生产与科研的工程技术人员参考。

图书在版编目(CIP)数据

铸造装备及自动化 / 樊自田,杨力,龚小龙编著.
2版. -- 北京:化学工业出版社,2025. 1. -- (教育部高等学校材料类专业教学指导委员会规划教材).
ISBN 978-7-122-46844-4

Ⅰ. TG23
中国国家版本馆 CIP 数据核字第 2024Z930C9 号

责任编辑:陶艳玲　　　　　　　　文字编辑:陈立璞
责任校对:杜杏然　　　　　　　　装帧设计:史利平

出版发行:化学工业出版社
　　　　　(北京市东城区青年湖南街 13 号　邮政编码 100011)
印　　装:高教社(天津)印务有限公司
787mm×1092mm　1/16　印张 16½　字数 425 千字
2025 年 3 月北京第 2 版第 1 次印刷

购书咨询:010-64518888　　　　　售后服务:010-64518899
网　　址:http://www.cip.com.cn
凡购买本书,如有缺损质量问题,本社销售中心负责调换。

定　　价:79.00 元　　　　　　　　版权所有　违者必究

前 言

　　虽然现代科技发展日新月异，但铸造行业作为机械工业的基础地位一直没有改变，预计以后也很难改变。铸件仍是机械制造中不可缺少的关键零部件，广泛用于汽车、船舶、机床、工程机械、航空航天等行业。从 2003 年开始，我国铸件产量就处于世界第一位，2021 年我国铸件总产量达 5405 万吨，大于第二位印度、第三位美国、第四位俄罗斯、第五位德国的铸件产量之和。铸造装备是铸件大规模生产的前提条件，铸造生产过程的自动化、智能化是铸件高质量生产的保障及发展趋势。

　　在当今"宽知识、厚基础"的大学本科教育背景下，培养专业方向性强、特色明显、适应企业需求的专门技术人才（铸造、锻压、焊接等专业方向），仍是我国高等教育的迫切任务之一。本书在 2009 年第 1 版的基本构架上，结合现代铸造装备技术发展特点及趋势，重新调整了部分内容结构，丰富了装备插图，增加了铸造装备自动化、智能化概述，熔模精密铸造设备及自动化，增材制造快速铸造设备等当前热点内容，内容更新颖、信息资料更丰富、图文并茂更突出，便于读者学习理解。

　　本书由华中科技大学材料科学与工程学院的樊自田、杨力、龚小龙，武汉工程大学机电工程学院的樊索编写与整理，书中的一些内容包括了笔者近年来的一些科研成果。全书内容追求"全面、新颖、概括"，与铸造生产实际紧密结合，充分体现了现代铸造装备技术水准。由于涉及的内容繁多，加之作者水平有限，书中难免有不足之处，敬请读者批评指正。

　　本书出版得到了国家自然科学基金项目 52275334、52205361、52205365 的资助，在此表示感谢！

樊自田
2024 年 2 月

第1版前言

铸造是机械工业的基础。作为加工工具的各类机床，其重量的 90%来自铸件；飞机、汽车的核心——发动机，其关键零件（涡轮叶片、缸体缸盖等）均为铸件。我国已是第一铸件生产大国， 2007 年我国的铸件年产量约 3000 万吨，已远超过铸造强国——美国和日本。但我国并不是铸造强国，所生产的铸件大多为档次不高的普通铸铁件，高质量的铸件尤其是高质量的铝合金、镁合金铸件的产量偏少，生产高质量铸件的现代化装备也不多。铸造装备是生产高质量铸件的保障，铸造工业的自动化与信息化又是现代铸造工业与技术发展的必然趋势。

本书全面地介绍了当前铸造生产中的主要设备的工作原理、结构特点及自动化控制要求，内容新颖、丰富，内容既包括铸造生产中传统的主要设备，也反映铸造设备的最新进展。

在专业合并的大形势下，"铸造"作为大学教育的专业基本已成为历史，有关"铸造设备及自动化"的教科书及专著，近十余年未曾在书店见到。因此，出版反映铸造设备及自动化新进展的教科书，实属可贵。

本书由华中科技大学的樊自田教授主编，龙威博士、王继娜博士等参加了资料的收集工作，在此表示感谢。由于涉及的内容繁多，加之作者水平有限，书中难免有不足之处，敬请读者批评指正。

樊自田
2009 年 3 月

目 录

第3章　铸造熔炼设备及控制

第4章　黏土砂造型设备及自动化

第5章 化学黏结剂砂造型设备及自动化

第6章 造型材料处理及旧砂再生设备

第 7 章　落砂、清理及环保设备

第 8 章　铝（镁）合金铸造成型设备及控制

第 9 章　消失模铸造设备及生产线

第10章 熔模精密铸造设备及自动化

第11章 增材制造快速铸造设备

第1章

概　述

　　铸造是将液体金属浇注到与零件形状相适应的铸造型腔中，待其冷却凝固后，获得零件或毛坯的方法。由于铸造的金属种类不同，所采用的造型材料、铸型工艺各不相同，因此形成了各种各样的铸造方法，所需的铸造设备也相差甚大，主要包括砂型铸造和特种铸造两大类。铸造设备是现代铸造生产的基础，其自动化、智能化是发展趋势。

1.1　铸造方法及设备概述

1.1.1　铸造方法概述

　　为了实现金属零件的铸造成型，首先要制备特定（零件）形状的铸造型（芯）。习惯上，铸造方法分为砂型铸造、特种铸造两大类，消失模铸造介于这两者之间。常见的砂型铸造工艺流程如图1-1所示。铸造方法的详细分类如图1-2所示。

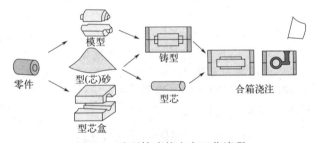

图 1-1　砂型铸造的生产工艺流程

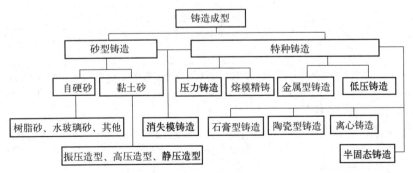

图 1-2　铸造成型的方法

　　砂型铸造一般用石英砂制造型芯，根据所用黏结剂的不同，又可分为黏土砂型铸造、树脂砂型铸造及水玻璃砂型铸造；而特种铸造较少采用**砂型砂芯**，通常采用金属铸型。

　　消失模铸造，其工艺特征介于砂型铸造与特种铸造之间。它既有砂型铸造的特点又有特种铸造的特点，既可以用散砂振动紧实也可以用黏结剂砂紧实。

砂型铸造、特种铸造及消失模铸造的特点概述如下。

（1）砂型铸造

砂型铸造是以石英砂为原砂、黏结剂作为黏结材料将原砂黏结成铸型的。根据所用黏结剂的不同，砂型又可分为黏土砂型、树脂砂型、水玻璃砂型三大类。在砂型铸造中，黏土砂型铸造历史悠久、成本低，普通黏土砂型铸造零件的尺寸精度和表面质量较低，广泛用于铸铁件、各类有色铸件、小型铸钢件的生产。为了提高铸件的尺寸精度和表面质量，20世纪中期以后，世界上先后出现了高密度黏土砂型和化学自硬砂型（树脂砂型、水玻璃砂型）。

黏土砂型，主要是采用机械和物理的方法提高砂型的紧实度与均匀性，从而提高铸型的精度。化学黏结剂砂型（树脂砂型、水玻璃砂型），主要是采用树脂及水玻璃等化学黏结剂，辅之固化剂（树脂砂常用磺酸类，水玻璃砂常用CO_2和有机酯等）调节砂型的硬化速度来提高强度和精度。

（2）特种铸造

在铸造行业，砂型铸造以外的铸造方法，统称为特种铸造。特种铸造的种类很多，通常包括精密熔模铸造、压力铸造、金属型铸造、离心铸造、反重力铸造（低压铸造、压差铸造）等。特种铸造大多采用金属铸型，金属铸型的精度高、表面粗糙度低、透气性差、冷却速度快。因此，与砂型铸造相比，特种铸造的零件尺寸精度和表面质量更高，但制造成本也更高。特种铸造大多属于精密铸造的范畴。

（3）消失模铸造

消失模铸造是介于砂型铸造与特种铸造之间的铸造方法。它是以泡沫塑料为造型模样，采用无黏结剂的散砂粒紧实填充或有黏结剂的型砂紧实造型。泡沫塑料模样既可用金属模具发泡成型，也可用泡沫塑料板切削加工形成。其浇注及生产过程与砂型铸造相似，而铸件的尺寸精度和表面质量却与特种精密铸造相似。故消失模铸造铸件的尺寸精度与表面质量较高。

常用铸造方法的特点比较如表1-1所示。

表 1-1　常用铸造方法的特点比较

铸造方法分类		原理概述	特点比较	应用范围
砂型铸造	黏土砂型	以石英砂为原砂，以黏土作黏结剂，辅之煤粉、水等辅助材料，紧实成铸型	成本低，铸件清理容易，但铸件的尺寸精度和表面质量都不太高	适用于各种金属、各类大小铸件的生产
	水玻璃砂型	以石英砂为原砂，以水玻璃作黏结剂，以CO_2和有机酯为固化剂，紧实硬化成铸型	铸型的强度和精度较高，旧砂的溃散性不太好，成本较低，工作环境友好	常用于铸钢件的大量生产，也可用于铸铁件的生产
	树脂砂型	以石英砂为原砂，以树脂作黏结剂，以苯磺酸等为固化剂，紧实硬化成铸型	铸型的强度和精度高，旧砂的溃散性好，成本较高，工作场地有气味	主要用于各类铸铁件的生产，也可用于铸钢件的生产
特种铸造	熔模精密铸造	液态金属在重力作用下注入由蜡模熔失后形成的中空型陶瓷壳内并在其中成型，又称失蜡铸造	铸件的精度高、表面粗糙度低（少无加工）；但工序复杂、生产周期长，成本高	最适合50kg以下的高熔点、难加工的中小合金铸件的大量生产

铸造方法分类		原理概述	特点比较	应用范围
特种铸造	压力铸造	在高压作用下将液态或半固态金属快速压入金属压铸型内,使其在压力下凝固成型	生产率高、自动化程度高,铸件的精度和表面质量高;但设备投资大,压铸型的成本高、加工难度大,压铸件通常不能进行热处理	主要用于锌、铝、镁等合金的小型、薄壁、形状复杂件的大量生产
	离心铸造	将液态金属浇入高速旋转的金属铸型中,使其在离心力作用下充填铸型并凝固形成铸件	生产率和成品率高,便于生产"双金属"轴套,但铸件内孔的尺寸误差大、品质差,不适合密度偏差大的合金及铝镁合金	主要用于大量生产管类、套类铸件
	金属型铸造	液态金属在重力作用下注入金属铸型中成型的方法。因金属可重复使用,又称永久型铸造	工艺过程较砂型铸造简单,铸件的表面质量较好;但金属铸型透气性差、无退让性、耐热性不太好	锡、锌、镁等,用灰铸铁做金属型;铝、铜等,用合金铸铁或钢做金属型
	低压铸造	介于金属型与压力铸造之间的一种铸造方法,充型气压为0.02~0.07MPa	可弥补压力铸造的某些不足,浇注速度、压力便于调节,便于实现定向凝固,金属利用率高,铸件的表面质量高于金属型铸造,设备投资较小;但生产率较低,升液管寿命较短	主要用于铝合金铸件的大量生产
	半固态铸造	首先在金属液凝固过程中进行强烈的搅动,使普通铸造易于形成的树枝晶网络骨架被打碎而形成分散的颗粒状组织形态,从而制得半固态金属液,然后将其压铸成坯料或铸件。有触变铸造与流变铸造之分	与压力铸造成型相比,具有成型温度低、模具的寿命长、节约能源、铸件性能好、尺寸精度高等优点;与传统的锻压技术相比,又有充型性能好、成本低、对模具的要求低、可制复杂零件等优点	目前工业应用的方法有铝合金的触变成型、镁合金的注射成型
消失模铸造		用泡沫模样代替木模等,用干砂或自硬砂等进行造型,无须起模,直接将高温液态金属浇注到型中的模样上,使模样燃烧汽化消失而获得铸件	无须起模、无分型面、无型芯,铸件的尺寸精度和表面质量接近熔模精铸;铸件结构设计自由度大,工序较砂型铸造和熔模铸造简化	目前主要用于铸铁、铸钢、铸铝件的生产,低碳钢消失模铸造易产生增碳作用

1.1.2　铸造设备概述

由于铸造工艺过程相对复杂、涉及的原材料众多,铸造设备的类型也多种多样。铸造设备是现代铸造生产的设备保障与过程基础,其分类及作用简介如表1-2所示。

表1-2　铸造设备的分类及作用简介

序号	铸造设备的分类		主要设备名称	作用
1	熔化、浇注设备	冲天炉熔化设备	冲天炉、鼓风机、配料设备、加料设备	铸铁(灰铁、球铁)的配料、加料及熔化
		电炉熔化设备	电弧炉、感应电炉、电阻炉	各种金属炉料(钢、铁、铝)的熔化
		浇注设备	倾转式浇注机、气压式浇注机、电磁浇注机	金属液的浇注

序号	铸造设备的分类		主要设备名称	作用
2	砂型铸造设备	砂处理设备	混砂机、松砂机、破碎机、筛分设备、旧砂再生机、烘干设备、旧砂冷却设备、磁分离设备	型砂、芯砂的混制与准备,旧砂的再生回用等
		造型设备	振实造型机、压实造型机、振压实造型机、射压造型机、气流冲击造型机、静压造型机	型砂、芯砂的紧实与造型
		制芯设备	热芯盒射芯机、冷芯盒射芯机、壳芯机	砂芯的制造、成型
		落砂设备	振动落砂机、滚筒落砂机、振动输送落砂机、风动落砂机	落砂,铸件与铸型的分离
		清理设备	滚筒清理设备、喷丸清理设备、抛丸清理设备、抛喷丸联合清理设备、水力清砂设备、电液压清砂设备	铸件表面清理
3	特种铸造设备	压铸机	冷室压铸机、热室压铸机、定量浇注机、取件机械手	压力铸造成型
		熔模铸造设备	蜡料处理设备、制模设备、制壳设备、脱蜡设备、模壳焙烧设备	熔模铸造成型
		低压铸造机	立式低压铸造机、卧式低压铸造机、液面加压控制装置	低压铸造成型
		离心铸造机	卧式离心铸造机、离心铸管机	离心铸造成型
4	运输定量设备	铸型输送机	连续式铸型输送机、脉动式铸型输送机、间歇式铸型输送机	铸型的输送,组成造型、浇注、冷却、落砂等工序的生产线
		鳞板输送机	Y31型鳞板输送机、BLT型鳞板输送机	输送热铸件
		振动输送机	矩形槽式振动输送机、管式振动输送机、螺旋槽式振动输送机	输送砂粒、煤粉、黏土、焦炭等材料
		气力输送装置	压送式气力输送装置、脉冲压送式气力输送装置、吸送式气力输送装置	输送砂粒、煤粉、黏土等材料
		给料设备	圆盘给料设备、螺旋给料设备、带式给料设备、振动给料设备	旧砂、型砂的定量给料
		定量设备	容积法定量设备、称量法定量设备	旧砂、型砂、焦炭、煤粉、黏土等材料的称量
5	检测与控制设备	冲天炉熔炼检测与控制设备	风量检测仪、风压检测仪、炉气成分检测仪、铁液温度及成分检测仪、料位测量仪等	冲天炉熔炼过程工艺参数的检测与控制
		炉前快速分析与检验设备	比色计、光谱仪、碳硫测定仪、金属中含气量测定仪	用于金属液的化学成分、碳硫含量、气体含量的测定
		型砂性能试验设备	原砂性能测试设备、型砂常温性能测试设备、型砂高温性能测试设备	型砂的常温及高温性能测试
		铸件无损探伤设备	超声波探伤设备、射线探伤设备、磁粉探伤设备、渗透探伤设备	铸件内部质量的无损检测
6	环保设备	除尘设备	袋式除尘器、旋风除尘器、湿式除尘器	灰尘及微粒的去除
		噪声防治设备	消声器、隔声防噪设备	噪声的降低与防治
		污水净化设备	沉淀池、污水处理器	污水净化与处理

序号	铸造设备的分类		主要设备名称	作用
7	其他附属设备	材料准备设备	锭料断裂机、搅拌机、球磨机、破碎机	金属锭料的准备、涂料的准备、旧砂的破碎等
		起重运输设备	电动平车、行车、起重机、悬挂抓斗	物料的运输、抓取等
		远红外烘干炉	电热远红外烘干炉	型、芯的烘干

按铸造生产产量计算，砂型铸造约占整个铸造的 80%，而黏土砂型铸造又占砂型铸造的 $70\%\sim80\%$。因此，在介绍铸造设备知识时，砂型铸造设备是主体。砂型铸造设备也是本书介绍的主要内容。

1.2 铸造自动化、智能化概述

（1）自动化

自动化是一种把复杂的机械、电子和以计算机为基础的系统应用于生产操作和控制中，在较少人工操作与干预下生产可以自动进行的技术。在工业自动化生产中应用的系统一般由以下部分组成：①物料自动搬运系统；②自动装配系统；③流水生产线；④信号检测数据采集系统；⑤计算机过程控制系统；⑥为支持工业生产活动用来收集数据、进行规划和做出决策的计算机控制系统。

一般认为，工业自动化是指将多台设备（或多个工序）组合成有机的联合体，用各种控制装置和执行机构进行控制，协调各台设备（或各工序）的动作，校正误差、检验质量，使生产全过程按照人们的要求自动实现，并尽量减少人为的操作与干预。所有工业生产（含铸造生产）过程通常均包括表 1-3 所列的三大环节、八个主要过程。

表 1-3　生产过程中的三大环节及八个主要过程

环节	主要过程	功能作用
设计	设计过程	产品设计、工装模具设计、专用加工设备设计等
制造	生产准备过程	原材料准备、采购及外协加工委托计划等
	工艺准备过程	工艺图纸准备、加工设备选择、工装模具制造等
	加工过程	冷加工（各类切削加工）、热加工（铸、锻、焊等）、各类生产线等
	检验试验过程	加工过程中工艺参数的自动检测、加工后产品的性能检测等
	装备过程	零件供给、产品装备与输送等
	辅助生产过程	产品的后续处理、废旧料回用、设备检修维护等
管理	生产管理过程	原材料（工具、配件等）管理、生产调度、人事管理、企业规划等

因此，铸造自动化是指将铸造生产过程中的多台设备（或多个工序）组合成有机的联合体，用各种控制装置和执行机构进行控制，协调各台设备（或各工序）的动作，校正误差、检验质量，使铸造过程按照人们的要求自动地实现，并尽量减少人为的操作与干预，适合大批量铸造生产。

以砂型铸造自动化为例，在造型、制芯、熔化、浇注、铸件清理和砂处理等工序中，主要由各种主、辅铸造设备配合自动完成，极大地降低了工人的劳动强度。具体涉及造型设备及自动化生产线，制芯设备及自动控制系统，金属熔化、浇注设备及控制系统，铸件落砂与清理设备及自动化系统，砂处理设备及自动检测系统等，各种铸造设备按照生产工序进行有序配合，自动完成砂型铸造生产过程。

（2）智能化

智能化是指事物在网络、大数据、物联网和人工智能等技术的支持下，所具有的能动地满足人的各种需求的属性。智能化（即"工业4.0"）的两大主题是智能工厂与智能生产。

① 智能工厂是在数字化工厂的基础上，利用物联网技术和设备监控技术加强信息管理和服务。未来，将通过大数据与分析平台，将云计算中由大型工业机器产生的数据转化为实时信息（云端智能工厂），并加上绿色智能的手段和智能系统等新兴技术，构建一个高效节能、绿色环保、环境舒适的人性化工厂。智能工厂的基本特征主要包括制程管控可视化、系统监管全方位及制造绿色化三个层面。智能工厂的三大技术基础是：无线感测器、控制系统网络化（云端智能工厂）、工业通信无线化。

② 智能生产（也称为智能制造）是一种由智能机器和人类专家共同组成的人机一体化智能系统。它在制造过程中能进行智能活动，诸如分析、推理、判断、构思和决策等。智能生产是制造业的未来。通过人与智能机器的合作共事，可扩大、延伸和部分取代人类专家在制造过程中的脑力劳动。它对制造自动化的概念进行了更新，扩展到了柔性化、智能化和高度集成化。与传统的制造相比，智能生产具有自组织和超柔性、自律能力、学习能力和自维护能力、人机一体化、虚拟实现等特征。

铸造智能化的目标是实现铸造各阶段的自感知、自决策和自执行，体现在机器人、传感器、数字化制造技术的普遍应用。铸造智能化发展途径的重点体现在：a. 铸造成型全过程计算机工艺模拟与优化；b. 数字化智能化铸造机械和生产线；c. 机器人在熔炼、浇注、造型、制芯、上涂料、精装等工艺中得到广泛应用；d. 在生产过程中大量应用在线监测技术及信息管理系统；e. 快速造型、制芯、模具加工等快速制造技术；f. 数字化铸造车间。具有"工业4.0"特征的自动化、智能化铸造工厂雏形如图1-3所示。

图1-3 具有"工业4.0"特征的自动化、智能化铸造工厂雏形

1.3 砂型铸造设备的特点

砂型铸造是目前铸件生产的主要铸造方法。钢、铁和大多数有色合金铸件都可用砂型铸造方法获得。由于砂型铸造所用的造型材料价廉易得，铸型制造简便，对铸件的单件生产、成批生产和大量生产均能适应，且生产灵活性大、生产率高、生产周期短、材料成本低，便于组织流水生产，易于实现生产过程的机械化和自动化，长期以来，一直是铸造生产中最基本的工艺方法。

制造砂型（芯）的基本原材料是铸造原砂和型砂黏结剂。最常用的铸造原砂是硅砂。硅砂的高温性能不能满足使用要求时，则使用锆英砂、铬铁矿砂、刚玉砂等特种砂。

为使制成的砂型和砂芯具有一定的强度，在搬运、合型及浇注液态金属时不致变形或损坏，一般要在铸造原砂中加入型砂黏结剂，将松散的砂粒（物理）黏结起来。应用最广的型砂黏结剂是黏土（或膨润土），故采用这种黏结剂的型砂称为黏土砂或湿型砂。采用化学黏结剂的型砂称为化学硬化砂，其黏结原理一般都是在固化剂的作用下发生分子聚合（化学反应）进而黏结硬化。常用的化学黏结剂有各种合成树脂及水玻璃两大类。根据所用固化剂的不同，化学黏结剂又分为"自硬"和"气硬"两类。它们的区别详见"铸造工艺""造型材料"等课程介绍。

因为各种砂型（芯）的成型、固化特征具有很大不同，所以采用的造型、制芯、砂处理等铸造设备差异较大，因此根据黏结剂不同，铸造设备可分为黏土砂铸造设备、树脂砂铸造设备、水玻璃砂铸造设备等。

为了实现铸造生产过程，砂型铸造通常包括熔化、浇注、造型、制芯、砂处理、铸件清理等主要工序，因此，砂型铸造设备又可分为熔化设备、浇注设备、造型设备、制芯设备、砂处理设备、清理设备等。

砂型铸造设备的特点概括起来有如下几点。

① 设备的种类繁多、结构差异大。为了实现铸造过程机械化、自动化，铸造设备需要完成熔化、浇注、造型、制芯、砂处理、清理、运输、检测等多个工艺过程，且不同的铸造材料工艺所需的铸造设备的功能及其结构原理相差很大。

② 设备运行的工作环境恶劣。砂型铸造设备的运行环境大多是高温、高尘、高污染，设备的设计制造应充分考虑设备的运行环境与条件。

③ 设备性能及可靠性要求较高。砂型铸造设备要求有良好的防尘、耐高温、耐磨损、抗干扰性能，工作时的可靠性要求相对较高。

④ 机械化、自动化程度需求高。由于铸造生产的高温、高尘、高污染环境，特别需要生产过程的机械化、自动化，因此对自动检测与控制的要求也更高。

⑤ 铸造设备智能化的潜力大。近年来，随着对铸件质量要求的提高，人工成本、安全与环保压力不断增大，实施铸造行业"信息化与工业化融合"的战略，实现关键工序智能化、关键岗位机器人替代、铸造生产过程智能优化成为铸造发展技术升级的必然趋势。

1.4 特种铸造设备的特点

特种铸造通常指所有的非砂型铸造，包括压力铸造、低压铸造、金属型铸造、离心铸造、熔模铸造、挤压铸造、消失模铸造等。随着技术的进步与发展，特种铸造产量越来大。与普通砂型铸造相比，特种铸造具有许多明显的优点。

① 铸件的尺寸精确高，表面光洁，更接近零件的最终尺寸，可极大减小铸件的切削加工余量。如熔模铸件的尺寸精度可达 CT4～CT6，压铸件可达 CT5～CT7，而砂型铸件为 CT10～CT13。

② 铸件内部质量好，力学性能高，可生产薄壁铸件。

③ 铸造工艺流程短、工序少（除熔模铸造外），具有较高的生产率，便于机械化和自动化生产。

④ 可降低金属液消耗和铸件废品率。

⑤ 可改善劳动条件，提高劳动生产率。

与砂型铸造相比，特种铸造中不同的铸造方法对应的铸造设备各不相同，且差异较大。目前，特种铸造的自动化程度要高于砂型铸造，劳动条件也优于砂型铸造。

特种铸造设备的特点概括起来有如下几点。

① 特种铸造设备相对单一，但不同铸造方法对应的铸造设备工作原理、结构差异大。如压力铸造设备主要为压铸机，低压铸造设备主要为低压铸造机，离心铸造设备主要为离心铸造机。

② 除熔模铸造外，特种铸造设备基本采用金属型铸造，主要生产铝、镁、锌、铜等有色合金铸件，设备的工作环境相对好于砂型铸造。

③ 特种铸造设备制造成本较高。特种铸造设备生产的铸件尺寸精度取决于铸造设备模具，因此设备的材料和制造要求严格，而且设备需要保持较高的稳定性。

④ 特种铸造设备自动化程度高。相对于砂型铸造，特种铸造工艺流程短，所需设备种类少，更容易实现铸造设备自动化和智能化。当前我国铸造厂自动化、智能化水平参差不齐，一些量大、面广或产品附加值高的铸造设备，其自动化、智能化应在全行业加快推行。

⑤ 特种铸造的应用越来越多，特别是压力铸造、低压铸造和熔模铸造，而且铸件的质量、体积和复杂程度不断增加，对相应的设备及其自动化提出了更高的要求。

1.5 主要内容及教学目标

本书以大学本（专）科铸造方向的学生（或同等知识程度的铸造工作者）为学习及参照对象，依据砂型铸造的工艺特点，主要介绍了砂型铸造的设备原理、结构特点、生产布置等，具体内容包括造型机及造型线、砂处理设备及系统、制芯设备及生产线、浇注设备及自动控制、落砂清理及环保设备、铸造设备及工装的管理维护、铸造车间设计及改造概述等，同时介绍了先进的特种铸造装备及最新的增材制造数字化铸造装备。本书可使学生对铸造工艺涉及的设备有全面系统较深入的了解与掌握，不仅能为学生顺利地从事铸造生产实际应用奠定理论与技术基础，对相关读者也有较大的参考价值。

本书是在学习"液压与气压传动""机械设计""检测与控制""铸造工艺基础""造型材料"等先修课程的基础上，进一步学习铸造过程主要设备的工作原理、结构特点及其操作控制技术，具体的教学目标如下。

① 学习掌握砂型铸造主要设备（造型机、砂处理设备、制芯机、浇注机、落砂清理设备等）及其自动化的分类特点、结构原理、操作控制方法，具备正确选用、设计、操作和维护铸造设备及控制系统的基本能力；

② 学习掌握铸造设备及工装的管理方法、任务与内容，具备合理维护、保养与管理自动化铸造设备及工装的基本能力；

③ 学习掌握铸造车间（工厂）设计与技术改造的基本知识，具备根据铸造工艺要求进行铸造车间（工厂）总体与工部设计的基本能力；

④ 了解铸造工艺及其设备的特点，掌握铸造设备及自动化控制技术的发展趋势，为培养新时代高素质的铸造行业技术人才奠定基础。

铸造装备及自动化课程是实践性极强的课程之一，本课程应密切结合学生的生产实习、实验课等实践环节，尽量采用多媒体（影像、图片等）手段，培养学生对铸造设备与自动化技术的兴趣及感性认识，提高授课质量与效果。

思考题

1. 概述铸造方法的种类及特点。
2. 概述砂型铸造的工艺原理及型砂的种类。
3. 简述砂型铸造设备的种类及作用。
4. 简述特种铸造设备的种类及特点。
5. 简述砂型铸造与特种铸造的主要区别。
6. 简述砂型铸造与消失模铸造的异同。
7. 简述铸造设备自动化、智能化的含义及特点。
8. 简述砂型铸造自动化与特种铸造自动化的主要区别。

参考文献

[1] 樊自田. 材料成形装备及自动化[M]. 2版. 北京:机械工业出版社,2018.
[2] 樊自田,蒋文明,魏青松,等. 先进金属材料成形技术及理论[M]. 武汉:华中科技大学出版社,2019.
[3] 何建平. 计算机自动化技术在铸造工艺中的应用[J]. 铸造,2020,69(11):1239-1240.
[4] 周安亮,王德成. 铸造智能化与机器人应用的现状及关键技术分析[J]. 铸造,2018,67(1):11-13.

第 2 章

铸造车间生产布置

　　铸造车间是铸件成型的主要场所，也是生产高质量铸件的保障之地。本章主要概述了铸造车间的分类组成、工作制度、生产纲领、工艺分析及设计方法，阐述了铸造车间的主要工部及布置特点，介绍了铸造车间的典型布置实例，以使读者对铸造生产组成结构有个总体认识。

2.1 铸造车间的分类、组成及工作制度

2.1.1 铸造车间的分类

　　由于生产方法、金属材料种类、自动化程度等相差甚大，铸造车间（或铸造工厂）可以按照不同的特征分类。其主要分类方法见表 2-1。

表 2-1　铸造车间的分类

主要分类方法	车间名称	备注
按生产铸件的方法分类	砂型铸造车间	又可分为黏土砂车间、树脂砂车间、水玻璃砂车间、壳型砂车间等
	特种铸造车间	又可分为熔模精密铸造车间、压力铸造车间、离心铸造车间、金属型铸造车间、低压铸造车间、差压铸造车间等
按金属材料的种类分类	铸铁铸造车间	又可分为灰铸铁车间、球墨铸铁车间、可锻铸铁车间、特种铸铁车间等
	铸钢铸造车间	又可分为碳素钢铸造车间、合金钢铸造车间等
	有色金属铸造车间	又可分为铜合金铸造车间、铝合金铸造车间、镁合金铸造车间等
按生产批量分类	单件小批生产铸造车间	年产小型件 1000 件以下、中型件 500 件以下、大型件 100 件以下
	中等批量生产铸造车间	年产小型件 1000~5000 件、中型件 500 件以上、大型件 100 件以上
	大批大量生产铸造车间	年产小型件 10000 件以上、中型件 5000 件以上、大型件 1000 件以上
按铸件重量分类	小型铸造车间	年产量 3000t 以下
	中型铸造车间	年产量 3000~9000t
	大型铸造车间	年产量 9000t 以上
按机械化与自动化程度分类	手工生产铸造车间	由人工采用简单工具进行生产
	简单机械化铸造车间	造型、砂处理、冲天炉加料、落砂等主要生产工序用机械设备完成，其余生产过程由人工完成
	机械化铸造车间	生产过程和运输工作都用机械设备完成，工人进行控制操纵
	自动化（智能化）铸造车间	由设备组成自动生产线，生产过程由各种设备、仪表及控制系统自动完成。工人的作用是监视设备运行、排除故障、维护设备等。智能化车间是自动化车间的进一步提升，即车间内全面的信息化与无人化

2.1.2 铸造车间的组成

铸造车间一般由生产工部、辅助工部、办公室、仓库、生活间等组成。各组成部分的主要功能如表 2-2 所示。

在铸造车间的各组成部分中，生产工部是最为重要的组成部分，它是铸造车间生产铸件的主要工部。铸件的生产工艺流程如图 2-1 所示。根据铸件的生产过程，可将生产工部细分为熔化工部、造型工部、制芯工部、砂处理工部、清理工部等。这些工部的主要作用是：

① 熔化工部，主要完成金属的熔炼工作；

② 造型工部，完成造型、下芯、合箱、浇注、冷却、落砂等工作；

③ 制芯工部，完成制芯、烘干、装配等工作，有时还包括型芯贮存及分送；

④ 砂处理工部，完成型砂及芯砂的混合配制工作；

⑤ 清理工部，完成去除铸件浇冒口、飞边、毛刺及表面清理等工作，有时还包括上底漆及铸件热处理等。

一般在工部下面根据生产情况还可再分工段，有些小型车间也可不设工部而直接设立工段。铸造车间的生产管理系统与车间的面积利用和人员的配备都有密切关系。工程技术人员应对此有较好的了解，这对提高生产和设备效率具有重要作用。

表 2-2 铸造车间的组成

铸造车间的组成名称	功能及作用	备注
生产工部	完成铸件的主要生产过程	又可分为熔化工部、造型工部、制芯工部、砂处理工部、清理工部
辅助工部	完成生产的准备和辅助工作	包括炉料及造型材料等的准备、设备维护、工装维修、砂型性能试验室、材料分析室等
仓库	原材料、铸件及工装设备的贮藏	包括炉料库、造型材料库、铸件成品库、模具库、砂箱库等
办公室	行政管理人员、工程技术人员的工作室	包括行政办公室、技术人员室、技术资料室、会议室等
生活间	工作期间工作人员生活用具的存放	更衣室、厕所、浴室、休息室等

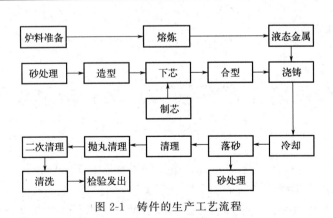

图 2-1 铸件的生产工艺流程

2.1.3 工作制度

铸造车间的工作制度分两种：阶段工作制与平行工作制。

（1）阶段工作制

特点是在同一工作地点，以不同时间顺序完成不同的生产工序。它适用于在地面上浇注的手工单件小批生产铸造车间。其优点是简单灵活；其缺点是生产周期长，占地面积较大。

阶段工作制按循环周期的长短又可分为三种类型：

① 每昼夜一次循环阶段工作制；

② 每昼夜两次循环阶段工作制；

③ 每昼夜两班造型及合箱，一班浇注、落砂及旧砂处理的阶段工作制。

（2）平行工作制

特点是在不同的地点，在同一时间进行不同的工作内容。它适用于采用铸型输送器的机械化铸造车间。其优点是生产率高，车间面积利用率高；其缺点是投资大，占地面积大。

平行工作制按一昼夜中所进行的班次，可分为一班平行工作制、两班平行工作制及三班平行工作制。

2.1.4 工作时间总数

工作时间总数可分为公称工作时间总数和实际工作时间总数两种。公称工作时间总数等于法定工作日乘以每工作日的工作时数，它是不计时间损失的工作时间总数。

实际工作时间总数等于公称工作时间总数减去时间损失（即设备维修时停工的时间损失、工人休假的时间损失等）。

我国机械工厂的公称工作时间总数见表2-3。

表 2-3　公称工作时间总数

序号	工作制度	全年工作日/天	每班工作小时/h			年公称小时数/h		
			第一班	第二班	第三班	一班制	二班制	三班制
1	铸造车间阶段工作制	251	8	8	7	2008	4016	5773
2	铸造车间平行工作制	251	8	8	8	2008	4016	6024
3	铸造车间连续工作制	355	8	8	8			8520
4	铸造车间全年连续工作制	365	8	8	8			8760
5	有色铸造车间的熔化工部	251	6	6	6	1506	3012	4518

2.2 铸造车间的生产纲领、工艺分析及设计方法

2.2.1 生产纲领

铸造车间的生产纲领包括产品名称和产量、铸件种类和重量、需要生产的备件数量及外协件（外厂协作件）数量等。我国通用于机械类工厂的生产纲领见表2-4。

车间生产纲领是进行车间设计的基本依据。确定生产纲领有下列三种方法：

（1）精确纲领

对于大批大量生产的铸造车间，根据工厂生产铸件明细表确定的精确纲领，其形式如表2-4所示。

（2）折算纲领

对产品种类较多的成批生产铸造车间，先选出代表产品首先应将产品按铸件复杂程度、技术要求、外形尺寸、重量等进行分组，然后再在每一组产品中选出产量最大的产品作为代表产品），再按下式计算代表产品的折算年产量，即为折算纲领。

$$N_{dz} = K N_b （台）\qquad\qquad (2\text{-}1)$$

式中　N_{dz}——代表产品的折算年产量，台；

　　　N_b——代表产品的年产量，台；

　　　K——折算系数，

$$K = \frac{Q_d + Q}{Q_d}$$

　　　Q_d——代表产品的年产量，t；

　　　Q——非代表产品的年产量，t。

例如，某铸造车间的主要产品如表 2-5 所示，其代表产品及折算纲领的确定方法如下。

按铸件的复杂程度分为一般和复杂两组。第一组的代表产品为产品 1，第二组的代表产品为产品 6。

先进行折算系数计算：

$K_1 = (6000 + 2000 + 2000)/6000 = 1.67$；　$K_2 = (1200 + 1500 + 3000)/3000 = 1.9$

所以，折算纲领为：

一般铸件，$N_{dz1} = K_1 N_{b1} = 1.67 \times 4000 = 6680$（件）；

复杂铸件，$N_{dz2} = K_2 N_{b2} = 1.9 \times 3000 = 5700$（件）。

表 2-4　铸造车间的生产纲领

序号	产品名称	单位	铸件金属种类					
			灰铸铁	球铁	可锻铸铁	铸钢	…	合计
1	2	3	4	5	6	7	8	9
1 (1)	主要产品 ×××× ①铸件种类 ②铸件件数 ③铸件毛重 …	种 件 kg						
2 (1)	主要产品年生产纲领(包括备件) ×××× ①铸件件数 ②铸件毛重 …	件 t						
3	厂用修配铸件	t						
4	外厂协作件	t						
	总计	t						

表 2-5　某铸造车间的主要产品

产品序号	年产铸件重量/t	铸件的复杂程度	年产数量/件
产品1	6000	一般	4000
产品2	1200	复杂	1000
产品3	2000	一般	2000
产品4	1500	复杂	3000
产品5	2000	一般	1500
产品6	3000	复杂	3000

（3）假定纲领

因生产任务难以精确固定，工艺技术资料不定，设计该类铸造车间时应参照类似车间的有关指标或有关设计手册确定假定纲领。

我国铸造车间主要是依据生产纲领来进行具体设计和计算的，但国外汽车行业大量流水生产的铸造车间，常以造型线为核心来考虑生产纲领。

2.2.2　铸造车间设计中的工艺分析

工艺分析是车间设计的基础。根据生产任务要求确定生产纲领后，对铸造生产任务进行工艺分析，是设计工作中一项非常重要的工作，它直接影响铸造车间的设计质量。对工艺分析的基本要求是：在具体的生产纲领条件下制订合理的铸造工艺方案，正确安排所设计车间全部铸件的生产工艺过程，合理地选择设备，分析确定机械化程度，为进行各工部的设计打下基础。若要使车间设计技术上先进可靠，经济上可行，工艺及设备选用和布置应合理。

工艺分析的基本任务主要包括：

① 根据生产纲领制订合理的铸造工艺方案，正确安排所设计车间全部铸件的生产工艺过程；

② 合理地选择设备，确定机械化程度，进行各工部的设计计算；

③ 绘制铸件生产的工艺流程图、总成造型任务明细表、制芯任务明细表和清理任务明细表等。

进行工艺分析时，还应注意如下几个方面的问题。

① 应根据铸件特征、生产批量、生产纲领等因素，从技术上和经济上对铸造工艺进行深入比较，尽量得出较为理想的方案；

② 尽量减少工艺类型和设备种类、规格，以简化设备管理、减少设备维修工作量和提高设备运行的可靠性及通用性；

③ 要注意解决铸造生产中各工序间的生产平衡问题，发挥主要设备的最大生产能力；

④ 在选择设备和进行车间布置时，应分析所选择的生产线及设备的合理性。

2.2.3　铸造车间设计方法

目前，我国铸造车间设计的方法通常为两阶段设计法，即扩大初步设计和施工设计。

（1）扩大初步设计

扩大初步设计的基本要求是：应根据任务要求，阐明在确定地点和规定期限内拟建的工程，保证在技术上的先进性与可靠性、经济上的合理性；阐述采用的先进工艺、设备、材料的水平及其依据；阐述选择厂址的根据；确定原材料、燃料的供应来源和水、电、动力等条件；对设计项目的基本技术决定；确定建设总投资和基本技术经济指标并进行分析等。

扩大初步设计完成后，应能满足标准设备订货、非标准设备设计、施工准备及确定建设总投资等方面的要求。

扩大初步设计的主要内容包括：工艺分析、设计计算（确定设备、人员、面积、动力等需要量）、车间布置（绘制车间的平、剖面布置图等）、编写设备明细表和设计说明书。

（2）施工设计

施工设计的基本要求是：应确定设备型号、规格和数量，确定动力站、车间工艺布置的详细尺寸；校正总平面图上房屋、构筑物、管线网络的位置、标高及与定位轴线等的关系；从施工要求出发，详细制订房屋、构筑物、设备安装和各种专门工程（采光通风、供水排水、动力照明、安全技术措施等）施工必需的图纸及说明；完成铸造工艺设备及机械化运输设备的安装设计；完成非标设备设计；确定各项目的工程造价。

施工设计应能满足施工安装和生产运转的要求，符合编制施工图预算的需要。

施工设计的内容包括：根据扩大初步设计的审批意见，修改车间布置；绘制工艺机械化安装图；绘制机械化运输设备及非标设备的全套施工详图（通常用1∶100的比例绘出多种设备的简明轮廓图形）；向土建、公用等设计人员提供所需设计资料等（包括工艺机械化安装图、土建框架结构图、公用设施安装图等）。

2.3 铸造车间的主要工部及布置

2.3.1 熔化工部

（1）熔化工部概述

熔化工部根据熔炼合金的种类不同可分为铸钢、铸铁和有色金属三种。在国内，铸铁熔炼以冲天炉为主，铸钢熔炼以工频（或中频）电炉和电弧炉为主，有色金属熔炼则以电阻炉为主。各种合金的熔化工部工艺过程各具特点。熔化工部的任务是提供浇注所需的合格的液态金属。以铸铁冲天炉熔化工部为例，其工艺流程见图2-2。

近年来，由于对铸件材质要求的提高和对环境保护措施的重视，加之节能高效等需求，采用电炉或双联炉（冲天炉-电炉）熔炼铸铁的工艺有了较大发展。冲天炉及电炉的工作原理将后面的章节中介绍。

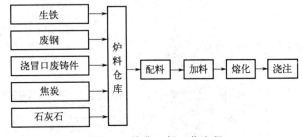

图2-2 熔化工部工艺流程

（2）熔化工部的布置

图2-3是国内较广泛用于铸铁熔炼的配有爬式加料机的冲天炉熔化工部的布置。图2-4为20t/h外热风水冷冲天炉熔化系统。随着铸铁件生产过程中对铁液质量要求的不断提高，电炉熔炼正逐渐取代冲天炉熔炼。图2-5是中（变）频电炉的典型布置。

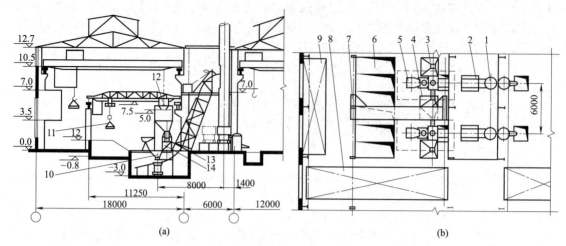

图 2-3　固定爬式加料机单元

1—5t/h 冲天炉；2—5t 冲天炉固定爬式加料机；3—焦炭斗；4—石灰石斗；5—铁料翻斗；6—铁料日耗库；
7—3t 电动单梁加料机；8—5t 电磁桥式起重机；9—电气控制室；10—漏斗；11—自动电磁配铁秤；
12—底开式料桶；13—DZM 型电磁振动给料机；14—气动式磅秤称量装置

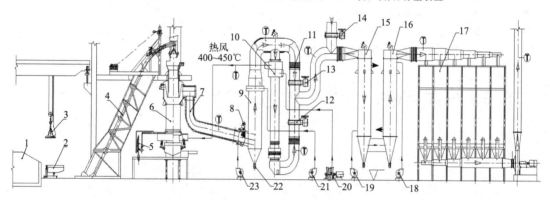

图 2-4　20t/h 外热风水冷冲天炉熔化系统

1—炉料日耗柜；2—铁料翻斗；3—电磁配铁秤；4—爬式加料机；5—冷却水单元；6—水冷冲天炉；
7—炉气管道；8—自动点火器；9—炉气燃烧器；10—艾夏式热风换热器；11—膨胀节；12,13—炉气
旁通阀；14—冷（野）风阀；15,16—炉气冷却器；17—袋式除尘器；18,19—炉气冷却器风机；
20—冲天炉鼓风机；21—炉气冷却风机；22—卸灰器；23—炉气助燃风机

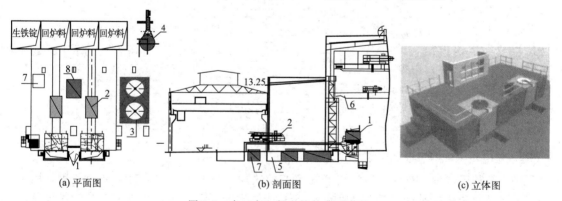

(a) 平面图　　　　　　(b) 剖面图　　　　　(c) 立体图

图 2-5　中（变）频电炉的典型布置

1—15t 中频炉炉体；2—电炉加料车；3—中频炉冷却循环装置；4—熔化炉除尘装置；
5—电容器等；6—龙门起重机；7—中频炉专用变压器；8—电气控制室

2.3.2 造型工部

（1）造型工部概述

造型工部是铸造车间的核心工部。典型的砂型造型工艺流程如图 2-6 所示。

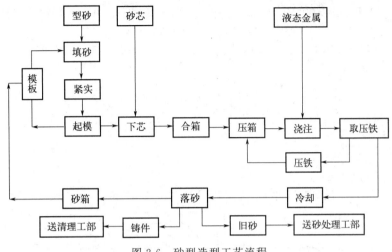

图 2-6 砂型造型工艺流程

造型工部的主要生产工序是造型、下芯、合箱、浇注、冷却和落砂。在铸造生产过程中，由熔化工部、制芯工部和砂处理工部供给造型工部所需的液态金属、砂芯和型砂；造型工部将铸件和旧砂分别运送给清理工部和砂处理工部。造型工部的工艺流程和机械化程度直接影响到熔化、砂处理、制芯和清理等工部的工艺流程、工艺设备和机械化运输设备的选择与布置。因此，在进行铸造车间设计和管理时，应以造型工部为基础来协调其他工部。

造型设备是造型工部的主要设备，造型设备的数量取决于铸造车间的生产纲领和造型设备的生产率。根据机械化程度，造型工部可分为手工或简单机械化造型工部、机械化或自动化造型工部两类。目前，工业化的铸造生产中，机械化或自动化造型工部使用较多，我国也有一些手工或简单机械化造型工部。由造型机及其辅机（合箱机、铸型输送机等）组成的机械化或自动化造型生产线可进行多种多样的布置。

（2）典型造型工部的布置

根据所选用的铸型输送机类型，造型生产线（造型线）可分为封闭式和开放式两种。封闭式造型生产线是用连续式或脉动式铸型输送机组成环状流水生产线；开放式造型生产线是用间歇式铸型输送机组成直线布置的流水生产线。

按铸型从造型机到合箱机的运行方向与铸型输送机下芯合箱段的运行方向之间的关系，造型线的布置方式可分为串联式及并联式两种。铸型从造型机到合箱机的运行方向与铸型输送机下芯合箱段的运行方向平行或重叠为串联式；而铸型从造型机到合箱机的运行方向与铸型输送机下芯合箱段的运行方向垂直或成一定角度为并联式。

按造型机与铸型输送机之间的关系，造型线的布置方式又分为线内布置和线外布置两种。线内布置是指造型机及大多数辅机布置在造型线的内侧；而线外布置是指造型机及大多数辅机布置在造型线的外侧。

造型线的多种布置形式各有其优点，选择和设计造型线时，可参照有关专著或实例确定。图 2-7～图 2-11 为几种典型的造型线布置；图 2-12～图 2-14 为三种典型的造型线立体图；图 2-15 为一种消失模铸造小零件的生产线平面布置。

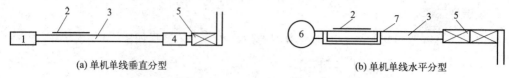

(a) 单机单线垂直分型　　　　　　　(b) 单机单线水平分型

图 2-7　开放式布置的无箱射压造型线

1—垂直分型无箱射压造型机；2—浇注段；3—铸型输送机；4—滚筒破碎筛；
5—落砂装置；6—水平分型无箱射压造型机；7—压铁装置

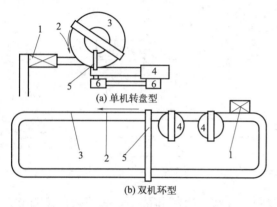

(a) 单机转盘型

(b) 双机环型

图 2-8　封闭式布置的无箱射压造型线

1—落砂装置；2—浇注段；3—铸型输送机；4—水平
分型脱箱射压造型机；5—压铁装置；6—底板回送装置

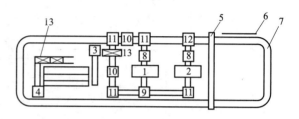

图 2-9　封闭式线内布置的造型线

1—下型造型机；2—上型造型机；3,4—过渡小车；5—压铁
装置；6—浇注段；7—铸型输送机；8—翻箱机；9—分型机；
10—台面清扫机；11—推杆；12—合型机；13—落砂装置

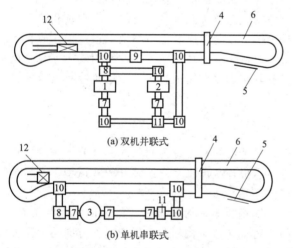

(a) 双机并联式

(b) 单机串联式

图 2-10　封闭式线外布置的造型线

1—下型造型机；2—上型造型机；3—上下型
造型机；4—压铁装置；5—浇注段；6—铸型
输送机；7—翻箱机；8—分型机；9—台面清
扫机；10—推杆；11—合型机；12—落砂装置

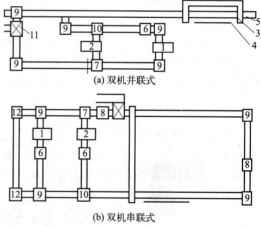

(a) 双机并联式

(b) 双机串联式

图 2-11　开放式线外布置的造型线

1—下型造型机；2—上型造型机；3—压铁装置；
4—浇注段；5—铸型输送机；6—翻箱机；7—分
型机；8—台面清扫机；9—推杆；10—合型机；
11—落砂装置；12—底板回送装置

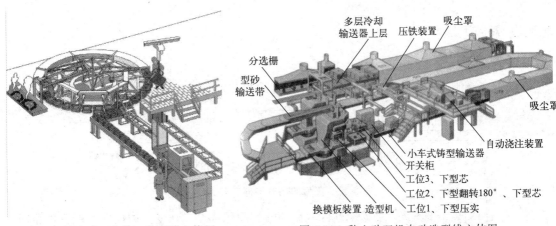

图 2-12　转盘式（亨特）造型线立体图

图 2-13　黏土砂双机自动造型线立体图

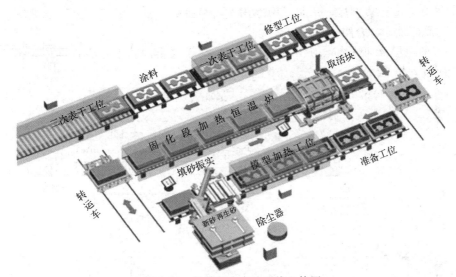

图 2-14　树脂砂生产造型线立体图

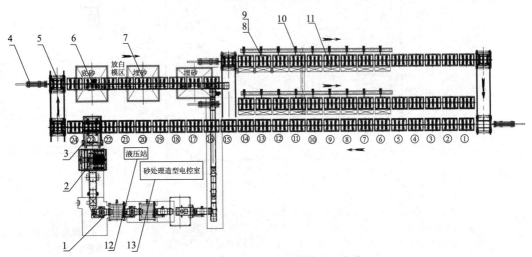

图 2-15　12000t/a消失模铸造生产线

1—砂处理系统；2—振动落砂机；3—液压翻箱机；4—液压推箱机；5—过渡小车；6—底砂振实台；7—三维造型振实台；8—砂箱；9—砂箱托盘小车；10—真空自动对接装置；11—浇注除尘；12—液压站；13—电气控制

2.3.3 制芯工部

（1）制芯工部概述

制芯工部的任务是生产出合格的砂芯。典型的制芯工部工艺流程如图 2-16 所示。

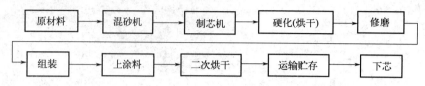

图 2-16　典型的制芯工部工艺流程

由于采用的黏结剂不同，芯砂的性能（流动性、硬化速度、强度、透气性等）各不相同，型芯的制造方法及其所用的设备也不相同。根据黏结剂的硬化特点，制芯工艺分为如下几种：

① 型芯在芯盒中成型后，从芯盒中取出，再放进烘干炉内烘干。属于此类制芯工艺的芯砂有黏土砂、油砂、合脂砂等。

② 型芯的成型及加热硬化均在芯盒中完成。属于这类制芯工艺的有热芯盒法及壳芯制芯法等，如图 2-17 所示。

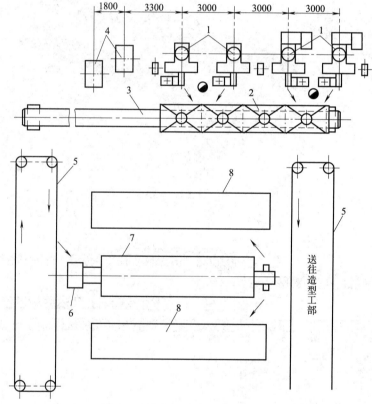

图 2-17　热芯盒吹芯机生产线布置

1—单工位半自动吹芯装置；2—抽风装置；3—板式输送机；4—液压动力站；5—悬挂链式输送机；
6—型芯修饰及涂料工作台；7—二次烘干通道式烘干炉；8—型芯存放架

③型芯在芯盒中成型并通入气体使其硬化。属于这类制芯工艺的有水玻璃 CO_2 法及气雾冷芯盒法等，如图 2-18 所示。

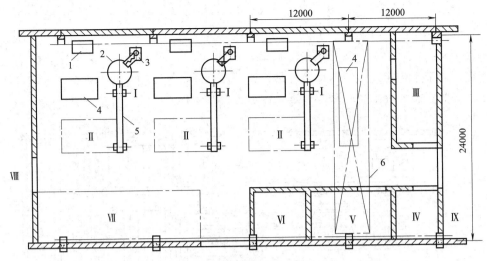

图 2-18　成批生产化学硬化造芯工部布置

I —化学硬化法制芯；II —型芯上涂料；III —辅助材料间；IV —涂料制备间；V —芯盒间；

VI —机修间；VII —型芯存放架；VIII —造型工部；IX —砂处理工部；

1—芯骨存放台；2—转台；3—螺旋式混砂装置；4—制芯工具及辅具台；5—带式运输机；6—桥式起重机

④ 型芯在芯盒中成型并在常温下自行硬化到形状稳定。这类制芯工艺有自硬冷芯盒法、流态自硬砂法等。

在制芯工部中，制芯机是核心设备，制芯机的选用及数量应根据生产纲领、生产要求及制芯机的生产效率等来确定。在现代化的铸造生产中，热芯盒法（或壳芯制芯法）及气雾冷芯盒法被广泛采用。

（2）制芯工部的运输

在制芯工艺过程中，为了避免型芯的反复装卸而导致型芯损坏，常采用悬挂链式输送机将整个制芯工艺过程联系起来，完成型芯的运输及贮存。近年来，推式悬挂链式输送机被广泛用于制芯工部的型芯运输及贮存。它运输贮存方便，可实现型芯高效率的机械化输送。

推式悬挂链式输送机的布置如图 2-19 所示。主链的输送速度不受工艺速度的限制，型芯上涂料、烘干及贮存可在辅链上进行。采用推式悬挂链式输送机的型芯烘干线布置如图 2-20 所示。

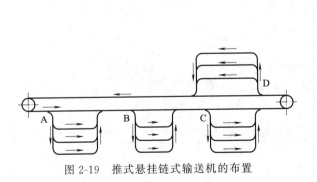

图 2-19　推式悬挂链式输送机的布置

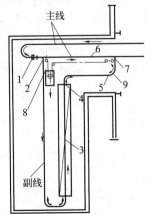

图 2-20　采用推式悬挂链式输送机的型芯烘干线布置

1—寻址器；2—右出道岔；3—烘干炉；4—停止器（烘干炉出口）；5—停止器（上主输送线之前）；6—空推杆发号器；7—右入道岔；8—小车发号器；9—滚子列

（3）典型制芯工部的布置

大批生产的铸造车间制芯工部布置如图 2-21 所示。制芯工部布置的主要原则是：工艺流程通畅，便于生产管理；制芯设备、烘干炉、运输设备等要相互匹配，布置制芯工部时尚需考虑型芯的修整、装配、贮存及过道、柱子边上的面积。

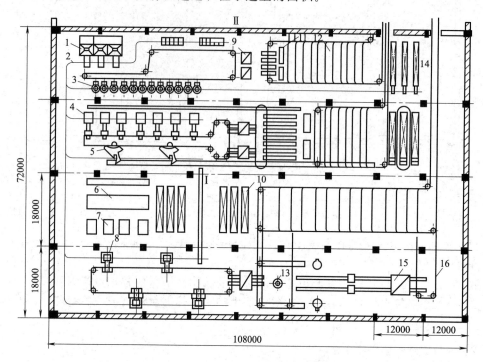

图 2-21　大批生产的铸造车间制芯工部布置

Ⅰ—制芯工部；Ⅱ—造型工部；1—芯砂混制装置；2—输送芯砂的悬挂链式输送机；3—射芯机；
4—吹芯机；5—自动制芯机；6—芯骨校正台；7—芯骨铁条切割机；8—中等型芯制芯机；
9—立式烘干炉；10、14—芯盒存放架；11—检验台；12—型芯存放库；13—磨芯机；
15—二次烘干炉；16—运往造型工部的悬挂链式输送机

图 2-22 为某企业采用的酯硬化水玻璃砂制芯（造型）生产线的布置简图及现场照片。它主要生产铁路铸钢件摇枕、侧架等零件。

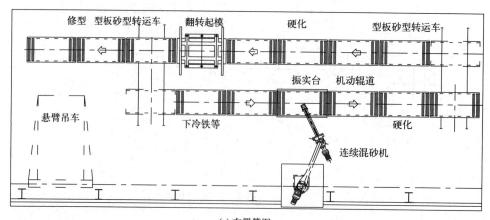

(a) 布置简图

(b) 现场照片

图 2-22　酯硬化水玻璃砂制芯（造型）生产线的布置简图及现场照片

2.3.4　砂处理工部

（1）砂处理工部概述

砂处理工部的任务是提供造型工部、制芯工部所需要的合乎一定技术要求的型砂及芯砂。机械化黏土砂的砂处理工艺过程如图 2-23 所示。

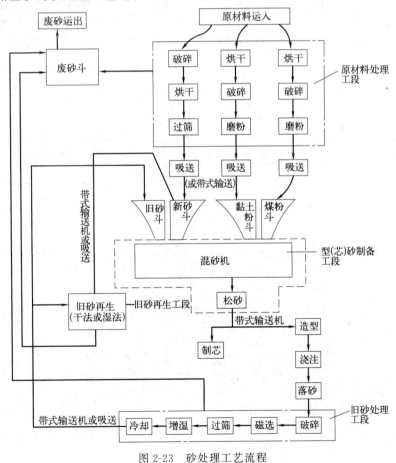

图 2-23　砂处理工艺流程

在砂处理工部中，混砂机是核心设备。不同的型（芯）砂种类要采用不同的混砂机，其砂处理工艺过程也不尽相同（如水玻璃砂、树脂砂等）。

在现代化铸造车间中，废旧砂的再生利用是砂处理工部的重要环节（也是绿色铸造的重要标志），尤其是在水玻璃砂和树脂砂等化学黏结剂砂的铸造车间更为突出。

（2）典型砂处理工部的布置

砂处理工部的特点是原材料种类多、消耗量大、运输量大、管理调度复杂、产生粉尘多、劳动条件差。所以在设计及布置砂处理工部时，应尽量减小运输距离、减少型砂及芯砂的种类、采用机械化运输、加强通风除尘等。

某工厂的铸铁小件砂处理工部机械化流程见图 2-24。

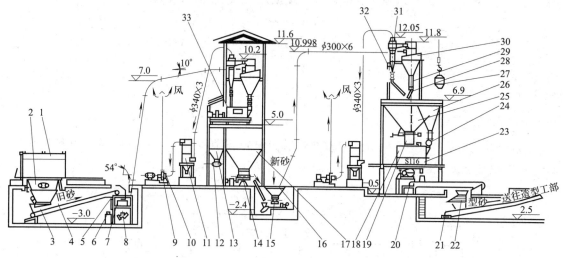

图 2-24　铸铁小件砂处理工部机械化流程

1—落砂机防尘罩；2—落砂机；3—振动给料机（$Q=10\text{t}$）；4—1$^{\#}$带式运输机（$B=500\text{mm}$）；5—磁选滚筒；6—铁屑桶；7—辊式粉碎机（$\phi400\text{mm}\times410\text{mm}$）；8—喉管；9—风机；10—启动闸阀；11—泡沫除尘器（$\phi800\text{mm}$）；12—手动斜底开关；13—砂块斗；14—$\phi1500\text{mm}$圆盘给料机；15—$\phi1000\text{mm}$圆盘给料机；16—新砂给料斗；17—旧砂斗（$V=32\text{m}^3$）；18—混砂机防尘罩；19—可调节定量器（$V=0.34\text{m}^3$）；20—2$^{\#}$带式运输机；21—3$^{\#}$带式运输机；22—松砂机；23—S116 型混砂机；24—星形定量器；25—新砂和旧砂斗；26—黏土斗；27—黏土运输罐；28—旋转溜管；29—重力锁气器；30—$\phi1600\text{mm}$旋风分离器；31—4$^{\#}$DF 型旋风除尘器；32—小锁气器；33—滚筒筛砂机 S4120

图 2-25 为一种树脂自硬砂铸造工艺的砂处理系统设备组成，图 2-26 为一种黏土砂铸造工艺的砂处理系统设备组成。

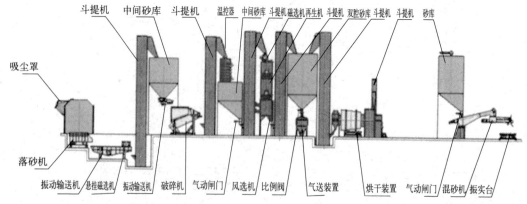

图 2-25　树脂自硬砂铸造工艺的砂处理系统设备组成

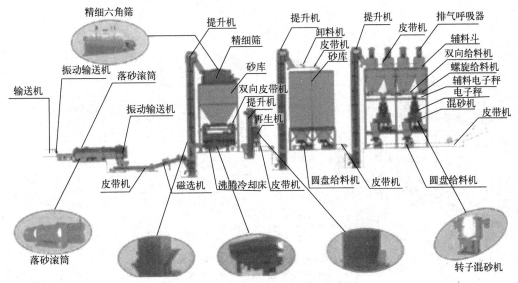

图 2-26　黏土砂铸造工艺的砂处理系统设备组成

2.3.5　清理工部

（1）清理工部概述

清理工部的主要工序如图 2-27 所示。它的主要任务是去除浇冒口、清理铸件表面、修补缺陷等。由于清理工作劳动强度大，噪声、粉尘危害严重，劳动条件差，因此，清理工部需要采取隔音、防尘等环境保护措施。

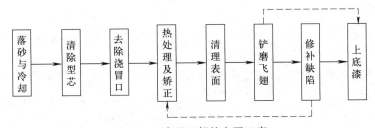

图 2-27　清理工部的主要工序

用于铸件清理的设备，应根据金属种类，铸件的大小、形状、重量和复杂程度等选定。不同类型的铸件的清理应选择不同型号的清理设备，组成清理流水线。

（2）典型清理工部的布置

现代化铸造车间清理工部的布置应使主要工艺设备、附属设备和起重设备之间能有机地联系在一起，并能使设备按工艺流程要求合理地组合和布置在一起。

图 2-28 为大批生产条件下中型铸铁件的清理生产线布置。按照清理工艺流程，可采用推式悬挂链式运输机将各主要清理工序联系起来。

2.3.6　仓库及辅助部门

（1）仓库

铸造车间使用的原材料种类多、数量大，需要有原材料仓库；生产出的铸件以及使用的

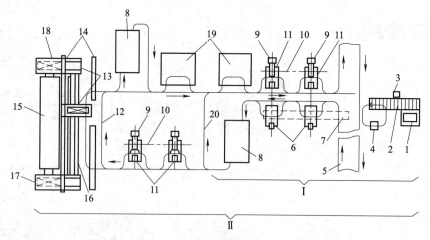

图 2-28 中型铸铁件清理生产线布置（大批生产）

Ⅰ—不需热处理的铸件清理处；Ⅱ—需要热处理的铸件清理处；

1—落砂机；2—鳞板运输机；3—去除浇冒口装置；4—电葫芦；5—推式悬挂链式运输机；6—振击式
取芯机；7—带式输送机；8—连续式抛丸清理室；9—铲磨机；10—单轨；11—铸件夹紧装置；
12,20—推式悬挂链式运输机副线；13—桥式起重机；14—起重机轨道；15—热处理炉；
16—装料车轨道；17—装料车；18—卸料车；19—铸件缺陷焊补台

工艺装备和工具等也均应有一定的存放地。铸造车间的仓库包括炉料库、造型材料库、铸件成品库、工具库以及工艺装备库等。

各种仓库设置的总原则是在保证生产所需的前提下，尽量减少贮备量，减小仓库面积。各仓库也应尽量靠近使用它们的工部，减小运输距离，以方便使用。

（2）辅助部门

铸造车间的辅助部门主要包括合金成分及性能快速检测分析实验室、型砂性能实验室、机修工段等。

① 快速检测分析实验室。该室能及时地对铸造车间所熔化的金属进行炉前分析。对于大批大量生产车间，除需进行化学元素的快速分析外，还需检验金相组织和测定力学性能。现代化铸造车间（工厂）中，金属熔体化学成分的快速精确测定与实时调整，是生产高性能高质量铸件的必要条件。

② 型砂性能实验室。该室的任务是对使用的型砂经常抽测检查，掌握型砂的质量标准。对黏土砂来讲，需检测的性能指标有型砂强度、含水量、透气性、含泥量等；对自硬砂的性能检测主要包括硬化强度、硬化速度、可使用时间、发气量、灼烧减量、粒度分析等。

③ 机修工段。机械化铸造车间设备种类繁多，工艺装备数量也很大，且各生产工序间联系密切，任何一台设备出现故障都可能影响车间的正常生产。因此必须加强设备的维修保养及管理工作。机修工段的任务除维修车间的工艺设备、工艺装备等外，还需对车间的动力系统（液、气、电等）和供水排水、暖通系统进行维修与保养。

高素质的设备维护人员是现代机械化、自动化铸造车间正常运行的基本保障。

2.4 铸造车间主要工部间的相互位置

2.4.1 铸造车间在工厂总平面布置中的位置

铸造车间在全厂总平面布置中的位置与铸造车间的特点密切相关。根据铸造生产的特点，铸造车间在全厂总平面布置中的位置可考虑如下几点。

① 铸造车间通常布置在热加工车间组和动力设施（热电站、锅炉房、空压站等）区带。但铸造车间一般不允许和锻造车间在一起。

② 铸造车间应布置在机械加工、模型等车间以及行政办公室、食堂等设施的下风处，并处于离工厂入口最远的地方。

③ 铸造车间的地下构筑物多，在全厂总平面布置时，应将铸造车间的设备布置在地下水位较低的地段。

④ 铸造车间厂房的纵向天窗轴线应与夏季主导风向呈 60°～90°，以便排出各种有害气体，保证车间内空气新鲜。

⑤ 铸造车间的原材料库应顺着铁路线或水运线布置。

⑥ 大量生产的铸造车间的清理工部和铸件库应尽量靠近机械加工车间，以缩短铸件的运输路线。

2.4.2 铸造车间厂房建筑形式及各铸造工部的相互位置

（1）厂房建筑形式

铸造车间的厂房建筑形式很多，但基本上可归纳为四大类：长方形、"Ⅱ"字形或"山"字形、双层长条形，封闭式铸造厂房。

① 长方形厂房　它由几个互相平行的跨度或几个平行的跨度与几个垂直的跨度组成，厂房外形呈长方形或基本呈长方形。

这种厂房的优点是建筑简洁，布局紧凑，运输路线短，动力管道短，占地面积小。但厂房内的粉尘、废气、噪声和热量较为集中，需要加强车间内的通风除尘、降温、隔音及采光等。

② "Ⅱ"字形或"山"字形厂房　该类厂房以"Ⅱ"字形或"山"字形的平面布置。它的优点是：可将不同生产性质的工部分开布置，减少相互干扰；具有较大的自然通风与采光面，通风和采光条件较好；便于车间的扩建和未来发展，其扩建量可达 30%～50%。该类厂房的缺点是：工部布置分散，车间内部的运输路线长，占地面积大，建设费用较高。

③ 双层长条形厂房　由于单层厂房占地面积较大，车间各工部之间运输路线较长，近年来出现了较多的双层厂房。它通常将通风装置、连续运输设备、仓库、各种管道等设施布置在第一层，而将主要生产工部（熔化、造型、制芯、砂处理、清理等）布置在第二层。该类厂房的优点是：车间的占地面积小、工艺设备布置紧凑、生产路线短，对于地下水位较高的地区尤为适宜。但双层长条形厂房建筑结构较复杂，设备基础高，安全防火措施需特别处理。

④ 封闭式铸造厂房　铸造车间内的烟尘大、污浊空气多，为了避免已排出的烟气经窗户等流回车间内，提高工作质量和效率，国外近年来普遍采用封闭式铸造厂房。其又分为无窗封闭式铸造厂房（多在美国采用）和有窗封闭式铸造厂房（在欧洲国家、日本等采用较多）。

封闭式铸造厂房的优点是：便于控制厂房内空气的流量和压力，通风除尘效率高，可改善厂区周围环境，减少铸造厂对四邻的危害。该类厂房的主要缺点是：必须有庞大的通风系统，耗电量大，投资费用高。

（2）铸造车间各工部的相互位置

铸造车间各工部的相互位置合理与否，对车间的生产有很大的影响。各工部的相互位置应遵循如下原则：

① 主要生产物料（炉料、液态金属、芯砂、旧砂等）的运输流程应最短。

② 各生产工部便于与工厂运输线、动力管道和卫生工程管道相连接。

③ 主要生产工部（造型、制芯、熔化等）应布置在采光和通风良好的地方。

④ 通常铸造车间以造型工部为核心来考虑熔化、制芯、砂处理和清理等工部的位置，即首先确定造型工部的位置，其他工部布置在造型工部的周围。造型工部一般应有良好的照明，并设置在车间的主跨度内。

⑤ 清理工部的粉尘多、噪声大，最好与造型、熔化等工部的主厂房分开，单独设置。

图 2-29 为各种类型的铸造车间各工部的位置。

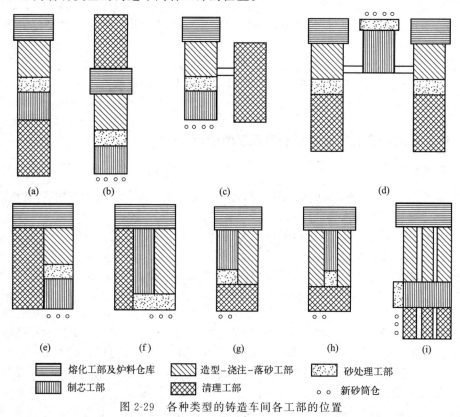

图 2-29　各种类型的铸造车间各工部的位置

2.5　铸造车间布置实例（平、剖面图，柱网等）

2.5.1　铸造车间的平、剖面图

铸造车间的平、剖面图应包括下述主要内容：

① 厂房的建筑形式，各工部的位置；

② 建筑柱网、轴线、厂房跨度、屋架形式和悬挂要求、屋架下弦标高、起重机的配置

及起重机轨高、门窗尺寸、车间通道；

　　③ 各种工艺设备和机械化运输设备的布置、定位尺寸及编号；

　　④ 各种平台、料斗、料柜、地下室的标高及定位尺寸；

　　⑤ 工人工作的位置，水、煤气、压缩空气、电等需用点的位置；

　　⑥ 变电间、通风机室、动力入口等公用设施的位置。

2.5.2　铸造车间的平、剖面图实例

　　图 2-30 是我国某纺织机械厂双层厂房铸造车间的平、剖面布置图。造型工部放置在厂房的第二层，有垂直分型无箱射压造型、水平分型脱箱造型两条造型线；铸件落砂分离、旧砂处理、铸件输送等环节放置在厂房的一层。该车间布置免除了复杂地下设施的构建，也便于设备维修。该车间的主要部分综述如下。

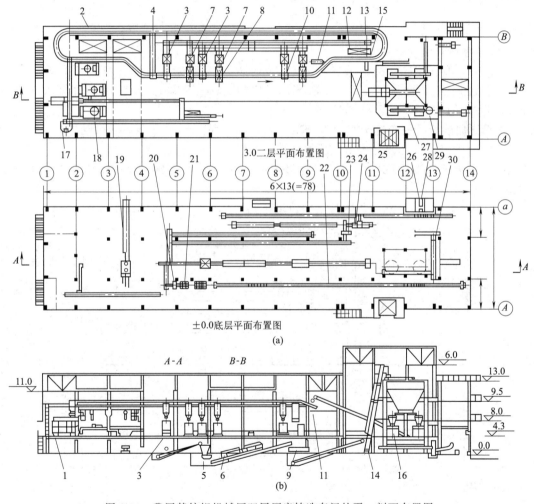

图 2-30　我国某纺织机械厂双层厂房铸造车间的平、剖面布置图

1—垂直分型无箱射压造型机；2—步移式铸型输送机；3—造型机；4—压铁装置；5,28—振动槽；6—双轮旧砂破碎机；
7—翻箱机；8—合落箱机；9—单轴惯性振动筛砂机；10—换向机；11—梳式松砂机；12—振动落砂机除尘罩；
13—分箱台；14—冷却提升机；15—开箱推杆；16—混砂机；17—水平分型脱箱造型机；18—气压浇注炉；
19—运铁液小车；20,23—悬挂式永磁分选机；21,24—双电动机惯性振动输送落砂机；22—鳞板运输机；
25—液压升降机；26—新砂提升机；27—螺旋输送器；29—黏土煤粉脉冲输送卸料器；30—松砂机

（1）砂处理系统

浇注后的旧砂经冷却、开箱，到双电动机惯性振动输送落砂机，散落到振动槽，再送至皮带输送机。共9条皮带输送机，为了除去旧砂中的热气和粉尘，在每条旧砂皮带输送机上均设置有除尘罩，除尘罩再通过管道集中引至除尘器系统。

悬挂式永磁分选机可将旧砂中的铁质分离出来。分选过的旧砂由皮带输送机的永磁皮带轮进行第二次分选后落到中间斗，斗下的振动槽振动，做定量选砂，将旧砂送到皮带输送机上。经喷雾增湿降温后的旧砂由两台双轮旧砂破碎机进行破碎搅拌处理，使水分均匀、砂温降低。破碎机还可以把砂团、芯头破碎，提高旧砂的回收利用率，为下一道工序筛砂提供有利条件。

分选后的旧砂尚有一定的温度，需经冷却提升机进行第二次冷却、除尘。旧砂最后被提升至砂库顶部，由皮带输送机送至旧砂库待用。

（2）造型系统

三条造型生产线包括：

① 水平分型有箱造型线，用三对造型机分别生产三种铸件。配有步移式铸型输送机，每对造型机的生产率约为1型/min。造型机采用四立柱气垫微振压实造型方式。由于砂箱分高低两种，因此有两条回空砂箱辊道。

② 重力加砂压实脱箱造型线，为HMP-10型（亨特）水平分型脱箱自动造型机。配有转盘，共24工位，盘上设有套箱、压铁装置，在转盘上进行浇注。

③ 垂直分型无箱射压造型线，生产率为100～120型/h，配有步移式铸型输送机和压铁装置。

图2-31和图2-32分别是我国某熔模铸造车间和某精密铸造车间的平面布置图。

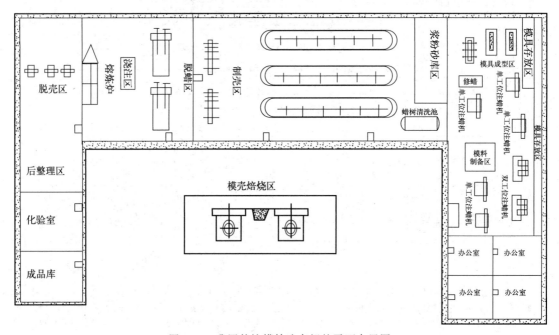

图 2-31　我国某熔模铸造车间的平面布置图

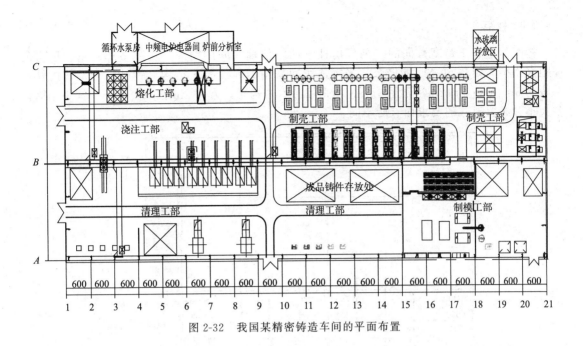

循环水泵房　中频电炉电器间　炉前分析室　水玻璃存放区

熔化工部

浇注工部

制壳工部　　制壳工部

成品铸件存放处

清理工部　　清理工部　　制模工部

600 600 600 600 600 600 600 600 600 600 600 600 600 600 600 600 600 600 600 600

1 2 3 4 5 6 7 8 9 10 11 12 13 14 15 16 17 18 19 20 21

图 2-32　我国某精密铸造车间的平面布置

2.5.3　车间设计中的厂房平面柱网

车间厂房的承重柱子或承重墙的纵向或横向定位轴线在平面上构成的网格称为柱网。定位轴线是确定建筑物的主要结构或构件的位置及其标志尺寸的基线。

在厂房平面设计中，柱网选择就是确定纵向定位轴线和横向定位轴线之间的尺寸。如果厂房有互相垂直的跨度或平行跨度的柱距不同时，应处理好两套柱网间的相互结合问题。

确定柱网尺寸，既是确定柱子和承重墙的位置，也是确定其他厂房结构构件（如屋架、屋面板、吊车梁等）的尺寸和布置。在选择柱网尺寸时，必须考虑结构形式和遵守模数制。

为了实现建筑设计标准化，我国制定并采用《建筑模数协调标准》（GB/T 50002—2013）。它是用统一的模数来规定各种建筑尺寸之间相互联系配合的标准。它规定各种建筑尺寸的基本模数为 100mm，以 M_0 表示。各种建筑物的模数尺寸见表 2-6。

表 2-6　各种建筑物的模数尺寸　　　　　　单位：mm

模数名称		分模数			基本模数	扩大模数				
模数基数	代号	$0.1M_0$	$0.2M_0$	$0.5M_0$	$1M_0$	$3M_0$	$6M_0$	$15M_0$	$30M_0$	$60M_0$
	尺寸	10	20	50	100	300	600	1500	3000	6000

铸造车间的柱网主要取决于设备大小、布置形式、生产及辅助面积的需要、建筑及施工条件等因素。在决定柱网尺寸时还应该考虑未来的发展需求。通常，铸造车间对柱网的要求包括如下两方面。

（1）跨度

跨度是按承重构件（屋架或屋面梁）所划分的一对轴线之间的距离（图 2-32 中的 AB、BC）。一般情况下的厂房跨度，在 ≤18m 时采用扩大模数 $30M_0$ 的倍数，在 ≥18m 时采用扩大模数 $60M_0$ 的倍数。当工艺布置或技术经济有明显的优越性时，也可采用 21m、27m 和 33m 的跨度。

（2）柱距

柱距是垂直于跨度方向的一列厂房柱子的定位轴线间的距离，见图 2-33。一般厂房的柱距采用扩大模数 60 M_0 的倍数。当铸造车间采用钢筋混凝土结构或钢结构时，其边柱距一般为 6m、9m 和 12m（常用 6m）；当采用砖木结构时，常用 4m 柱距，部分中柱距则因设备大小和布置形式的要求而有所不同。

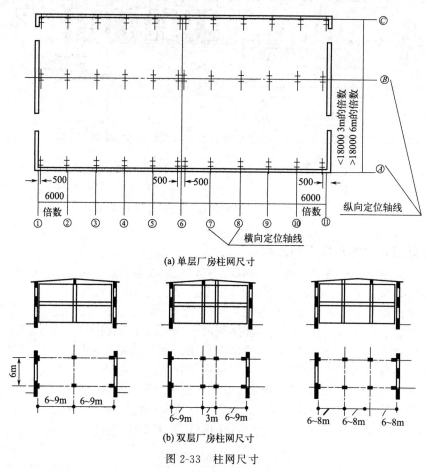

(a) 单层厂房柱网尺寸

(b) 双层厂房柱网尺寸

图 2-33 柱网尺寸

思考题

1. 简述铸造车间的分类、组成及工作制度。
2. 简述铸造车间的生产纲领及种类并举例说明。
3. 概述车间设计的通常方法及主要内容。
4. 概述铸造车间设计时工艺分析的基本任务。
5. 概述铸造车间的主要工部及作用。
6. 简述熔化工部的典型设备及特点。
7. 阐述造型工部的典型布置种类及特点。
8. 简述铸造车间各工部间的联系及布置要求。

参考文献

[1] 张明,郜业磊.中国现代水冷冲天炉 40 年[J].铸造设备与工艺,2021(6):1-9.

[2] 王璇.H 厂熔模铸造生产流程优化研究[D].济南:山东大学,2015.

[3] 晁秋娟.浅析某精密铸造车间现状及改造措施[J].中国铸造装备与技术,2015(1):60-62.

[4] 陈欣.某铸造车间设施布局及物料搬运系统的改善研究[D].上海:上海大学,2014.

第3章

铸造熔炼设备及控制

熔化是金属铸造成型的首要环节，其任务是提供高质量的液态金属。根据合金材料可选择不同的熔化方法，如铸铁合金可采用冲天炉熔化，铸钢常用电弧炉或感应电炉熔炼，铝合金常用电阻炉或油气炉熔化等。金属的熔化设备一般应包括三大部分：熔化炉、辅助设备（如配料加料设备等）、浇注设备。本章介绍了炉料的配料、加料和电炉熔化设备及其自动控制，并介绍了自动浇注设备及其应用。

3.1 炉料的配料及控制设备

炉料主要包括金属料（生铁、回炉料、废钢等）、焦炭和石灰石等，如图 3-1 所示。不同的炉料应采用不同的称量配料装置。对于焦炭和石灰石等常用电子磅秤直接称量，振动给料机输送；而金属料则采用电磁秤配料。

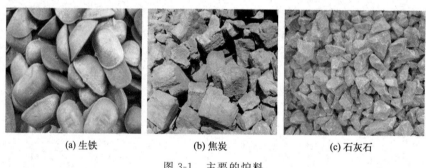

| (a) 生铁 | (b) 焦炭 | (c) 石灰石 |

图 3-1　主要的炉料

电磁秤的结构原理如图 3-2 所示。它一般安装在行车上，可往返于料库和加料车之间，完成钢铁材料的吸料、定量、搬运和卸料工作。其主要由电子秤、电磁吸盘及控制部分组成。

电磁吸盘的结构原理和实物如图 3-3 所示。其铸钢的钟罩内设有电磁线圈，下面用锰钢非磁性底板盖住。当线圈通电时，电磁吸盘产生电磁力，可吸住钢铁材料进行搬运，断电去磁则卸料。电磁吸盘的吸力与线圈的电流、匝数及被吸材料的性质和块度等有关。电磁吸盘的吸力 P（N）可用式（3-1）计算。

$$P = \frac{2 \times 10^{-8}}{S} \left(\frac{IN}{\frac{l}{\mu S} + \frac{l_0}{\mu_0 S_0}} \right) \tag{3-1}$$

式中，μ 为钢铁材料的磁导率，H/m；S 为钢铁材料的横截面积，m^2；l_0 为磁路中气隙的总长度，m；μ_0 为气隙的磁导率，$\mu_0 = 1H/m$；S_0 为磁路上气隙的横截面积，m^2；l 为减去 l_0 的磁路总长度，m；I 为线圈的电流，A；N 为线圈匝数。

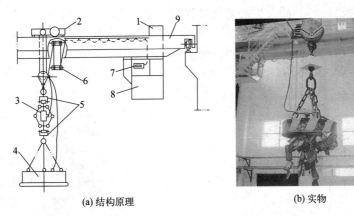

(a) 结构原理   (b) 实物

图 3-2 电磁秤的结构原理及实物

1—控制屏；2—小车卷扬机构；3—荷重传感器；4—电磁吸盘；5—万向挂钩；

6—滑轮卷电缆装置；7—电子秤；8—驾驶室；9—行车

电子秤的基本原理是利用荷重传感器因载荷变化而产生的应变信号来计算载重量。控制部分为计算机控制，可根据前一次的称量误差在下一次称料时预先给予自动补偿。

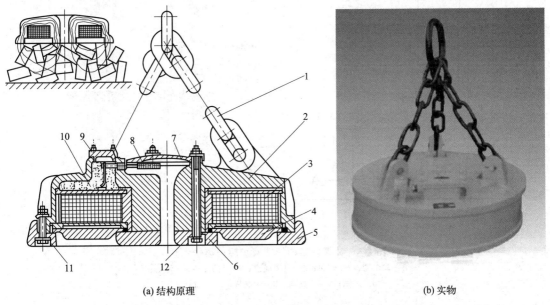

(a) 结构原理   (b) 实物

图 3-3 电磁吸盘的结构原理和实物

1—链条；2—钟罩；3—线圈；4—非磁性底板；5—外磁极；6—内磁极；

7—盖板；8—软导线；9—注胶盖板；10—96$^\#$油；11,12—紧固螺栓

3.2 冲天炉熔化及控制

3.2.1 冲天炉熔化系统组成

冲天炉是铸造车间获得铁水的主要熔炼设备，其典型结构及炉膛内燃烧示意如图 3-4 所示。它由炉底（支撑部分）、炉体和炉顶三部分组成。炉底起支撑作用，炉体是冲天炉的主

要工作区域，炉顶排出炉气。冲天炉的熔化过程如下：空气经鼓风机升压后送入风箱，然后由各风口进入炉内，与底焦层中的焦炭发生燃烧反应，生成大量的热量和 CO、CO_2 等气体。高温炉气向上流动，使底焦面上的第一批金属炉料熔化。熔化后的液滴在下落过程中被进一步加热，温度上升（达 1500℃ 以上）。高温液体汇集后由出铁口放出，而炉渣则由出渣口排出。

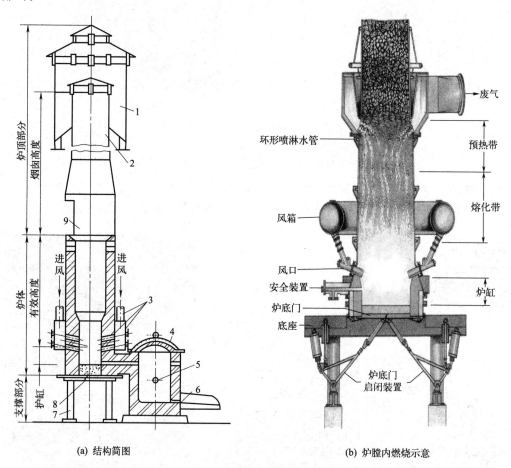

(a) 结构简图　　　　　　　　(b) 炉膛内燃烧示意

图 3-4　冲天炉结构简图及炉膛内燃烧示意
1—除尘器；2—烟囱；3—进风通道；4—前炉；5—出渣口；
6—出铁口；7—支腿；8—炉底板；9—加料口

一种典型（简易型）的冲天炉熔化系统组成如图 3-5 所示。它主要由鼓风机、加料机、热风冲天炉、除尘器、循环水池、引风机等组成。

为提高冲天炉内空气的燃烧效率，常将空气加热后再送入冲天内，这种冲天炉称为热风冲天炉。图 3-6 为一热风冲天炉实例。冲天炉炉气由排风口引入到热交换器的燃烧塔 4 中燃烧，产生高温废气。高温废气由上至下进入热交换器 5，由两台主风机 11 输入的冷空气则从下至上进入热交换器，和高温废气发生能量交换。预热后的热空气由进风管送入冲天炉内，废气由右侧管道进入冷却塔 7 冷却。如果热空气的温度过高，则打开电磁阀 6，使高温废气的一部分不经过热交换直接进入冷却塔，从而稳定热空气的温度。因此该装备具有如下特点：①一个热风装置配两台冲天炉；②设置有金属热交换器，由燃烧塔 4 和热交换器 5 组成；③燃烧塔设有火焰稳定装置和冷却装置；④热风温度稳定、波动小。

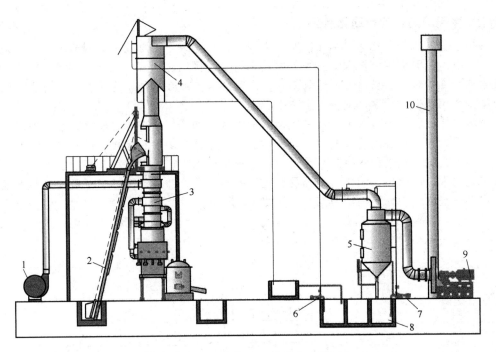

图 3-5　一个简易型冲天炉熔化系统组成

1—鼓风机；2—加料机；3—热风冲天炉；4—除尘罩；5—除尘器；6——级水泵；
7—二级水泵；8—循环水池；9—引风机；10—烟囱

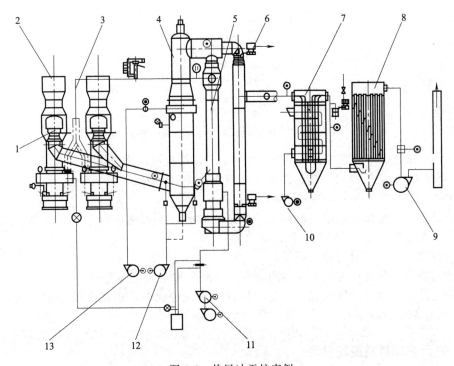

图 3-6　热风冲天炉实例

1—排风口；2—冲天炉；3—进风管；4—燃烧塔；5—热交换器；6—电磁阀；7—冷却塔；
8—除尘器；9—抽风机；10,13—冷却风机；11—主风机；12—燃烧用风机

3.2.2　冲天炉熔化的自动化系统

为了实现冲天炉熔化的自动化控制，必须对影响冲天炉熔炼效果的因素及指标实施实时监控，并进行实时调整。冲天炉必须全面达到高温、优质、低消耗三项技术经济指标，即铁液化学成分准确稳定、铁液温度达到要求，同时冲天炉应在最佳工作状态下运行，即焦炭燃烧效率高而消耗低，元素烧损少，生产率稳定。

影响熔炼过程的因素很多，其中包括冶金因素，如原材料来源、配比、预处理以及化学成分波动等；炉子结构因素，例如风口、焦铁比、原材料块度、焦炭质量及鼓风温度等。因此，所谓冲天炉熔化过程的控制，是在一定炉子结构和一定的原材料及其配比条件下，调节各种工艺因素，以达到铁液化学成分及温度的基本要求，并且保证炉子在最佳状态下工作。

将上述因素分类，可归纳为四类，如图 3-7 所示。

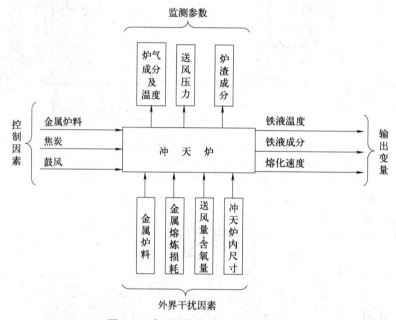

图 3-7　冲天炉熔化过程的影响因素

冲天炉熔炼过程监控系统方案如图 3-8 所示。该系统可以同时输入 9 个模拟量：炉气成分（CO_2 或 CO）、炉气温度、热风温度、铁液温度、送风量、送风湿度、铁液成分、风压及铁液重量。此系统共有 4 路输出控制：

① 由测定的铁液温度与给定的铁液温度进行比较，当温度出现偏差时，输出通道输出开关量信号开关供氧气路，以此控制铁液温度；

② 通过测定炉气成分控制送风量；

③ 通过测定送风湿度控制干燥器的功率，以此来控制送风湿度；

④ 通过热分析法测定铁液成分，与给定的铁液成分比较，根据比较偏差，按铁液重量计算出炉前应补加的硅铁量。

3.2.3　冲天炉加料及控制设备

配料工序完成后，由加料系统完成加料工作。加料系统通常包括加料主机、加料桶、料位控制系统等。

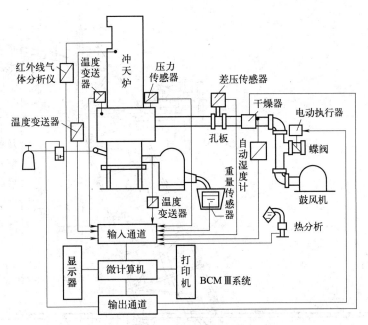

图 3-8　冲天炉熔炼过程监控系统方案

（1）加料主机

常见的加料主机有爬式加料机和单轨加料机两种。

图 3-9 为一种常见的爬式加料机结构。料桶 2 悬挂在料桶小车支架的前端，料桶小车两侧装有行走轮，可以沿机架 3 的轨道行走。加料时，首先卷扬机 4 以钢丝绳拉动料桶小车使其从下端的地坑内上升至加料口，然后小车上的支架将料桶伸进冲天炉炉内。这时料桶的桶体由炉壁上的支承托住，而小车的两个后轮进入轨道的交叉道，被向上拉起，于是小车支架绕前轮轴旋转，支架前端向下运动，将底门打开，把料装入炉内。卸料完毕，卷扬机放松钢丝绳，料桶因自重下落返回原始位置。爬式加料机动作比较简单、速度快、操作方便，易于实现自动化，适用于中、大型冲天炉批量生产。但使用时应特别注意安全，防止断绳引起的人身或机械事故。

常见的单轨加料机如图 3-10 所示。它结构简单、投资少、操作方便，主要由单轨、活动横梁、料桶等组成。可以一台加料机供两台冲天炉（图 3-10），也可以一台加料机供一台冲天炉。该类加料机，每次加料需要进行多次动作，不易实现自动化，且需要加料平台，一般用于小型冲天炉的生产。

（2）加料桶

① 单轨加料机料桶。单轨加料机上的料桶如图 3-11 所示。桶底由吊杆 1（位于料桶的前后两侧）的升降操纵连杆 3 开闭。加料时料桶进入炉体中，钢丝绳卷扬机反转，料桶被搁置在炉体中相应的凸块或吊钩支架 5 上，随即因料重桶底自行打开。卸完料后钢丝绳卷扬机正转，提起吊杆关闭桶底，料桶在卷扬机的驱动下，驶出冲天炉体（图 3-10），进行下一次加料循环。

② 爬式加料机料桶。用于爬式加料机的常用料桶有撞杆式双开底料桶（图 3-12）和后轮翘起式料桶（图 3-13）两种。

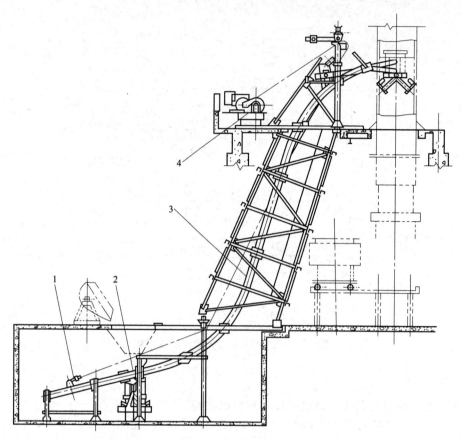

图 3-9　爬式加料机

1—料桶小车；2—料桶；3—机架；4—卷扬机

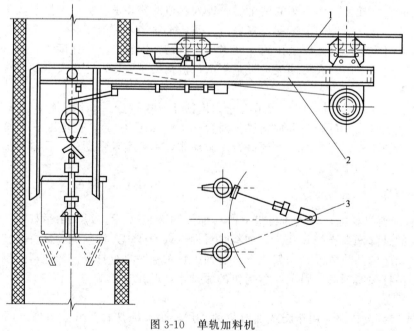

图 3-10　单轨加料机

1—单轨；2—活动横梁；3—立柱

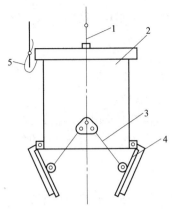

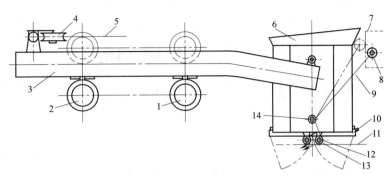

图 3-11　单轨加料机料桶

1—吊杆；2—料桶；3—连杆；

4—桶底；5—吊钩支架

图 3-12　撞杆式双开底料桶

1,2—前后车轮；3—小车架；4—平衡绳轮；5—钢丝绳；6—料桶；7—碰块；8—碰轮；

9—碰杆；10—桶底板；11—关底挡板；12—钩板；13—桶底滚轮；14—碰杆轴

撞杆式双开底料桶的特点是利用碰撞脱钩而使桶底打开，结构比较简单；双门同时打开加料，较为均匀；当小车回到最低位置时，料桶落位即可关闭桶底。

后轮翘起式料桶（图 3-13），当小车在加料机轨道中运行时，支承料桶的内车架 3 被操纵桶底开闭机构的外车架 6 上的挡板 7 压住，桶底保持关闭。当小车上升到位时，内车架凸块 9 被机架上相应的凸块 8 顶住，料桶不动；外车架受钢丝绳牵引，后轮便进入岔道 4 而翘起，且外车架绕前轮倾转向下，于是桶底吊杆 12 和连杆 13 下降，桶底打开向炉体内加料。小车返回时，由于外车架后部配重而使后轮从岔道中下降回到加料机轨道上，吊杆拉起，桶底关闭，小车落位还原，进入下一加料循环。

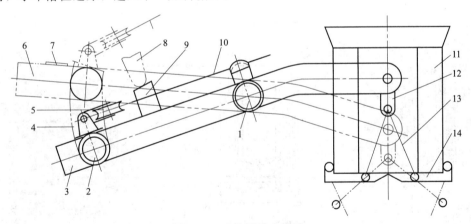

图 3-13　后轮翘起式料桶

1,2—前后车轮；3—内车架；4—轨道岔道；5—绳轮；6—外车架；7—挡板；8—轨道凸块；

9—内车架凸块；10—钢丝绳；11—料桶；12—吊杆；13—连杆；14—底板

（3）料位控制系统

冲天炉内炉料高度保持在一定位置对获得稳定可靠的铁液具有非常重要的作用，且炉料位置的检测是实现自动加料的关键要素。常用的料位检测方法有杠杆式、重锤式、气缸式、光电式等。图 3-14 为杠杆式料位计的工作原理。料满时，杠杆左臂下降，右臂上升，加料开关断开。当部分炉料熔化后炉料下降到一定位置时，杠杆左臂上

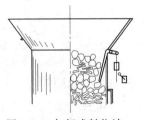

图 3-14　杠杆式料位计

升，右臂下降，加料开关闭合，给出加料信号。杠杆式料位计具有结构简单、使用可靠、价格低的优点。

3.3　电炉熔化装备及自动控制

常用的金属熔化电炉包括感应电炉、电弧炉和电阻炉。电弧炉主要用于铸钢的熔化，感应电炉可用于铸钢及各类铸铁的熔化，电阻炉用于铅、锌、铝和镁及其合金等易熔金属的熔化。

3.3.1　感应电炉

感应电炉是利用金属料的感应电热效应使物料加热或熔化的电炉。感应电炉根据电流频率的不同，可分为工频感应电炉（50Hz）、中频感应电炉（50～10000Hz）和高频感应电炉（高于10000Hz）。

感应电炉通常分为感应加热炉和感应熔炼炉。感应熔炼炉分为有芯感应炉和无芯感应炉两类。有芯感应炉主要用于各种铸铁等金属的熔炼和保温，能利用废料，熔炼成本低。无芯感应炉分为工频感应炉、三倍频感应炉、发电机组中频感应炉、晶闸管中频感应炉、高频感应炉。

感应电炉的主要部件有感应器、炉体、电源、电容和控制系统等。感应加热的基本原理是，当线圈中通以一定频率的交流电时，在坩埚中产生磁场，于是处于该磁场内的金属材料中形成感应电流；由于金属材料有电阻，因此金属材料便会发热而熔化。感应电炉的特点是加热速度快、生产率高、工作环境友好，适于各类金属材料的熔化。

坩埚式感应电炉的结构如图3-15所示。其炉体由感应线圈、耐火砖、倾转机构、冷却水及电源等部分组成。图3-16为一种小型坩埚式感应电炉的外形。

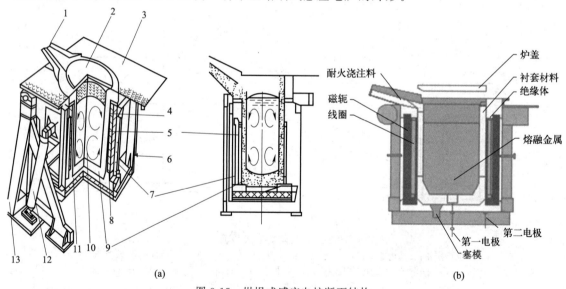

(a)　　　　　　　　　　　　　(b)

图3-15　坩埚式感应电炉断面结构

1—液态金属出口；2—炉盖；3—作业面板；4—冷却水；5—感应线圈黏结剂；6—炉体；7—铁芯；
8—感应线圈；9—耐火材料；10—液态金属；11—耐火砖；12—倾转机构；13—支架

3.3.2　电弧炉

电弧炉是利用电极产生的高温熔炼矿石和金属的电炉。电弧炉熔化的温度很高，气体放电形成电弧时能量很集中，弧区温度可达3000℃以上。对于熔炼金属，电弧炉相比其他熔炼炉工艺灵活性大，能有效地除去硫、磷等杂质，炉温容易控制，设备占地面积小，适用于优质合金钢的熔炼。

图 3-17 为铸钢用三相电弧炉的结构及熔炼原理。其基本原理是：炉体上部的 3 根石墨电极 [图 3-17（a）中只画出了 2 根] 通以三相交流电后，在电极和炉料之间产生高温电弧使金属材料熔化。加料时，炉盖和电极同时上移并旋转，以让出加料所需的空间及位置。熔化完毕，炉体倾转倒出金属液。一种三相电弧炉的外形构造如图 3-18 所示。

图 3-16　一种小型坩埚式感应电炉的外形

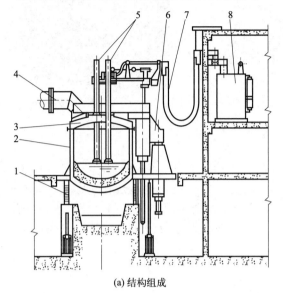

(a) 结构组成

1—支腿；2—炉体；3—炉盖；4—除尘系统；5—电极；6—炉盖开启旋转机构；7—电缆；8—变压器

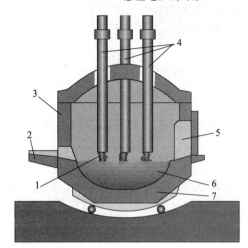

(b) 熔炼原理

1—电弧；2—出钢口；3—炉墙；4—电极；5—加料口；6—钢液；7—倾斜机构

图 3-17　电弧炉的结构组成及熔炼原理

(a) 外形

(b) 熔炼过程中

图 3-18　一种三相电弧炉的外形构造

3.3.3　电阻炉

电阻炉是通过电热体发热而熔化合金的电炉。其电热体有金属（铁铬铝合金或镍铬合金）或非金属（碳化硅或二硅化钼）两种。电阻炉主要通过热辐射或热对流实现加热，炉温易控制，操作较简单，劳动条件好，同时炉内液态金属稳定无翻腾，氧化吸气少，被广泛用于熔化铝合金。

图 3-19 为电阻炉结构。其主要由炉壳、电加热元件（电热体）、炉盖和热电偶装置（测温元件）等组成。图 3-20 为一种井式电阻炉。

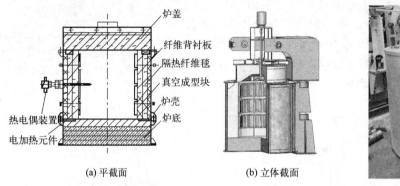

(a) 平截面   (b) 立体截面

图 3-19　电阻炉结构

图 3-20　一种井式电阻炉外形

3.3.4　电炉熔炼的自动控制系统

图 3-21 为一典型的感应电炉熔炼的集中控制式自动化系统。它由一台上位机（中央监控装置）控制三台各自独立的 PLC。其中，一台负责配料控制，包括运输、称量、库存管理等功能；一台承担熔化的优化运行，包括熔化炉控制、金属液温度控制、冷却水控制等；一台通过与上位机的通信接口，对配料、熔化过程中的数据进行分析和计算，以提供操作

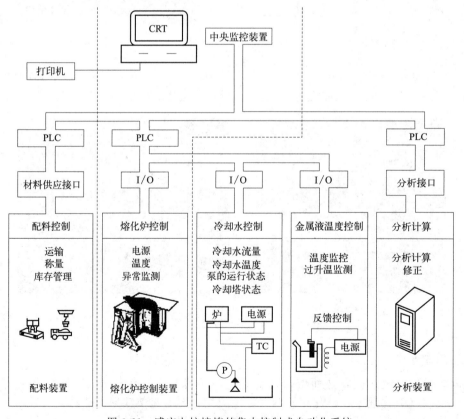

图 3-21　感应电炉熔炼的集中控制式自动化系统

指导，确保熔化质量及系统安全。该系统在实际应用过程中具有以下优点：

① 运行优化，节能省电；

② 金属液出炉温度偏差小，质量稳定；

③ 可防止温升过高，安全可靠；

④ 自动化程度高，不会因操作者的不同而引起金属液质量的波动；

⑤ 熔化效率高；

⑥ 炉衬的使用寿命长；

⑦ 改善了劳动环境。

感应电炉熔炼的安全要素是至关重要的。为确保安全的自动运行，其自动控制系统设有安全自动监视装置、耐火砖损耗检测装置及物料搭棚状况检测装置。

3.4 浇注设备及自动化

3.4.1 自动浇注机的基本要求及类型

铸造生产中的浇注作业环境恶劣（高温和烟气）、劳动强度大、危险性高，一直以来都是迫切需要实现机械化和自动化操作的工序。为适应现代化铸造生产的要求，研制了各种各样的自动浇注机。其基本功能包括浇注时的定位与同步、浇注流量控制、浇注速度控制、金属液补充及保温、安全保护等。国内外常用的自动浇注机主要有电磁泵式浇注机、气压式浇注机、倾转式浇注机等。

为了实现自动化浇注，需要满足下列基本要求：

① 对位与同步　静态浇注时，仅要求浇包口与铸型浇口杯对位；而动态浇注时，不仅要求浇包口与铸型浇口杯对位，还要求包口与铸型同步运动。

② 定量控制　需要按铸件的大小，供给适量的金属液，以满足定量浇注的要求，故控制系统中需要有定量、满溢自动监测装置。

③ 浇注速度　应按照铸造工艺的要求，控制浇注流量及浇注速度，以满足恒流浇注或变流浇注的需要。

④ 备浇速度　应根据浇包的结构形式，控制有利于开浇或停浇的时间及浇包位置。

⑤ 保温与过热　浇包内应有加热和保温装置，以保证金属液的浇注温度不至下降。

3.4.2 电磁泵的工作原理及电磁泵式自动浇注机

电磁泵式自动浇注机一般由电磁泵和浇注流槽组成。电磁泵的工作原理是通入电流的导电流体在磁场中受到安培力的作用从而定向移动，如图 3-22 所示。扁平管道是电磁泵体流槽，内部充满导电金属液；流槽上下两侧的装置是直流电磁铁的磁极，两磁极之间形成一个具有一定磁感应强度的磁隙；流槽的左右两侧是直流电极，电极上有电压时，电流流过流槽壁和内部的金属液。其主要参数是电磁铁磁场间隙的磁感应强度 B（单位 T）和流过液态金属的电流密度 J（单位 A/mm²）。它们与电磁泵的主要技术性能指标——压头（ΔP）存在如下关系：

$$\Delta P = \int_0^L J_x B_y \mathrm{d}x \qquad (3\text{-}2)$$

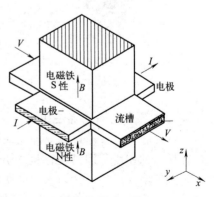

图 3-22　电磁泵工作原理

式中，J_x 是垂直于磁感应强度和金属液流动方向的电流密度；B_y 是垂直于电流和金属液流动方向的磁感应强度；L 是处于磁隙间的金属液长度。

直流电磁泵工作时，作用于流槽内金属液的电流（I）和磁隙磁感应强度（B）的方向互相垂直，根据左手安培定则，在磁场中的电流元将受到磁场的作用力。该力称为安培力，其方向向上。电磁铁、电极和流槽是构成电磁泵的基本结构单元。其中电极与金属液直接接触，并加载电流，工作环境恶劣，因此对电极的综合性能要求很高。

电磁泵的效率通常很低，如何提高电磁泵的效率，对于电磁泵的推广应用是一个十分重要的课题。电磁泵的效率受诸多因素的影响，泵体流槽结构、直流电极是关键结构因素。

由电磁泵和浇注流槽组成的自动浇注机的结构如图 3-23 所示。电磁泵所在的流槽位置处于浇包的最底部，以保证金属液长期充满电磁泵的流槽。而浇嘴位置则稍高于排液口。工作时金属液在电磁泵的推力作用下，先沿流槽坡上升到达浇嘴处，再经浇嘴流出。电磁泵式浇注机的优点是容易调节浇注速度和浇注量；容易实现自动化；由于电磁力对熔渣不起作用，因此流动时只有金属液向浇注口方向运动，可保证浇注的金属液质量。

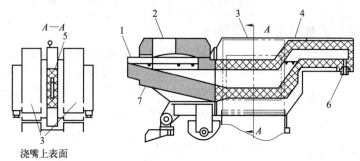

图 3-23　电磁泵式自动浇注机的结构

1—排液口；2—加料口；3—电磁泵；4—流槽；5—耐火材料；6—浇嘴；7—贮液槽

图 3-24 为电磁泵定量浇注系统与压铸机配合的系统，图 3-25 为电磁泵低压铸造系统。

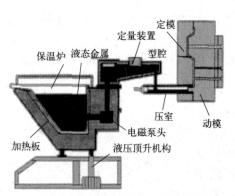

图 3-24　电磁泵定量浇注系统与压铸机配合的系统

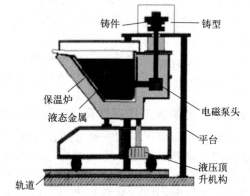

图 3-25　电磁泵低压铸造系统

3.4.3　气压式自动浇注机

气压式自动浇注机的原理如图 3-26 所示。在密封浇包的金属液面上施加一压力，金属液在压力的作用下即沿浇注槽上升；金属液到达浇注口后便自然下落，浇入铸型。浇注完毕，金属液面上的气体卸压，浇注槽内的金属液回落。为保证浇注平稳，浇注前金属液面上应施加一个预压力（备浇压力），使金属液到达浇注槽的预定位置；且因每浇注一次，浇包内的金属液面均下降，该预压力应随着液面的下降而自动补偿。

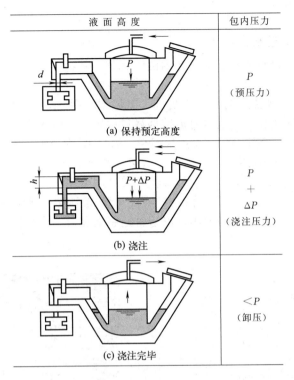

液面高度	包内压力
(a) 保持预定高度	P （预压力）
(b) 浇注	P $+$ ΔP （浇注压力）
(c) 浇注完毕	$<P$ （卸压）

图 3-26 气压式自动浇注机的工作原理

采用荷重传感器与预压力联合控制可大大提高浇注定量的精度和浇注过程的稳定性，使称量、保持备浇状态、浇注、卸压等各个动作均自动连续进行，如图 3-27 所示。其工作原理如下：首先称量浇注前整个浇包的重量，然后加压浇注；浇注过程中浇包重量逐渐减小，当减小量逐渐逼近于设定的铸件重量时，就根据对应的"气压-流速"关系图，降低浇包内气压，减小浇注量，最后直至停止加压并保持包内有一定的初始压力。

近年来，随着图像处理技术的发展，利用图像传感器（如摄像头等）摄取铸型浇口杯或冒口中的金属液面状态来控制浇注过程的气压式自动浇注机获得了成功应用。它是将摄取的浇口杯中的液面图像数据传输到计算机中，并与计算机中预存的浇口杯充填状态图进行比较处理，以此得到相应的控制信号，然后驱动伺服油缸/电动机动作，带动塞杆升降得到不同的浇嘴开启程度。如浇口杯中完全充满液体，且液面不再变化，即认为浇注完毕，塞杆下降关闭浇嘴。图 3-28 为浇口杯液面控制工作原理。

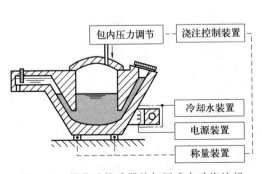

图 3-27 带荷重传感器的气压式自动浇注机

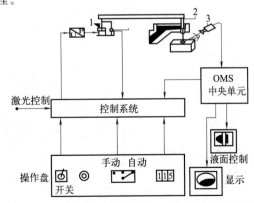

图 3-28 摄像头检测液面的自动浇注机控制原理
1—伺服油缸；2—塞杆；3—摄像头

3.4.4 倾转式自动浇注机

倾转式自动浇注机是目前使用最广泛的浇注装备。其特点是结构简单，容易操作，适应性强，能满足不同用户的需求。

图3-29为普通浇包倾转式浇注机的结构。浇包12由行车吊运置于倾转架11上，浇注机沿平行于造型线的轨道移动，当其对准铸型浇口位置后，电动机5的离合器脱开，同时气缸2将同步挡块1推出，使之与铸型生产线同步。油缸10推动倾转架11，带动浇包以包嘴轴线为轴转动进行浇注。浇注完毕，同步挡块1缩回，离合器合上，电动机反转，浇注机退到下一铸型再进行浇注。液压缸8可使浇包做横向移动并与纵向移动配合，满足浇包对位要求。

图3-30为一种国外开发的全自动倾转式浇注机的检测及控制原理。它采用多传感器检测浇注时的温度、流量、浇口杯液面等，以适时控制浇注机，实现浇注过程的全自动化。

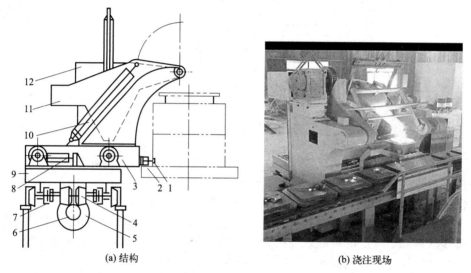

(a) 结构   (b) 浇注现场

图 3-29 倾转式自动浇注机结构及浇注现场

1—同步挡块；2,4—薄膜气缸；3—横向移动车架；5—电动机；6—减速器；7—摩擦轮；
8—横向移动液压缸；9—纵向移动液压缸；10—倾转油缸；11—倾转架；12—浇包

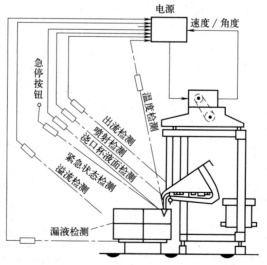

图 3-30 全自动倾转式浇注机的检测及控制原理

3.5 炉温自动检测设备

在各种工业用炉中，准确、可靠地检测与控制炉温是保证产品质量的关键因素之一。下面简要介绍炉温的检测及控制系统。

3.5.1 常用的测温方法

检测温度的方法很多，基本上可分为两大类：

一类是接触式温度测量。它是用温度敏感元件（传感器）直接与被测介质接触，当传感器与被测介质处于热平衡状态时，传感器感受的温度就是被测介质的温度。接触式温度测量的仪器仪表很多，如水银温度计、热电偶、热电阻等。

另一类是非接触式温度测量。它是根据光和热辐射原理，通过适当方式将被测介质的辐射能量聚集并投射在光敏或热敏元件上，使热能转换为电信号输出来测定温度的，如光学高温计、辐射高温计等。

常用的测温方法、仪表类型及特点见表3-1。

表 3-1 常用的测温方法、仪表类型及特点

测温方式	温度计或传感器类型		测温范围/℃	精度/%	特点
接触式	热膨胀式	水银	−50～+650	0.1～1.0	简单方便,易损坏(水银污染),感温部大
		双金属			结构紧凑,牢固可靠
		压力 液	−30～+600	1	耐振、坚固、价廉,感温部大
		气	−20～+350		
	热电偶式	铂铑-铂其他	0～+1600 −200～+1100		种类多、适应性强、结构简单、经济、方便、应用广泛。须注意寄生热电势及动圈式仪表电阻对测量结果的影响
	热电阻式	铂	−260～+600	0.1～0.3	精度及灵敏度均好,感温部大。须注意环境温度的影响
		镍	−50～+300	0.2～0.5	
		铜	0～+180	0.1～0.3	
		热敏电阻	−50～+350	0.3～1.5	体积小、响应快、灵敏度高。须注意环境温度的影响
非接触式	辐射温度计		+800～+3500	1	非接触式测温,不干扰被测温度场,辐射率影响小,应用简便
	光学高温计		+700～+3000	1	不能用于低温
	热电探测器		+200～2000	1	非接触式测温,不干扰被测温度场,响应快,测温范围大,适于测温度分布,易受外界干扰,定标困难
	热敏电阻探测器		−50～+3200	1	
	光子探测器		0～+3500	1	
其他	示温涂料	碘化银、二碘化汞、氯化铁、液晶等	−35～+200	<1	测温范围大,经济方便,特别适合大面积连续动转零件的测温,精度低,人为误差大

3.5.2 温度检测系统组成

温度检测系统，一般由温度传感器及温度显示记录仪表构成，通常称为温度计或测温仪表。它种类繁多，可分为低于 600℃ 的低温温度计和高于 600℃ 的高温温度计两大类。在选用或设计加热炉的测温系统时，应考虑炉子的温度范围、使用场合、测温精度、显示及保存方式等。更详细的资料可参见有关专著。

最简单的温度检测系统由温度传感器及温度显示记录仪表组成。较完善的温度检测系统，除温度传感器与温度显示记录仪表外，还有温度变送器，可将温度信号转换为统一的电信号，以便于传输。温度检测系统组成如图 3-31 所示。

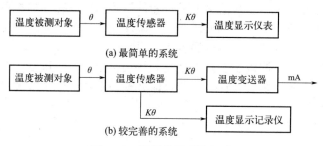

图 3-31　温度检测系统组成

（1）光学高温计

光学高温计的工作原理是将被测量的物体发出的亮度同仪器上的灯泡发出的亮度做比较，从而测量发热物体的温度。其构造原理及实物如图 3-32 所示。高温计内灯丝的温度可从温度指示仪表上读出，在测量钢水温度时，先将镜头对准钢水，并旋转环状变阻器来调节灯丝亮度，当灯丝亮度与钢水发出的亮度相同时，就可测得钢水温度了。

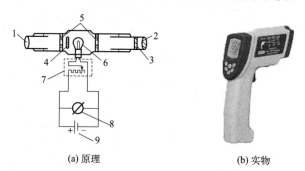

(a) 原理　　　　　　(b) 实物

图 3-32　光学高温计的构造原理及实物

1—物镜；2—目镜；3—红色滤光镜；4—吸收玻璃；5—光圈；
6—灯泡；7—环状变阻器；8—温度指示仪表；9—电池

常用的光学高温计有 WGG2-201 和 WGG2-202 两种，其性能见表 3-2。

表 3-2　光学高温计的型号和性能

型号	量程/℃	量程号	允许基本误差/℃	
WGG2-201	700～2000	1	700～800	±33
			800～1500	±22
		2	1200～2000	±30

型号	量程/℃	量程号	允许基本误差/℃	
WGG2-202	700～2000	1	700～800	±20
			800～1500	±18
		2	1200～2000	±20

由于这种仪表是根据绝对黑体（辐射系数 $\varepsilon_{0.65}=1$）刻度的，而实际的发热物体都不是绝对黑体，它们的辐射系数都小于1，因此指示温度一般低于真实温度，需经过换算才能得到发热物体的真实温度。换算公式如下：

$$T_{真}=\left(\frac{1}{T_{表}}-\frac{1}{22120}\ln\frac{1}{\varepsilon_{0.65}}\right)^{-1} \tag{3-3}$$

式中　$\varepsilon_{0.65}$——物体对于波长为 $0.65\mu m$ 的光线的辐射系数；

$T_{表}$——光学高温计读数，℃；

$T_{真}$——发热物体的真实温度，℃。

钢水、钢渣和铁水的辐射系数见表 3-3。

表 3-3　钢水、钢渣和铁水的辐射系数

发热物体名称	状态	$\varepsilon_{0.65}$
钢水	表面未氧化	0.37～0.45
	表面氧化	0.65
钢渣	液体	0.65～0.9
铁水	表面未氧化	0.37～0.45
	表面氧化	0.70～0.95

（2）热电偶高温计

热电偶配二次仪表后可组成热电偶高温计，其原理及实物如图 3-33 所示。热电偶由两根不同的金属材料制成的热电偶丝构成。两根丝的一端焊在一起，另一端串接毫伏计（或电位差计），组成一封闭回路。当热电偶的焊接端受热而使两端有温度差时，则电路内有热电势产生。热电势的大小与两端的温度差有一定的对应关系，因此可以根据热电势来测定温度。

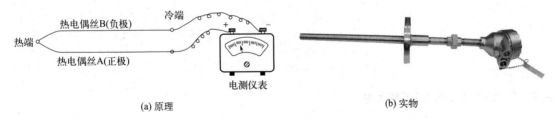

(a) 原理　　　　　　　　　　　(b) 实物

图 3-33　热电偶高温计的原理及实物

用热电偶高温计测得的结果能反映钢水的真实温度。这种测试方法人为的误差小，测温比较准确可靠。采用热电偶高温计测温时，热电偶材料的选用十分重要。热电偶材料的主要技术性能见表 3-4。

利用热电偶高温计检测铁液温度的方法有间断测温和连续测温。间断测温是采用快速微型热电偶，此种方法简单方便，准确可靠，测温速度快。快速微型热电偶的结构如图 3-34 所示，快速微型热电偶高温计的构造如图 3-35 所示。测量铁液出炉温度时，测点在出铁槽中距出铁口 200mm 处，偶头逆铁液流方向全部浸入。在铁液包中测量时，应扒开渣层，迅速插入铁液中。操作应在 4～6s 内完成，最多不得超过 10s。

表 3-4　热电偶材料的主要技术性能

名称	分度号	$t_1=0℃,t_2=100℃$ 时的热电势* /mV	使用温度/℃		允许误差	特点
			长期	短期		
铂铑$_{10}$-铂	LB$_3$	0.643 ± 0.023	1300	1600	$t>600℃$ $\pm0.4t\%$	稳定性、复视性好，易受碳、氢、硫、硅及其化合物侵蚀
铂铑$_{30}$-铂铑$_6$	LL$_2$	0.034	1600	1800	$t>600℃$ $\pm0.5t\%$	精度高，稳定，复视性、抗氧化性好，测温上限高
钨铼$_5$-钨铼$_{20}$	WL	1.359	2000	2400	$t>300℃$ $\pm1t\%$	价格便宜，适于点测，需在真空、惰性或弱还原性气氛中使用

* 表示热电偶材料一端为 100℃、另一端为 0℃ 时测得的电势差。

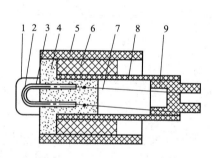

图 3-34　快速微型热电偶的结构
1—保护帽；2—偶丝；3—石英管；4—高温水泥；
5—外纸管；6—绝热填料；7—补偿导线；
8—小纸管；9—插座

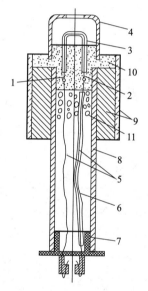

图 3-35　快速微型热电偶高温计的构造
1—铂铑丝；2—铂丝；3—石英保护管；4—铝皮罩壳；5—连接导线；
6—塑料绝缘管；7—塑料插座；8,9—黄纸板外壳；10—耐火水泥；11—棉花

3.5.3　炉温自动控制系统举例

（1）箱式电阻炉的自动控制系统

一种箱式电阻炉的自动控制系统如图 3-36 所示。在该温度控制系统中，热电偶用来测出炉温。它可将炉温转变成毫伏信号进行比较，相减之差即为实际炉温和要求炉温偏差的毫伏信号，经电压放大和功率放大后，选择适当的方向（正向或反向）驱动可逆电动机，就可在炉温偏高时，使自耦变压器减小加热电流（反之，加大加热电流），从而完成自动控制炉温的任务。

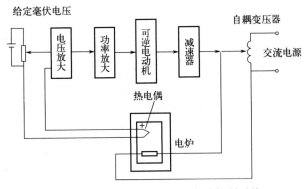

图 3-36　一种箱式电阻炉的自动控制系统

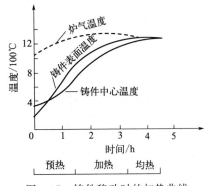

图 3-37　铸件移动时的加热曲线

（2）连续加热炉的温度控制系统

连续加热炉是铸件连续热处理的主要设备之一。按其结构的不同，炉内可分为若干个温度控制段。铸件从炉尾装入炉内，并连续不断地从预热段（炉尾）进入加热段，再进入均热段，最后出炉。铸件是在连续不断的运动中被加热的。

控制加热炉的热工过程，主要是根据被加热铸件的品种、尺寸、最终温度要求以及传热条件等控制铸件的最佳升温曲线和炉温曲线，如图 3-37 所示。炉内每一段的温度控制值可以分别设定，可按要求决定铸件在炉内从某一段到下一段的温度斜率。实际生产中，炉气温度、铸件表面温度及其中心温度存在一定的差值。通常采用热电偶测定炉气温度，再按经验推测铸件表面温度，而铸件表面与中心的温度差则要靠加热制度来达到。因此，为了较准确地测量炉内温度，要注意每根热电偶的安装位置和插入深度。

工程中，主要是用热电偶测量炉内各段的温度，再由温度调节器来控制燃料调节阀和相应的助燃空气阀，以满足热负荷的需要。图 3-38 为一般的加热炉温度串级控制系统。这是一种串级比值控制，温度为主调参数，燃料和空气流量为并列副调参数，空气流量随燃料流量按一定的空燃比变化，K 是空燃比系数，它可由残氧分析来校正，炉内各段的气氛可由空燃比调节。

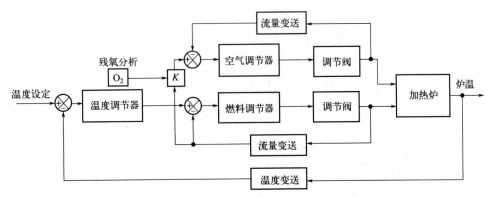

图 3-38　加热炉温度串级控制系统

冲天炉主要参数检测项目及检测位置如图 3-39 所示，包括料位、送风压力、热风温度、铁液温度、炉气温度、炉气成分等。

ZG25 型真空中频感应电炉如图 3-40 所示，包括测温装置、真空度调控装置、观察孔等。

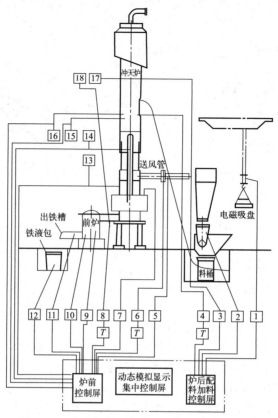

图 3-39　冲天炉主要参数检测项目及检测位置

1—金属炉料质量；2—焦炭石灰石质量；3—加料批数；4—炉内料位（附加控制）；5—送风湿度；6—入炉风量；
7—送风压力；8—过桥铁液温度；9—前炉铁液高度；10—前炉铁液温度（附加控制）；11—出铁槽铁液温度；
12—包内铁液温度；13—底焦高度波动情况；14—热风温度；15—炉气成分；16—炉气温度；17—加料批数
炉前大屏幕数字显示；18—铁液温度炉前大屏幕数字显示

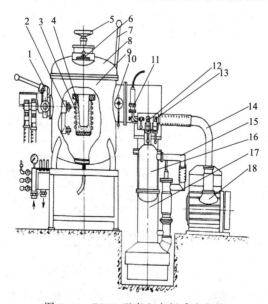

图 3-40　ZG25 型真空中频感应电炉

1—真空密封回转轴承；2—接线装置；3—感应器；4—炉衬；5—加料器；6—观察孔；7—加料翻斗；8—炉盖；
9—炉壳；10—测温装置；11—真空计接头；12—高真空控制阀；13—低真空控制阀；14,15—真空管道；
16—真空容器；17—高真空度抽气泵（扩散式真空泵）；18—低真空度抽气泵（机械式真空泵）

思考题

1. 简述液态金属熔化的常用设备种类，并概述它们的结构原理、特点及适用场合。
2. 概述电磁吸盘的作用原理，并分析影响电磁吸力大小的因素。
3. 简述冲天炉的系统组成以及各系统间的相互关系。
4. 在冲天炉熔化的自动化系统中，常用哪些控制变量？概述实现熔化过程自动化控制的意义。
5. 比较爬式加料机和单轨加料机的区别。
6. 简述电弧熔炼的原理，它通常用于哪种金属材质？简述原因。
7. 简述常用浇注设备的种类及控制原理，并概述实现浇注自动化对提高铸件生产质量的作用。
8. 简述炉温自动检测方法及仪器设备。

参考文献

[1] 樊自田. 材料成形装备及自动化[M]. 2版. 北京：机械工业出版社，2018.
[2] 蔡启洲，吴树森. 铸造合金原理及熔炼[M]. 2版. 北京：化学工业出版社，2020.
[3] 李卫. 铸造手册：第1卷[M]. 4版. 北京：机械工业出版社，2021.
[4] 张磊. 铸造合金及其熔炼[M]. 武汉：华中科技大学出版社，2021.
[5] 芮争家. 铸铁及其熔炼技术[M]. 北京：化学工业出版社，2010.
[6] 于阔沛，潘文杰. 大吨位外热风冲天炉的设计与开炉操作[J]. 铸造技术，2018，39(8)：1735-1737.

第 4 章

黏土砂造型设备及自动化

砂型铸造又分黏土砂型铸造、树脂砂型铸造和水玻璃砂型铸造，而其中的黏土砂型铸造占砂型铸造的 70%～80%，所以黏土砂型铸造在大规模铸造生产中占据重要分量。黏土型砂由"原砂或再生砂＋黏结剂（膨润土，俗称黏土）＋其他附加物（煤粉、水等）"混合而成，再经紧实即可得到黏土砂型或砂芯。黏土砂铸造设备的种类繁多，包括混砂机、造型机、制芯机、铸型输送装备及生产线等，机械化、自动化程度很高。

4.1 黏土砂紧实的特点及其工艺要求

黏土类铸造型（芯）砂是原砂粒上包覆着一层黏土黏结剂膜的砂粒。由于黏结剂膜的作用，型（芯）砂成为具有黏性、塑性和弹性的散体。铸型（芯）就是这些松散的型砂和芯砂经过一定的力的作用，借助模型和芯盒而紧实成型的。被紧实的型砂必须具有一定强度和紧实度。黏土砂的紧实，属机械力黏结；被作用的外力越大，被紧实的型砂强度越高。

通常，将使黏土型砂紧实的外力称为紧实力；在紧实力的作用下，型砂的体积变小的过程称为紧实过程。一般用单位体积内型砂的质量或型砂表面的硬度来衡量型砂的紧实强度，又称紧实度。

4.1.1 紧实度的常用测量方法

① 密度法：将单位体积内型砂的质量（即密度）定义为型砂的紧实度（δ）。

$$\delta = \frac{m}{V} \tag{4-1}$$

式中，m 为型砂的质量，g；V 为型砂的体积，cm^3。

这种测量紧实度的方法简单而有效。通常，十分松散的型砂，$\delta = 0.6～1.09 g/cm^3$；从砂斗填到砂箱的松散砂，$\delta = 1.2～1.3 g/cm^3$；一般紧实度的型砂，$\delta = 1.55～1.79 g/cm^3$；高压紧实后的型砂，$\delta = 1.6～1.89 g/cm^3$。

② 硬度法：实际生产中，常用型砂硬度计来测量型砂的紧实度。砂型的表面硬度越大，其紧实度越高。一般紧实度的型砂表面硬度在 60～80 之间，高压造型可达 90 以上。

4.1.2 对砂型紧实的工艺要求

从铸造工艺上说，对紧实后的砂型有如下要求：

① 紧实后的砂型（芯）应有足够的强度，能经受得起搬运、翻转过程中的振动和金属液的冲刷作用而不被破坏。

② 紧实后的砂型应起模容易，起模后能够保持铸型的精确度，不会发生损坏和脱落现象。

③ 砂型应具有必要的透气性,避免产生气孔等缺陷。

上述要求,有时互相矛盾,应根据具体情况对不同的要求有所侧重,或采用一些辅助措施补偿。例如,高压造型时,常用扎通气孔的方法来解决透气性问题。

4.2 黏土砂紧实方法及特点

黏土型砂的紧实方法通常分为压实紧实、振击紧实、抛砂紧实、射砂紧实、气流作用紧实五大类。

4.2.1 压实紧实

(1) 压实紧实原理

压实紧实是用直接加压的方法使型砂紧实,如图4-1所示。压实时,压板压入余砂框中,砂柱高度降低,型砂紧实。因紧实前后型砂的重量不变,故

$$H_0 \delta_0 = H \delta \tag{4-2}$$

式中 H_0,H——砂柱初始高度及紧实后的高度;

   δ_0,δ——型砂紧实前及紧实后的紧实度。

由于 $H_0 = H + h$,因此

$$h = H \left(\frac{\delta}{\delta_0} - 1 \right) \tag{4-3}$$

压实时,砂型的平均紧实度与砂型单位面积上的压实比压有关。图4-2画出了不同型砂的压实紧实曲线来表示砂型的平均紧实度 δ 与压实比压 p 的变化关系。

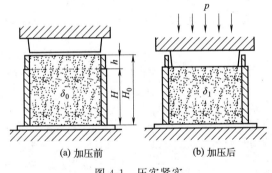

(a) 加压前   (b) 加压后

图4-1 压实紧实

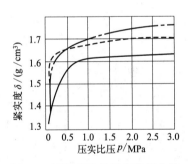

图4-2 不同型砂的压实紧实曲线

(2) 压实紧实方法

按加压方式的不同,压实紧实又可分为压板加压(上压式)、模板加压(下压式)、对压加压三类,如图4-1、图4-3、图4-4所示。不同的压实方法,型砂紧实度的分布不尽相同。下面以上压式为例,讨论影响紧实度的因素。

(3) 影响紧实度的因素

① 砂箱不同位置的影响。图4-5是通过平压板采用上压式压实后砂型各部分紧实度的分布曲线(填砂高度为400mm)。图中线1表示砂型中心部分,沿整个砂型的高度上,紧实度大致相同,但靠近箱壁或落箱角处的摩擦阻力较大,故砂型的紧实度沿砂型高度分布严重

不均匀（曲线 2）。

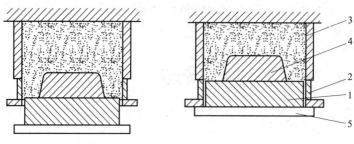

图 4-3　模板加压
1—压板；2—辅助框；3—砂箱；4—模样；5—模底板

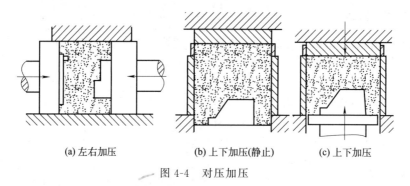

(a) 左右加压　　　　(b) 上下加压(静止)　　　　(c) 上下加压
图 4-4　对压加压

② 砂箱高度的影响。砂型中心部分（沿着砂型高度）的紧实度基本均匀，是对于一定高度的砂型才适合的，当砂箱的高度超过砂箱的宽度时就不再适合了。图 4-6 是砂箱尺寸为 100mm×100mm，砂箱高度不同时，压实后砂型中心部分紧实度的变化情况。从图中可以看出，砂箱高度较小时，紧实度较均匀，而砂箱的高度越大，紧实度的均匀性越差，离压板约 120mm 处，紧实度高而均匀。

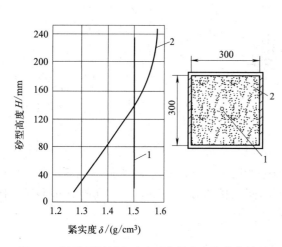

图 4-5　用平压板压实后砂型内紧实度的分布情况
1—砂型中心部分；2—靠近箱壁或落箱角处

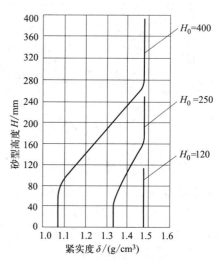

图 4-6　砂箱高度不同时砂型
中心部分紧实度的变化

③ 模样高度的影响。以上所述是砂箱中没有模样或模样很矮时的情况。若砂箱内模样

较高，情况更为复杂。如图 4-7 所示，设模样深凹处的高与宽之比，用深凹比 A 表示：

$$A = \frac{H}{B_{min}} = \frac{\text{深凹处的高度（或深度）}}{\text{深凹处矮边宽度}}$$ (4-4)

A 越大，则深凹处底部型砂的紧实越不容易。根据试验，对于黏土砂，A 小于 0.8 时，平均紧实度尚无明显下降；若 A 大于 0.8，则深凹处底部的紧实度就难以得到保证。

④ 压缩比的影响。如图 4-8 所示，如把砂型分成模样顶上和模样四周两个部分，假定在压实过程中，无侧向移动，各面独立受压，则：

对模样四周，有 $\qquad (H+h)\delta_0 = H\delta_1$

对模样顶上，有 $\qquad (H+h-m)\delta_0 = (H-m)\delta_2$

于是得 $$\delta_1 = \delta_0 + \frac{h}{H}\delta_0$$ (4-5)

$$\delta_2 = \delta_0 + \frac{h}{H-m}\delta_0$$ (4-6)

式中 H，h，m——砂箱、辅助框和模样的高度；

δ_0，δ_1，δ_2——压实前型砂的紧实度及压实后模样四周和模样顶上的型砂平均紧实度。

上两式中的 $\frac{h}{H}$ 及 $\frac{h}{H-m}$，可视为砂柱的压缩比。m 越大，则模样顶上型砂的压缩比越大，δ_2 与 δ_1 的差值越大。

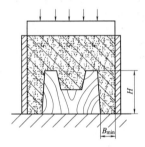

图 4-7 带高模样的砂型

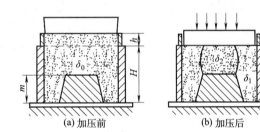

(a) 加压前 　　 (b) 加压后

图 4-8 压实实砂紧实度不均匀性的分析

（4）使压实砂紧实度均匀化的方法

压实紧实的设备简单、操作方便、能耗低，是铸造设备中常用的紧实方法。它的缺点是砂型紧实度的均匀性不够。很多造型机针对该缺点，采取了不同的措施使紧实度均匀化，主要措施是减少压缩比的差别和采用模板加压。

① 成型压板。成型压板的形状与模样形状相似，可使砂型的压缩比相同，故压实紧实后的砂型紧实度基本均匀，如图 4-9 所示。

② 多触头压头。整块平压板不能适应模样上不同的压缩比，因此将它分成许多小压板，称为多触头压头，如图 4-10 所示。每个小压头的后面是一个油缸，而所有油缸的油路互相连通，因此，压实时每个小压头的压力大致相等，各个触头能随着模样的高低，压入不同的深度，使砂型的压缩比均匀化。

③ 对压紧实。由压实砂型的紧实度分布（图 4-5、图 4-6）可见，靠近压板处紧实度高且均匀，而在模板处紧实度比较低。如果把压板加压和模板加压结合起来，从砂型的两面加压，即采用对压紧实（图 4-4），得到的砂型两面紧实度都较高且较均匀。

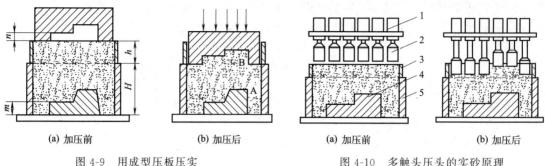

(a) 加压前　　　　　　　　(b) 加压后　　　　　　　　　(a) 加压前　　　　　　　　(b) 加压后

图 4-9　用成型压板压实　　　　　　　　　　图 4-10　多触头压头的实砂原理

1—油缸；2—多触头；3—辅助框；4—模样；5—砂箱

4.2.2　振击紧实

（1）普通振击紧实

普通振击紧实的过程如图 4-11 所示。当压缩空气从进气孔 4 进入气缸，使振击活塞 2 驱动工作台 1 和充满型砂的砂箱上升进气行程 S_j 后，排气孔打开；经过惯性行程 S_g 后，振击活塞急剧下落，砂箱中的型砂随砂箱下落时，得到一定的运动速度。当工作台与机座 3 接触时，此速度骤然减小到零，因此产生一个很大的惯性加速度；由于惯性力的作用，在各层型砂之间产生瞬时的压力，将型砂紧实。经过十几次到几十次撞击后即可得到所需的型砂紧实度。

振击时，越下面的砂层，受到的惯性力越大，越易被紧实；而砂型顶部，所受的惯性力趋近于零，仍是疏松状态。图 4-12 是振击紧实时砂型中心点型砂紧实度沿砂型高度分布的曲线。

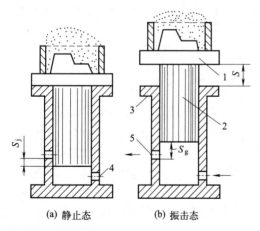

(a) 静止态　　　　　(b) 振击态

图 4-11　振击紧实原理

1—工作台；2—振击活塞；3—气缸（机座）；

4—进气孔；5—排气孔

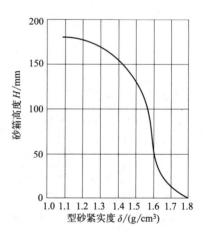

图 4-12　振击紧实时砂型中心点型砂
紧实度沿砂型高度分布的曲线

为了减小振击紧实度分布不均匀的缺陷，需对上层型砂进行补充紧实。常用的方法有：在振击后用手工或风动捣机补充紧实上层型砂，或用压实气缸压实（即振压紧实）。振压紧实时砂型中心点紧实度沿砂型高度分布的曲线如图 4-13 所示。其中，1 为振击紧实曲线，2 为振击＋压实曲线。

普通振击紧实的另一严重缺陷是振动噪声大，振击会对地基和环境产生干扰。为了减小振击力对地基的影响，可采取一些减振措施。常用的减振方法如图 4-14 所示。

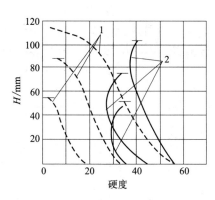

图 4-13　振压紧实时砂型中心点紧实度沿砂型高度分布的曲线

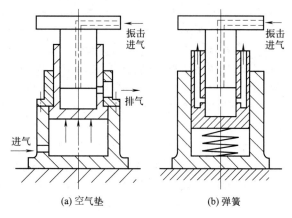

(a) 空气垫　　　　(b) 弹簧

图 4-14　振击机构的消振方法

图 4-14（a）是在振击气缸下面设置一个气垫缸，振击气缸和活塞先由气垫缸升起，振击时，气垫缸在振击气缸下面形成一个空气垫，很好地消除了振动的影响。图 4-14（b）是用一个螺旋弹簧代替图（a）中的空气垫起消振作用。

（2）微振紧实

调整上述带弹簧或空气垫的振击机构结构参数，使振击气缸体（又称为振铁）做主要的振击运动，每次振击打击工作台一次，并使工作台产生振幅较小，而频率较高的微振，该振击机构就称为微振机构。由此可知微振机构是带缓冲装置的振击机构，其紧实质量和效率都有提高，对地基的振动大大减小。

微振的实际作用与振击相仿，所得的紧实度分布曲线也与振击相似，靠近模板处紧实度高，砂型上部较低。微振紧实机构可实现单纯微振、微振后加压、压振（压实、微振同时进行）、预振＋压振等四种实砂方法。不同的振和压方法所得的紧实效果如图 4-15 所示。

微振压实机构种类较多，常见的有弹簧式微振压实机构、弹簧气垫组合式微振压实机构两大类。

① 弹簧式微振压实机构。弹簧式微振压实机构如图 4-16 所示。在该微振压实机构中，通常工作台与振击活塞 6 构成一个整体，振击缸 8（常称为振铁）支承在弹簧 10 上，在它们的外面便是压实机构。振击机构的工作分为两阶段：预振加砂阶段和压振加砂阶段。

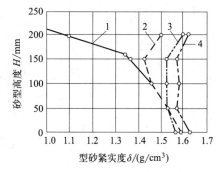

图 4-15　不同的振和压方法所得的紧实效果
1—单纯微振；2—振后加压；
3—压振；4—预振加压振

预振加砂阶段如图 4-16（a）所示。砂箱加砂时，振击缸 8 从 a 孔进气，使振击活塞 6 上升，与此同时也推动振铁 8 下降，压缩弹簧 10。当排气孔打开时，缸中压力下降。此时工作台、活塞等全部构件由于自重而下落，但振铁却受弹簧恢复力上升，于是工作台与振铁 8 在空中某一位置相对撞击。如此多次重复撞击，实现了型砂的预紧实。

压振加砂阶段如图 4-16（b）所示。压实缸 9 进气，使压实活塞 7 升起直至顶住工作台，

第 4 章　黏土砂造型设备及自动化

此时砂箱中的型砂接触压头开始压实，弹簧10也受到压缩（压缩行程为Δ）。当振击缸进气时，由于工作台被顶住基本不动，压缩空气只能使振铁压缩弹簧向下运动。接着排气孔打开，缸内压力下降，由于弹簧的恢复力，振铁向上运动，与工作台发生撞击。如此多次循环，便实现了压实加振击的作用。这样大大提高了压实的效果，保证了较高的紧实质量。

弹簧式微振压实机构实际上是支撑在弹簧上的振击机构，故称为支承式微振压实机构。一方面，弹簧起到了良好的隔振缓冲作用，大大减小了振击对周围环境的干扰与影响，噪声与振动也大大降低，故又称为全缓冲式振击机构；另一方面，通过弹簧的振动（常称为微振）既可实现加砂预紧微振，又可实现压实加振，获得了较佳的紧实效果。微振压实造型机已被广泛采用。

② 弹簧气垫组合式微振压实机构。弹簧气垫组合式微振压实机构在高压造型机中应用较多，图4-17是其典型的结构之一。

其下部的压实机构采用了液压系统，与前面所示的气压式结构有所不同；上部的微振机构与前述结构类似。除此之外，还有两点值得说明。

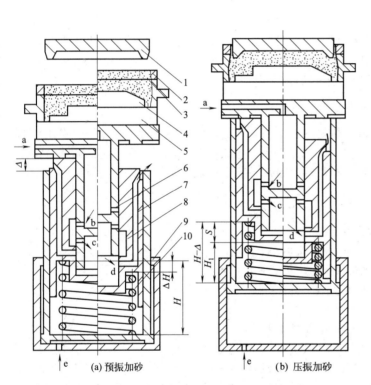

图4-16　弹簧式微振压实机构工作过程

1—压头；2—辅助框；3—砂箱；4—模板；5—模板框；6—振击活塞；7—压实活塞；8—振击缸（振铁）；9—压实缸；10—弹簧

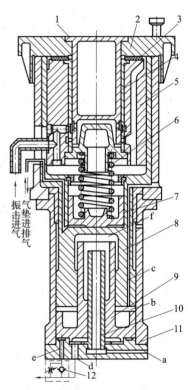

图4-17　单弹簧微振、增压器内置的微振压实机构

1—振击活塞；2—工作台；3—振击垫；4—振击缸套；5—振铁；6—微振弹簧；7—气垫活塞；8—压实活塞；9—增压活塞；10—中心导杆；11—压实缸；12—单向节流阀

a. 砂型在高比压作用下紧实时，如需要达到紧实度均匀的目的，还必须采取较强烈的振击措施。这是高压微振的工艺要求，其微振机构需按"重振击"要求设计，即适当增加振

铁的重量。

b. 弹簧与气垫相结合，提高了结构的可靠性。这种复合结构的总刚度由弹簧与气垫共同承担，虽然已经制造出来的弹簧刚度不能改变，但气垫压力的大小却可以进行调节。例如，在预振和压振过程中，当调节气垫进气压力时，总刚度便可随之改变。不过这种总刚度所形成的恢复力绝不能妨碍压振工作的正常进行，如总刚度过大则压振时不起振。起模时，为了防止回弹，可以卸去气垫。至于气垫是设置在弹簧位置之下还是之上，对工作没有影响。

4.2.3　抛砂紧实

抛砂紧实的原理如图 4-18 所示。型砂经过高速旋转的叶片加速后，以高达 $30\sim60\mathrm{m/s}$ 的速度抛入砂箱，于是其较大的动量转变成对先加入的型砂的冲击而使之紧实，即砂团的功能转变成对型砂的紧实功。此时单元型砂的紧实功为

$$\mathrm{d}w = \frac{1}{2}mv^2 = F_\phi \mathrm{d}s \tag{4-7}$$

式中　　m——砂团的质量；

　　　　v——砂团的速度；

　　　　F_ϕ——抛砂紧实力；

　　　　$\mathrm{d}s$——砂团在紧实过程中移动的距离。

显然，v 较大，$\mathrm{d}s$ 较小时，F_ϕ 较大，紧实度较大且较均匀。抛砂紧实能同时完成型砂的充填与紧实过程，它多用于单件小批、大件生产，但生产率不高，应用正日趋减少。

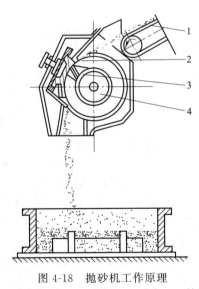

图 4-18　抛砂机工作原理

1—带式输送机；2—弧板；3—叶片；4—转子

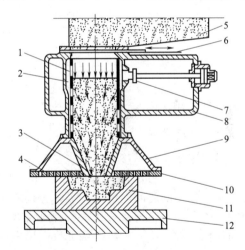

图 4-19　射砂机构

1—射砂筒；2—射腔；3—射砂孔；4—排气塞；5—砂斗；
6—加砂闸板；7—射砂阀；8—贮气包；9—射砂头；
10—射砂板；11—芯盒；12—工作台

4.2.4　射砂紧实

射砂紧实是利用压缩空气将型（芯）砂以很高的速度射入型腔或芯盒内进行紧实的。射砂机构如图 4-19 所示。射砂紧实过程包括加砂、射砂、排气紧实三个工序。

① 加砂：首先打开加砂闸板 6，砂斗 5 中的砂子加入射砂筒 1 中，然后关闭加砂闸板。

②射砂：打开射砂阀7，贮气包8中的压缩空气从射砂筒1的顶横缝和周竖缝进入筒内，形成气砂流射入芯盒（或砂箱）中。

③排气紧实：型腔中的空气通过排气塞排除；高速气砂流由于型腔壁的阻挡而被制止，气砂流的动能转变成型（芯）砂的紧实功，使型（芯）砂得到紧实。

射砂紧实时，主流方向上以冲击紧实为主；在非主流方向或拐角处（此处常开设不少排气塞），型（芯）砂靠压力差下的滤流作用得到紧实。射砂过程中，贮气包和射砂筒内气压变化的曲线如图4-20所示。

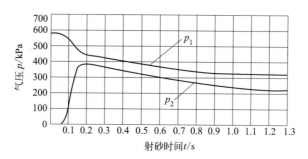

图4-20　射砂过程中贮气包和射砂筒内气压的变化曲线
p_1—贮气包内的气压变化；p_2—射砂筒内的气压变化

影响射砂紧实的因素很多，主要有气压及气压梯度、型砂性能、进气方式、锥形射头与射孔大小、排气方式及面积等。

射砂能同时完成快速填砂和预紧实的双重作用。其生产率高、劳动条件好、工作噪声小、紧实度较均匀。但射砂紧实的紧实度不够，芯盒与模样的磨损较大。射砂紧实广泛用于制芯和造型的填砂与预紧实，是一种高效率的制芯、造型方法。

4.2.5　气流作用紧实

气流作用紧实是将压缩空气气流直接作用在型砂的顶部，利用气流的向下作用紧实。根据气流对型砂作用速度的大小，气流作用紧实又分为气流渗透紧实和气流冲击紧实两大类。

（1）气流渗透紧实

气流渗透紧实又称静压造型。它是利用压缩空气气流渗透预紧实并辅以加压压实型砂的一种造型方法。气流渗透紧实的过程是用快开阀将贮气包中的压缩空气引至砂箱的砂粒上面，使气流在较短的时间内透过型砂，经模板上的排气孔排出。气流在穿过砂层时受到砂子的阻碍而产生压缩力，即渗透压力使型砂紧实，如图4-21所示。因渗透压力随着砂层厚度的增加而累积叠加，所以最后得到的型砂紧实度和振击实砂的效果一样，也是靠近模板处高而砂箱顶部低。该法具有设备结构简单、实砂时间短、噪声和振动小等优点。

为克服气流实砂的缺点，获得紧实度高而均匀的砂型，型砂经过气流紧实后再实施加压紧实的静压造型机于1989年开发成功并得到了广泛应用。其工作原理如图4-22所示。图4-23为静压、压实、静压＋压实造型方法的砂型强度分布。

2000年以来，静压造型的优势逐渐被国人接受。目前国内一些厂家已引进了最新的自动化静压造型线，如国内某柴油机制造公司的新铸车间引进HWS公司的静压造型机，在2004年投产后即用于大功率柴油机缸体的生产，效益显著。

（2）气流冲击紧实

气流冲击（气冲）紧实是先将型砂填入砂箱内，然后在很短的时间内（10～20ms）

将压缩空气以很高的升压速度（$dp/dt = 4.5 \sim 22.5 \text{MPa/s}$）作用于砂型顶部，利用高速气流冲击将型砂紧实。一种常见的气流冲击装置的结构组成及其工作原理如图 4-24 所示。

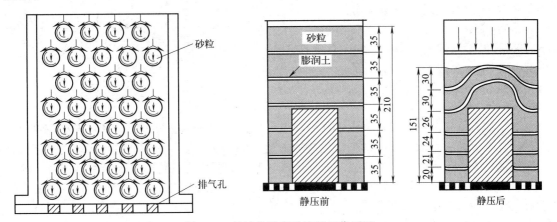

图 4-21 气流渗透实砂法的工作原理

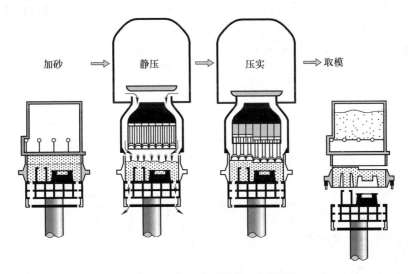

图 4-22 静压造型机的工作原理

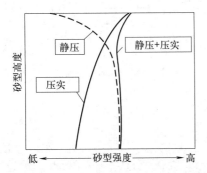

图 4-23 静压、压实、静压＋压实的砂型强度分布

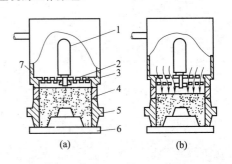

图 4-24 BMD 式液控气流冲击装置
1—液压缸；2—固定阀板；3—活动阀板；
4—辅助框；5—砂箱；6—模板；7—贮气包

气冲紧实过程如图 4-25 所示。首先高速气流作用于砂箱散砂 [图 4-25（a）] 的顶部，形成一预紧砂层 [图 4-25（b）]；然后预紧砂层快速向下运动且越来越厚，直至与模板发生接触 [图 4-25（c）]；由于加速向下移动的预紧实砂体受到模板的滞止作用，因此产生对模板的冲击，于是最底下的砂层

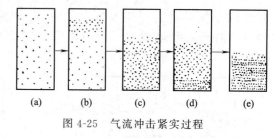

图 4-25　气流冲击紧实过程

先得到冲击紧实 [图 4-25（d）]；随后上层砂层逐层冲击紧实，一直到达砂型顶部 [图 4-25（e）]。

气流冲击紧实和气流渗透紧实是同一时期研发出来的两种不同的气流紧实方法，它们的工艺过程相似。它们的主要区别是：气流冲击紧实中的气流进入速度更高，其紧实力是依靠气流高速进入产生的冲击（波）力；而气流渗透紧实的紧实力是依靠气流流过砂层产生的压力差，通过渗透而紧实。气流渗透紧实的模板上通常要有排气孔（塞），而气流冲击紧实的模板上可以不需要排气孔（塞）。

气流冲击紧实的最底层砂层，所受的冲击力最大，可达几倍工作气压，分型面处型砂的紧实度最高；越高的砂层，所受冲击力越小，紧实度越低；砂型顶部的砂层由于它上面没有砂层对它冲击，紧实度很低，常以散砂的形式存在，气冲造型时常需要刮去。气冲过程的压力曲线如图 4-26 所示。图 4-27 为气冲紧实的砂型强度分布。

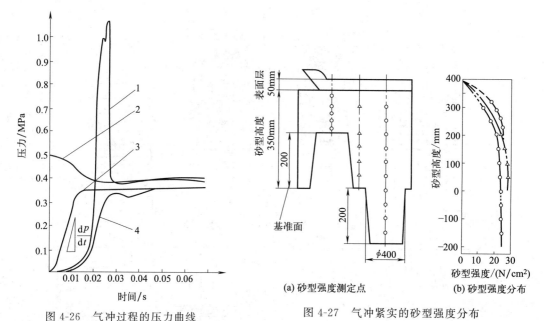

图 4-26　气冲过程的压力曲线
1—底冲气压 p_B；2—贮气包气压 p_E；
3—砂箱顶部气压 p_D；4—砂箱底气压；p_A

图 4-27　气冲紧实的砂型强度分布
(a) 砂型强度测定点
(b) 砂型强度分布

气流冲击紧实的关键是进气时砂型顶部气压上升的速度（dp/dt）。升压速度越大，则气流冲击力越大，型砂的紧实度越高。气冲紧实的升压速度是评判气冲紧实效果和气冲装置质量的重要指标之一，而气体的升压速度取决于气冲装置内快开阀的结构和动作速度。

气流冲击紧实的优点是：靠近分型面处紧实度高且均匀，比较符合铸造的工艺要求；生

产率高，噪声较小；设备结构简单。但其也存在冲击力大，模板磨损快及模型反弹，降低砂型尺寸精度，对地基的影响较大等缺点。另外，该方法也不宜用于低矮的砂型紧实，砂型顶部有 10～30mm 厚的散砂层，需要刮去。

　　气流冲击紧实虽然效率高、紧实度高，但因对设备、地基、模具等影响大，目前已成为被淘汰的工艺方法。

4.3 黏土砂造型设备

4.3.1 振压式造型机

　　典型的振压式造型机如图 4-28 所示。它主要由振压气缸、机身、转臂、压板机构、起模油缸等组成。Z145 型振压式造型机是以振击为主、压实为辅的小型造型机，广泛用于小型机械化铸造车间。其最大砂箱尺寸为 400mm×500mm，比压为 0.125MPa，单机生产率为 60 型/h。

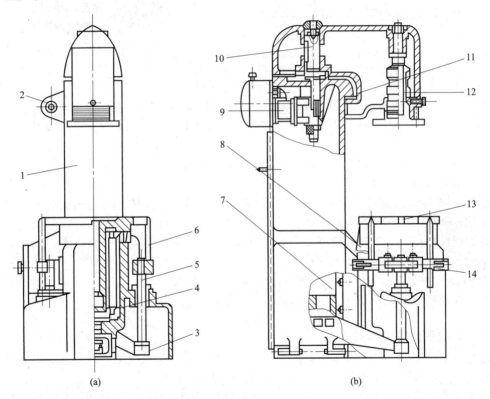

图 4-28　Z145 型振压式造型机

1—机身；2—按压阀；3—起模同步架；4—振压气缸；5—起模导向杆；6—起模顶杆；
7—起模油缸；8—振动器；9—转臂动力缸；10—转臂中心轴；
11—垫块；12—压板机构；13—工作台；14—起模架

　　振压式造型机的主要部件是振压气缸。Z145 型振压式造型机的气缸结构如图 4-29 所示。它主要由压实气缸、压实活塞及振击气缸、振击活塞、密封圈等组成。图 4-30 为一种振压式造型机实物。

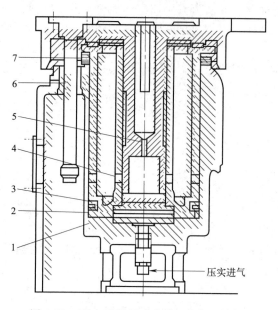

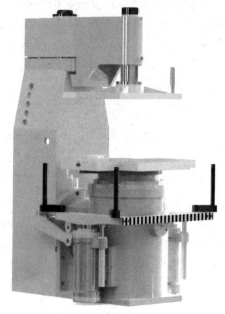

图 4-29 Z145 型振压式造型机的气缸结构

1—压实气缸；2—压实活塞及振击气缸；3—密封圈；4—振击
气缸排气孔；5—振击活塞；6—导杆；7—折叠式防尘罩

图 4-30 振压式造型机实物

Z145 型振压式造型机的机架采用的是悬臂单立柱结构，压板架是转臂式的。其机架和转臂都是箱形结构。为了适应不同高度的砂箱，打开压板机构上的防尘罩，转动手柄，可以调整压板在转臂上的高度。转臂可以绕中心轴 10 旋转。由动力缸 9 推动一齿条，带动中心轴 10 上的齿轮，可使转臂摇转。为了使转臂转动终了时，能平稳停止，避免冲击，动力缸在行程两端都有油阻尼缸缓冲。

Z145 型振压式造型机采用的是顶杆法起模。起模时，首先装在机身内的起模油缸 7 带动起模同步架 3，然后起模同步架 3 带动装在工作台两侧的两个起模导向杆 5 同时向上顶起，最后起模导向杆 5 带动起模架 14 和顶杆同步上升，顶着砂箱四个角起模。为了适应不同大小的砂箱，顶杆在起模架上的位置可以在一定的范围内调节。

Z145 型振压式造型机的动作过程为：①振击；②转臂前转；③压实；④转臂旁转，压板移开；⑤起模；⑥起模架下落，机器恢复至原始位置。

4.3.2 多触头高压微振造型机

高压造型机是 20 世纪 60 年代发展起来的黏土砂造型机。它具有生产率高，所得铸件尺寸精度高、表面光洁度好等一系列优点，曾被广泛采用。

高压造型机通常采用多触头压头，并与气动微振紧实相结合，故称为多触头高压微振造型机。典型的多触头高压微振造型机结构见图 4-31。其通常由机架、微振压实机构、多触头压头、加砂斗、进出砂箱辊道等部分组成。

其机架为四立柱式，上面横梁 10 上设有浮动式多触头压头 13 及漏底式加砂斗 8，它们装在移动小车上，由压头移动缸 9 带动可以来回移动。机体内的紧实缸可以分为两部分，上部是气动微振缸 17，下部是具有快速举升功能的压实缸 1。图 4-32 是一种新式的气动多触头振动压实造型机。

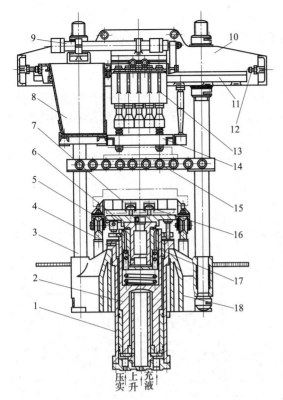

图 4-31　多触头高压微振造型机的结构

1—压实缸；2—压实活塞；3—立柱；4—模板穿梭机构；5—振动器；6—工作台；7—模板框；8—漏底式加砂斗；9—压头移动缸；10—横梁；11—导轨；12—缓冲器；13—多触头压头；14—辅助框；15—边辊道；16—模板夹紧器；17—气动微振缸；18—机座

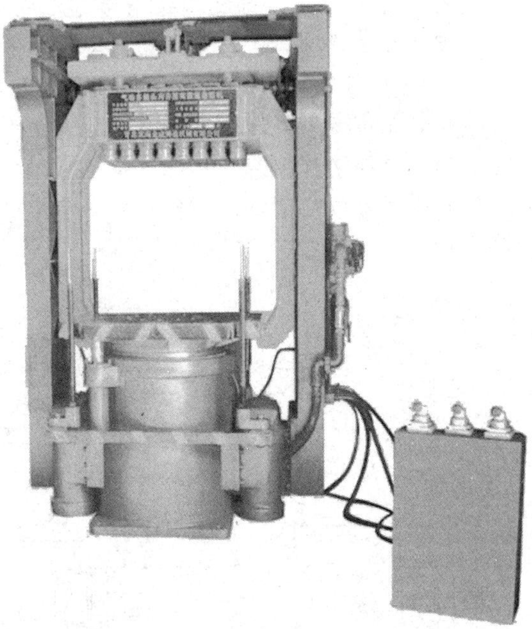

压实　上升　充液

图 4-32　一种新式的气动多触头振动压实造型机

4.3.3　射压式造型机

常见的射压式造型机有两种：垂直分型无箱射压造型机和水平分型脱箱射压造型机。

（1）垂直分型无箱射压造型机

如果造型时不用砂箱（无箱）或者在造型后能先将砂箱脱去（脱箱），使砂箱不进入浇注、落砂、回送的循环，就能减少造型生产的工序，节省许多砂箱，而且可使造型生产线所需的辅机减少，布线简单，容易实现自动化。

① 工作原理。垂直分型无箱射压造型机的工作原理见图 4-33，其结构如图 4-34 所示。造型室由造型框及正、反压板组成。正、反压板上有模样，封住造型室后，先由上面射砂填砂［图 4-33（a）］，再由正、反压板两面加压，紧实成两面有型腔的型块［图 4-33（b）］；然后反压板退出造型室并向上翻起让出型块通道［图 4-33（c）］；接着正压板将造好的型块从造型室推出，且一直前推，使其与前一块型块推合，并且还将整个型块列向前推过一个型块的厚度［图 4-33（d）］；最后正压板退回［图 4-33（e）］，反压板放下并封闭造型室［图 4-33（f）］，机器进入下一造型循环。

这种造型方法的特点是：a. 用射压方法紧实砂型，所得型块紧实度高且均匀。b. 型块的两面都有型腔，铸型由两个型块间的型腔组成，分型面是垂直的。c. 由于连续造出的型块互相推合，形成一个很长的型列，浇注系统设在垂直分型面上，因此在型列的中间浇注时，几块型块与浇注平台之间的摩擦力可以抵住浇注压力，型块之间仍保持密合，不需要卡紧装置。d. 一个型块即相当一个铸型，而射压都是快速造型方法，所以造型机的生产率很高。造小型铸件时，生产率可达 300 型/h 以上。

　　② 垂直分型无箱射压造型机的总体结构与造型工序。图 4-34 所示的垂直分型无箱射压造型机，上部是射砂机构，射砂筒 1 的下面是造型室 9，正、反压板由液压缸系统驱动。为了获得高的压实比压和较快的压板运动速度，采用了增速液压缸。为了保证合型精度，采用了四根刚度大的长导杆 6 协调正、反压板的运动。造型室前有浇注平台，推出的砂型即排列在上面。图 4-35 是一种垂直分型无箱射压造型机实物。

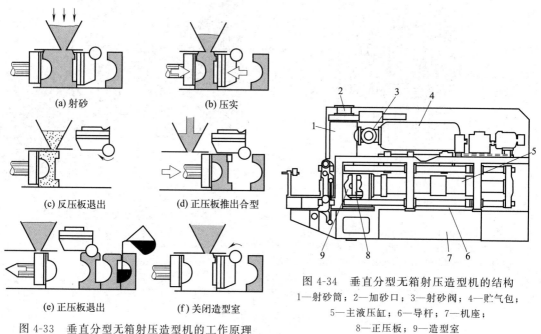

(a) 射砂　　　　　　(b) 压实

(c) 反压板退出　　　(d) 正压板推出合型

(e) 正压板退出　　　(f) 关闭造型室

图 4-33　垂直分型无箱射压造型机的工作原理

图 4-34　垂直分型无箱射压造型机的结构
1—射砂筒；2—加砂口；3—射砂阀；4—贮气包；
5—主液压缸；6—导杆；7—机座；
8—正压板；9—造型室

图 4-35　一种垂直分型无箱射压造型机

　　该造型机的造型过程有六道工序，如图 4-36 所示。

　　a. 射砂工序 ［图 4-36（a）］。正、反压板关闭造型室。当料位指示器 14 显示射砂筒 3 中已装满砂时 ［图 4-36（f）］，开启射砂阀 15，贮气包 5 中的压缩空气进入射砂筒 3，将型砂射入造型室 1 内。射砂结束后，射砂阀 15 关闭，排气阀 2 打开，使射砂筒 3 内的余气排出。

b. 压实工序 [图 4-36（b）]。压力油从 c 孔进入主液压缸 11，推动主活塞 10 及正压板 12，同时反压板 13 由辅助活塞 8 通过导杆 9 拉住，于是型砂在正、反压板之间被压实。当铸型需要下芯时，等下芯结束信号发出后，造型机才进行下一工序。

c. 起模 1 工序 [图 4-36（c）]。压力油从 b 孔进入，使辅助活塞 8 左移，并通过导杆 9 使反压板 13 左移从而完成起模，然后反压板在接近终端位置时，通过导杆及四连杆机构使之翻转 90°，为推出合型做好准备。在起模前反压板上的振动器动作，同时砂闸板 4 开启，供砂系统可向射砂筒 3 内加砂，为再次射砂做准备。

d. 推出合型工序 [图 4-36（d）]。压力油从 d 孔进入，推动增速活塞 7 动作，使主活塞 10 左移。这样，砂型 16 被推出，且与以前造型的砂型进行合型。

e. 起模 2 工序 [图 4-36（e）]。压力油从 a 孔进入，推动主活塞 10 右移，使正压板 12 右移并从砂型中起模。起模前正压板上的振动器动作。

f. 关闭造型室工序 [图 4-36（f）]。压力油再次从 d 孔进入，推动增速活塞 7 左移，使辅助活塞 8 右移，并通过导杆将反压板拉回原位从而关闭造型室，完成一次工作循环。

造型机的主液压缸是一个双向液压缸，因前后两个活塞共处于一个缸中，一个活塞的运动有时会对另一个活塞的运动产生干扰，影响造型质量。例如起模 1 工序中，反压板启动时会干扰压实板，若发生颤动可能损坏砂型。因此改进后的结构是将前后两个活塞互相隔离（图 4-36）。

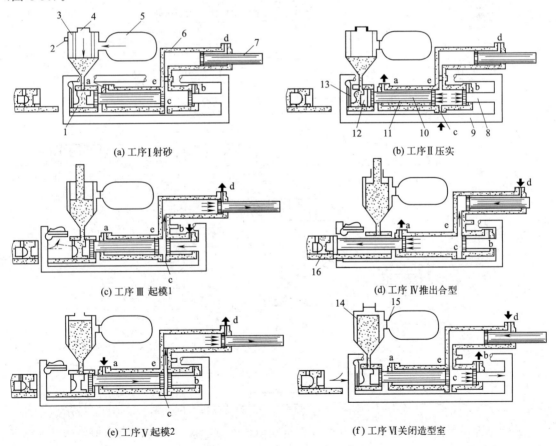

图 4-36　造型循环的六个工序

1—造型室；2—排气阀；3—射砂筒；4—砂闸板；5—贮气包；6—增速液压缸；7—增速活塞；8—辅助活塞；9—导杆；10—主活塞；11—主液压缸；12—正压板；13—反压板；14—料位指示器；15—射砂阀；16—砂型

在造型循环的六个工序中，主液压缸各油孔的状态如表 4-1 所示。

表 4-1　造型各工序中主液压缸各油孔的状态

工序	工序名称	主液压缸各油孔名称				
		a	b	c	d	e
I	射砂	关闭	关闭	关闭	关闭	关闭
II	压实	回油	回油	进油	进油	关闭
III	起模 1	关闭	进油	关闭	回油	回油
IV	推出合型	回油	关闭	进油	关闭	进油
V	起模 2	进油	关闭	回油	关闭	回油
VI	关闭造型室	关闭	回油	关闭	进油	进油

③ 垂直分型无箱射压造型机的气、液压自动控制原理。垂直分型无箱射压造型机的工作循环是自动进行的，操作者只需在机器旁进行监视即可。该造型机的控制系统由液压、气压及计算机控制系统联合组成。其液压工作原理如图 4-37 所示。

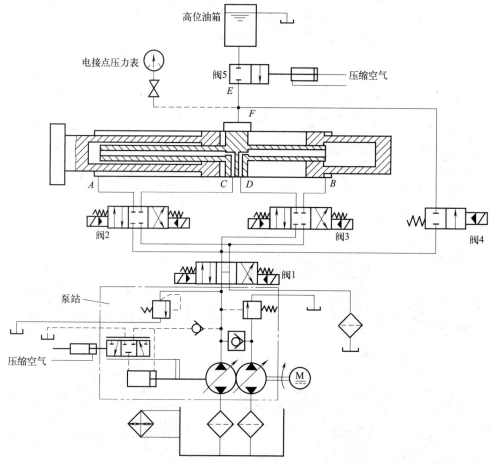

图 4-37　垂直分型无箱射压造型机的液压工作原理

系统供油由单电动机驱动两台并联的变量轴向柱塞泵完成，其输出的油量是两泵流量之和。轴向柱塞泵具有尺寸小、重量轻、寿命长、效率高的优点。造型循环中推出合型及起模2两工序所要求的压实板的变速，则通过容积调速来实现。它可在转速不变的情况下通过变量泵的控制调节而改变输出的流量。

造型时液压缸动作由液压换向阀1、2、3及4控制。电液动换向阀具有既能实现换向缓冲，又能获得大流量的优点。阀5为充液阀，用于向高位油箱补充液压油。因其通径大（100mm），故采用气动推杆驱动其阀芯。各造型工序中液压换向阀的开启状态如表4-2所示。

表 4-2　造型循环各工序中液压换向阀的开启状态

工序号	工序名称	液压换向阀号					工序号	工序名称	液压换向阀号				
		1	2	3	4	5			1	2	3	4	5
Ⅰ	射砂	中	中	中	左	右	Ⅳ	推出合型	左	右	中	左	左
Ⅱ	压实	左	右	左	右	右	Ⅴ	起模2	左	左	中	左	左
Ⅲ	起模1	左	中	右	左	左	Ⅵ	关闭造型室	左	中	左	左	左

垂直分型无箱射压造型机的气控原理如图4-38所示。从气源来的压缩空气先经过分水滤气器，然后一路经减压阀进入环形贮气包，另一路经油雾器进入造型机、下芯机构控制气路。串联在后一管路中的油雾器可使气流中含有油雾，以便润滑各气缸及气阀。

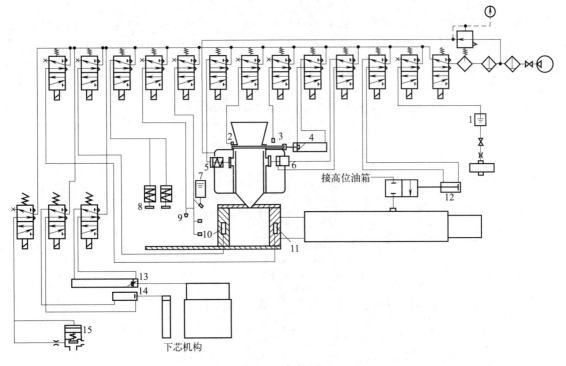

图 4-38　气控原理

1—导柱润滑油箱；2—砂闸板充气密封装置；3—砂闸板吹净器；4—砂闸板气缸；5—排气阀；6—射砂阀；
7—脱模剂桶；8—压砂型器；9—砂型、桩头吹净器；10—反压板振动器；11—正压板振动器；12—充液阀气缸；
13—下芯机构长气缸；14—下芯机构短气缸；15—下芯机构换气阀

进入环形贮气包的压缩空气压力由远程减压阀控制，改变此压力就可以改变射砂压力。造型循环各个工序的气动动作均由二位五通电磁阀控制。

④ 垂直分型无箱射压造型生产线。垂直分型无箱射压造型机只需配以适当的铸型输送机就可以组成生产线，基本上不需要其他辅机，十分简单。生产线所用的铸型输送机应有两个功能：直线的前移运动；与造型机同步推动型块串列。

用于这类铸造生产线的步移铸型输送机主要有夹持式和栅板式两种形式。

常见的夹持式步移铸型输送机的工作原理如图 4-39 所示。输送铸型时，用两根很长的导槽从两边夹紧整串铸型往前移动，每一工作循环包括夹持、前移、松开、后退四个工序。

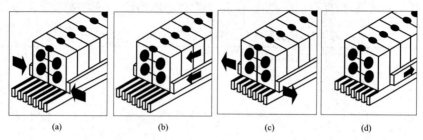

图 4-39　夹持式步移铸型输送机的工作原理

（2）水平分型脱箱射压造型机

水平分型脱箱射压造型是在分型面呈水平的情况下，进行射砂充填、压实、起模、脱箱、合型和浇注的。水平分型脱箱射压造型机类型很多。

图 4-40 是德国 MBD 公司出品的水平分型脱箱射压造型机结构。15 是装有双面模板的可移动小车，其上面是上砂箱及上射压系统，下面是下砂箱及下射压系统；14 是一个转盘机构。图 4-41 是一种水平分型无箱射压造型机实物。

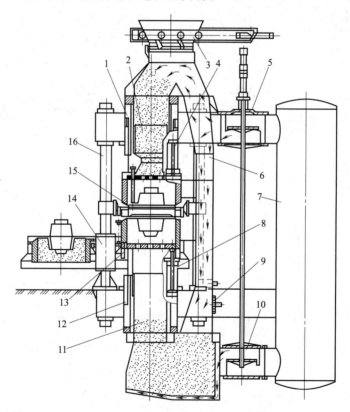

图 4-40　水平分型脱箱射压造型机的结构

1—上环形压实液压缸；2—上射砂筒；3—加料开闭机构；4—上脱箱液压缸；5—上射砂阀；6—落砂管道；
7—贮气包；8—下脱箱液压缸；9—料位器；10—下射砂阀；11—下射砂筒；12—下环形压实液压缸；
13—辅助框；14—转盘机构；15—模板小车；16—中立柱

图 4-41　一种水平分型无箱射压造型机实物

　　水平分型脱箱射压造型机的工作过程见图 4-42。模板进入工作位置后（图 a），上、下砂箱从两面合在模板上（图 b）。这时上、下射砂机构进行射砂，将型砂填入砂箱（图 c）。随即，射压板压入砂箱将砂型压实（图 d）。接着上、下砂箱分开，从模板上起模（图 e）的下砂箱放置在转盘上，转盘旋转 180°，下砂箱随转盘转至外面的下芯工位，而前一个下砂箱在下芯工位下芯完毕时，转至工作位置。与此同时，模板小车从旁移出（图 f），于是上、下砂箱合型（图 g）。合型后，首先上射压板不动，上砂箱向上抽起脱箱（图 h）；然后下射压板不动，下砂箱向下抽出脱箱（图 i）。这时在下射压板上就是已造好的脱箱砂型了。下一工序中，将它推出至浇注平台或铸型输送机，同时模板小车进入，开始下一循环。

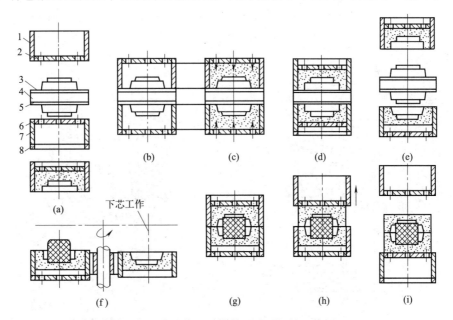

图 4-42　水平分型脱箱射压造型机的工作原理

1—上砂箱；2—上射压板；3—上模板；4—模板框；5—下模板；6—下射压板；7—下砂箱；8—辅助框

　　水平分型脱箱造型和垂直分型无箱造型，两者都没有砂箱进入生产线，有组成简单的优点。与垂直分型相比，水平分型还有如下一些优点：

① 水平分型下芯和下冷铁比较方便；

② 水平分型时，直浇口与分型面相垂直，模板面积有效利用率高，而垂直分型的浇注系统位于分型面上，模板的面积利用率小；

③ 垂直分型时，如果模样高度比较大，模样下面的射砂阴影处紧实度不高，而水平分型可避免这一缺点；

④ 水平分型时，铁水压力主要取决于上半型的高度，较易保证铸件质量。

但水平分型脱箱造型的生产率比垂直分型无箱造型低。另外，水平分型的生产线上需要配备压铁装备，取放套箱的装置，所以水平分型的生产线比垂直分型的生产线复杂一些。

4.3.4　气流式造型机

典型的气流式造型机包括静压造型机、气冲造型机两种。

（1）静压造型机

静压造型就是先通过气流预紧实作用对型砂进行初步紧实，然后通过液压压头对型砂进行最终紧实。其多触头压头由液压提供压力，且压力固定。该方法造型可使型砂紧实度高，适合自动化程度高、工艺复杂的铸件造型。静压造型在压实过程中不加振动，故属于单纯的压实；由于是通过气流预紧实型砂＋液压压实，因此砂层的最上层比较紧实。

静压造型机主要由贮气包、静压阀、多触头、加砂机构、砂箱等部件组成，其核心部件之一是静压阀。静压阀的结构如图 4-43 所示。它的开闭都由气动元件控制，可自动地进气或排气。当控制气流由进气口进入启动活塞时，静压空气瞬间进入造型机，对填充了（散）型砂的砂箱进行气流预紧实。

常见的 KW 型静压造型机的结构如图 4-44 所示。其多触头机构上部的两侧设置了两个脉冲控制阀（静压阀），在两个阀的下面有两个气管通往多触头空腔。控制阀打开时，压缩空气由气管进入砂箱实现气流预紧实，随后多触头进行压实。图 4-45 是某企业的静压造型机生产现场。

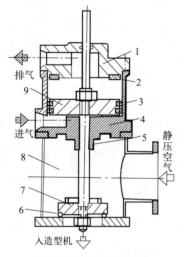

图 4-43　静压阀的结构
1—上盖；2—缓冲垫；3—密封环；4—缸体；
5—O 形密封圈；6—密封垫；7—阀瓣；
8—阀体；9—活塞

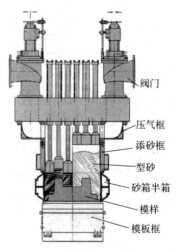

图 4-44　KW 型静压造型机的结构

静压造型的主要优点是：噪声小，生产平稳，铸型轮廓清晰、表面硬度高且均匀，拔模斜度小，型板利用率高，工艺装备磨损小，铸型表面粗糙度低，铸型的型废率低。静压造型是目前最新、最先进的造型工艺，也是当今大量生产的主流紧实工艺。

图 4-45　某企业的静压造型机生产现场

（2）气冲造型机

气冲造型机与静压造型机的结构相似，主要由机架、接箱机构、加砂机构、模板更换机构和气冲装置等组成。图 4-46 是一种栅格式气冲造型机的结构。它主要由气冲阀、贮气包、压实装置等组成。其中，气冲阀是该造型机的关键部件之一。

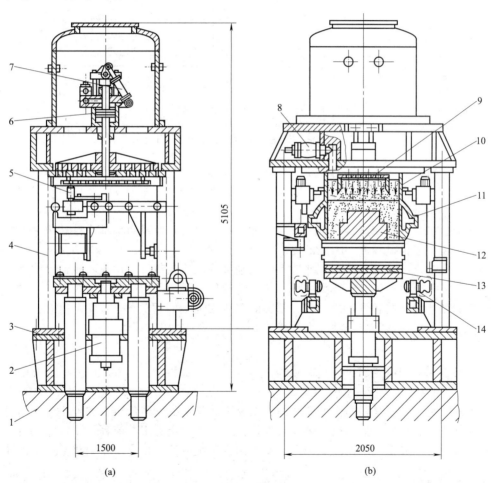

(a)　　　　　　　　　　(b)

图 4-46　栅格式气冲造型机的结构

1—底座；2—液压举升缸；3—机座；4—支柱；5—辅助框辊道及驱动电动机；6—气冲阀；7—气动安全锁紧缸；8—控制阀；9—阻流板；10—辅助框；11—砂箱；12—模样及模板框；13—工作台；14—模板辊道

BMD 液控栅格式气冲装置如图 4-47 所示。定阀板 8 与动阀板 7 都做成栅格形，两阀板的月牙形通孔相互错开，当两阀板贴紧时完全关闭。当液压锁紧机构放开时，在贮气包 1 的气压作用下，活动阀板迅速打开，实现气冲紧实。紧实后液压缸 3 先使动阀板复位，接着液压锁紧机构再锁紧动阀板，恢复关闭状态；贮气包补充进气，以待再次工作。

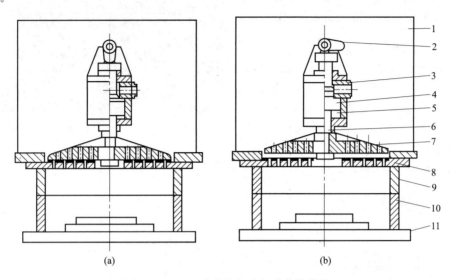

图 4-47　BMD 液控栅格式气冲装置结构
1—贮气包；2—气动锁紧凸轮；3—控制阀盘启闭的液压缸；4—活塞；5—控制阀盘启闭的气缸；
6—活塞杆；7—动阀板；8—定阀板；9—预填框；10—砂箱；11—模板

气冲造型机与静压造型机的主要区别是，气冲装置的气流打开速度要比静压装置的气流打开速度快许多，因此冲击力更大、紧实力大，通常不需要补充的压实紧实，只需要刮去砂箱顶层的余砂（散砂）即可。

气冲造型机的主要缺点是冲击力过大，冲击噪声较大，对设备地基及砂箱工装等的要求较高，工艺装备磨损也较大，因此已逐步被企业弃用。

总之，目前高压造型和单一气冲造型已逐渐被静压造型替代，原先高压造型线和气冲造型线的主机已逐渐更新为静压造型主机，新建铸造厂均首选采用静压造型技术。当前，国外比较有名的制造静压造型设备的厂家有德国的 KW 公司、HWS 公司和意大利的萨威力公司等。国内也有较成熟的静压造型及生产线。

4.4　黏土砂造型生产线

黏土砂造型生产线是根据生产铸件的工艺要求，将主机（造型机）和辅机（翻箱机、合箱机、落砂机、压铁机、捅箱机、循环输送机等）按照一定的工艺流程，用运输设备（铸型输送机、辊道等）联系起来，并采用一定的控制方法组成的机械化、自动化造型生产体系。

4.4.1　铸型输送机

铸型输送机是造型生产线中联系造型、下芯、合箱、压铁、浇注、落砂等工艺的主要运输设备。常见的铸型输送机有水平连续式铸型输送机、脉动式铸型输送机、间歇式铸型输送机等。

① 水平连续式铸型输送机　我国水平连续式铸型输送机的定型产品为 SZ-60 型铸型输送机，它由输送小车、传动装置、夹紧装置、轨道系统等部分组成。

该铸型输送机工作可靠、故障率低，可以根据工艺要求敷设成各种复杂的布置路线，因此在生产中的使用非常广泛。由连续式铸型输送机组成的铸造生产线如图 4-48 所示。

② 脉动式铸型输送机　脉动式铸型输送机的运动是有节奏的。按工艺要求，定出静止及运动的时间，每次移动均是一个小车距离，且要求定位准确，以便实现下芯、合箱、浇注等工序的自动化。

脉动式铸型输送机大多采用液压传动，其张紧装置和轨道系统与水平连续式相同。

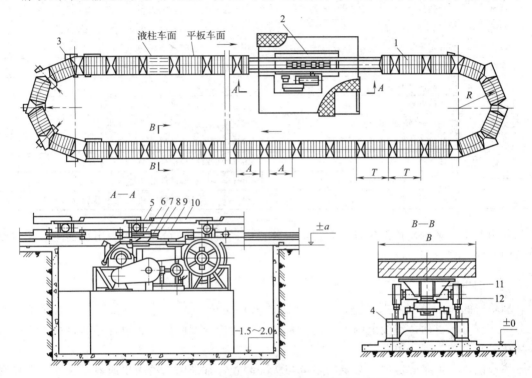

图 4-48　连续式铸型输送机组成的铸造生产线

1—输送小车；2—传动装置；3—张紧装置；4—轨道系统；5—链轮；6—驱动链条；
7—推块；8—导轮；9—牵引链条；10—车面；11—车体；12—走动轮

③ 间歇式铸型输送机　间歇式铸型输送机的静止与移动是根据需要而定的，是非节奏性运动。其传动方式可为分液压传动、机械传动及手动传动。间歇式铸型输送机的特点是输送小车为分离的，互不连接。

此种输送机结构简单、布线紧凑，能在静止状态下实现落箱、下芯、合箱、浇注等工序，工作节奏可以灵活安排或随时任意改变。但其动力消耗大，控制系统复杂，生产率不高。

4.4.2　造型生产线的辅机

在造型生产线上，为完成造型工艺过程而设置了各式各样的辅机，如落砂机、合箱机等。这些辅机的动作和结构大多比较简单，一般由工作机构（机械手）、驱动装置（气动、液动或机动）以及定位（限位夹紧）和缓冲装置等组成。

常见的造型机辅机的类型及其作用特点如表 4-3 所示。

表 4-3　造型机辅机的类型及其作用特点

名称	作用	特点
刮砂机	刮运砂箱上的余砂	用气动(或液压)砂铲
扎气孔机	对高紧实的铸型扎气孔	用气动(或液压)气孔钎
铣浇口机	对高紧实铸型铣出浇口	用电动或气动铣刀
挡箱器	防止砂箱干扰	用气动挡爪(俗称靠山)
清扫机	落砂后清扫小车台面	用气动推刷或电动轮刷
转箱机	使砂箱绕垂直轴转 90°或 180°	用气动(或液压)齿轮齿条机构
翻箱机	使砂箱绕水平轴线翻转 180°	用气动(或液压)齿轮齿条机构等
合箱机	将上、下砂箱合拢	用气动(或液压)升降机构
落箱机	将砂箱落到铸型输送小车上	用气动(或液压)升降机构
压铁机	取、放压铁	用气动(或液压)机械手升降机构
浇注机	浇注液体金属	用手工、机械和自动机
捅箱机	使铸件出箱	用气动(或液压)推头
分箱机	将上、下砂箱分开运输	用气动(或液压)举升或抓取机构
落砂机	将砂箱或铸件落砂	用振动或滚筒落砂机
推箱机	推移砂箱	用气动(或液压)推杆
运箱机	将砂箱运送到造型机或输送小车上	用气动(或液压)推杆推动小车
下芯机	对下砂箱下芯	用气动(或液压)升降机械手、平移或转动机械手

常用的主要辅机包括翻箱机、合箱机、落箱机、压铁机、分箱机等。下面简单介绍它们的结构原理。

（1）翻箱机

翻箱机的作用是将已造好型的下型（或砂箱）翻转 180°，使分型面向上，以便于下芯和合箱。有时，自动造型线上的上型也要翻转，以便检查型腔质量和清理浮砂；检查完毕后再翻转还原，与下型合箱。

翻箱机要有可靠的定位及必要的限位与缓冲装置，常采用气动液压或液压缓冲，即采用气动液压缸或液压缸等驱动方式。翻箱机的翻转形式与砂箱进出方式及进出砂箱辊道高度有关。常见的几种翻箱机翻转方式如图 4-49 所示。

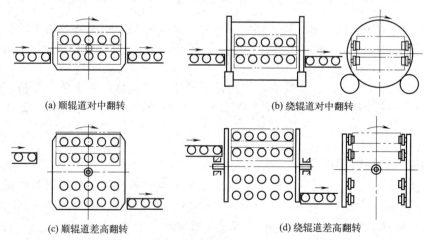

(a) 顺辊道对中翻转　　　　　　(b) 绕辊道对中翻转

(c) 顺辊道差高翻转　　　　　　(d) 绕辊道差高翻转

图 4-49　翻箱机的几种翻转方式

典型的液压式翻箱机的结构如图 4-50 所示。该翻箱机以液压齿轮齿条机构驱动带边辊的翻转架实施翻箱动作，中间有液压定位销使砂箱定位，结构紧凑、工作可靠。液压齿轮齿条机构的原理如图 4-51 所示。它采用气压液缓冲。当齿条活塞 2 的一端进气驱动时，另一端由相应的油缸 6 缓冲。两端的油缸是连通的，连通管上装有节流阀 4，以便于速度调节。为了补充漏油损失，需要定期加油或设高位油箱。

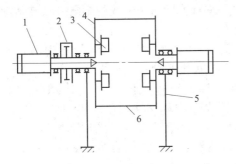

图 4-50　翻箱机原理
1—定位销油缸；2—驱动机构；3—边辊道；
4—翻转架；5—支架；6—拉杆

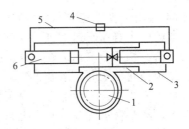

图 4-51　液压驱动机构原理
1—齿轮；2—齿条活塞；3—气缸体；
4—节流阀；5—油管；6—缓冲油缸

这种气动液压缓冲结构动作迅速平稳、结构紧凑、控制简单。此外，对中翻转时，转动惯量小、动作平稳可靠。该类翻箱机也可用在具有高度差的双辊道翻转砂箱工位上。图 4-52 是一种带翻箱机的现代造型生产线。

图 4-52　一种带翻箱机的现代造型生产线

（2）合箱机

合箱机的作用是对上型与下芯后的下型进行合箱，等待浇注。为了保证铸件尺寸精度的要求（不错箱），合箱精度必须充分保证。由于生产线上的铸型输送机有脉动式和连续式两种形式，合箱机也分为静态合箱机和动态合箱机两类。

图 4-53 为典型的静态合箱机结构。该合箱机用于脉动式高压造型自动生产线，是直接在停止时的输送小车上进行合箱。即当升降油缸 10 动作时，升降导杆 11 上升，于是其上四个带叉杆 7 的液压推杆 8 同步伸出，托起上砂箱，然后上砂箱伸缩边辊 5 退出，升降油缸

10下落，上砂箱与输送小车上的下砂箱进行合箱。在这种情况下合箱，要保证砂箱在小车上的定位以及小车与合箱机之间的定位准确。这样就能保证分别处于上砂箱和下砂箱的合箱销与销孔对准，从而保证合箱的精度。

这种合箱机也可以作落箱机用，如将下砂箱落到小车上就可用这种机构完成。所不同的只是它们安装的高度略有差别。同理该合箱机也可以在上、下砂箱进箱处作分箱机或进箱升箱机用。这就充分说明了生产线设计与布置的形式对辅助结构形式的影响，尤其是脉动式生产线对简化辅机种类和实现设备通用化都十分有利。

图4-54为用于普通铸造生产线的合落箱机。由于铸型输送机是连续运动的，因此合箱在小车上方的固定合箱辊道上进行。该合箱机上的边辊与合箱辊道平齐，上砂箱进入上砂箱边辊4后下落，依靠合箱销（在图4-54的纵向方向上）插入下砂箱定位销孔定位而进行合箱。为使合箱销对位顺利，下砂箱气动边辊5下设有钢球支撑的浮动机构6。当合好箱后，机械手气缸2一边张开一边上升，直至恢复原位。合好的砂箱由气缸8带着下降，落到输送机小车7上，然后将边辊5退开、上升、还原。这种合箱机可使合箱和落箱一并完成，故结构紧凑、占地小，在非自动生产线上使用比较合适。

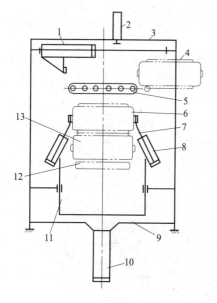

图4-53 合箱机

1—接箱缓冲油缸；2—压箱缸；3—上支架；4,6—上砂箱；
5—伸缩边辊；7—叉杆；8—液压推杆；9—下支架；10—升降
油缸；11—升降导杆；12—铸型输送机；13—下砂箱

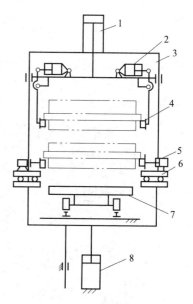

图4-54 合落箱机

1—合箱气缸；2—上砂箱机械手气缸；3—四立柱；
4—上砂箱边辊；5—下砂箱气动边辊；6—浮动
机构；7—输送机小车；8—落箱气缸

（3）落箱机

落箱机的作用是将下砂箱或合好的上、下砂箱落到铸型输送机上。它的结构原理比较简单，可分为上抓式和下托式两种，分别与合落箱机的上部和下部类似。其升降机结构是由气动液压缸或液压缸驱动的，机械手基本上都由可动边辊组成。

（4）压铁机

压铁机的主要作用是对浇注前的铸型加压铁，当铸件凝固后取压铁并输送压铁。随着造型生产线的发展，压铁机也出现了很多形式。常用的压铁机有两种：一种是机械化或半自动化压铁机，其定位及缓冲控制不太严格；另一种是自动压铁机，其定位准确、缓冲良好。

图 4-55 是半自动化的顶杆式压铁机。该加压铁机（图 4-55 的左部）的工作过程是：首先顶杆 3 升起，举起压铁 11 离开张合辊道 8；然后下撞块 5 托起连杆机构 6，使张合辊道 8 翻开；接着升降缸 1 的活塞杆带动已托住压铁的顶杆下降，将压铁放到铸型上；继而上撞块 5 将连杆机构 6 压下，使张合辊道合拢还原。气缸 12 推动挡压铁杠杆 13 的作用是防止压铁干扰，即通过挡压铁杠杆的动作只允许一块压铁进入工位。

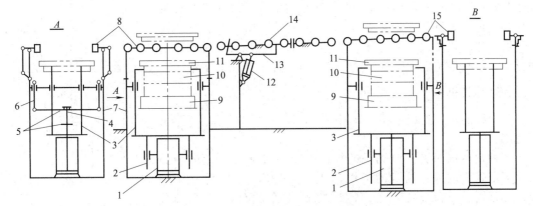

图 4-55　半自动化的顶杆式压铁机

1—升降缸；2—导向杆；3—顶杆；4—开合杆；5—上、下撞块；6—连杆机构；7—机架；8，15—张合辊道；
9—铸型输送机；10—砂箱；11—压铁；12—气缸；13—挡压铁杠杆；14—压铁输送辊道

该取压铁机（图 4-55 的右部）的工作过程为：升降缸升起顶杆 3，举起砂箱上的压铁，由压铁撞开张合辊道 15，并越过张合辊道，然后张合辊道靠弹簧复位立即还原合拢；待升降缸带动顶杆下降时，压铁落在张合辊道上，并沿有一定斜度的压铁输送辊道 14 滑向放压铁机。

这种压铁机结构简单，动作平稳可靠，节省空间，但占有地坑，不便维修。

图 4-56 为抓取式压铁机结构。它实质上是一个可以平移、升降的机械手。该压铁机的输送辊道 12 呈 1°30′ 的斜度，便于压铁下滑而自动输送。但由此导致辊道两端存在高度差，使取、放压铁机的升降行程不同。取压铁行程大，机械手的张合与升降必须分别由两个气缸来完成；而放压铁行程小，只要一个气缸即可完成张合与升降工作。

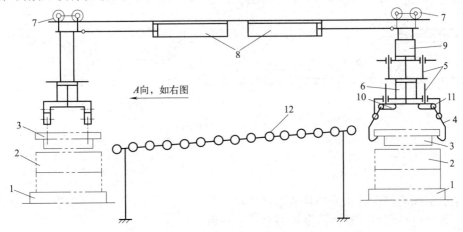

图 4-56　抓取式压铁机结构

1—铸型输送机；2—砂箱；3—压铁；4—机械手；5—导杆；6—张合缸；7—走轮；
8—平移气缸；9—升降缸；10—导槽；11—小滚轮；12—压铁输送辊道

这种取压铁机的工作过程是：当铸型输送机的小车载着铸型及压铁到位时，取压铁机械手张合缸 6 的活塞上升，使机械手 4 抓起压铁。接着升降缸 9 动作，升起压铁机械手。然后右平移气缸 8 带动机械手左移，碰走辊道上原来的压铁。到位后张合缸 6 下降，机械手张开，压铁落在辊道上。最后右平移气缸 8 使机械手右移回到原位。

这种放压铁机的工作过程是：当铸型到位时，张合缸 6 的活塞下降，机械手 4 张开，压铁便被放到铸型上。此后左平移气缸 8 带动机械手右移，张合缸 6 的活塞上升，机械手再抓起一块压铁，左平移气缸 8 带动机械手左移到位，等待下一铸型的到来。

由于抓取式压铁机架空安装在地面上，因此该设备维修和清理方便，但其稳定性和刚度稍差，只适合小件生产线上使用。

（5）分箱机

分箱机的作用是将上、下砂箱分开，以便分别回送到造型机上使用。

一种常用的举升式分箱机的结构如图 4-57 所示。落砂后的上、下空砂箱进入分箱机的工作台 2 后，双级气缸 1 将砂箱升起，分箱辊道 4 和 3 被顶开；待双级气缸返回下降时，将砂箱分别落到分箱辊道 3 和 4 上，通过相连的上、下回箱辊道分送出去。该结构常用于中、小机械化造型线。其缺点是冲击和磨损较大。

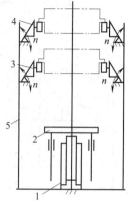

图 4-57　举升式分箱机的结构
1—双级气缸；2—工作台；
3,4—分箱辊道；5—机架

4.4.3　造型生产线举例

（1）有箱射压造型线

图 4-58 是一条带自动下芯的有箱射压造型线，采用了连续式铸型输送机，用于大批大量生产，自动化程度高，生产率可达 $200 \sim 240$ 型/h。

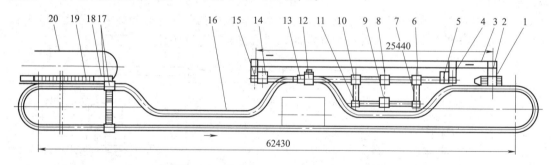

图 4-58　带自动下芯的有箱射压造型线
1—捅型机；2—分型机；3—回箱辊道；4,15—转向机；5—下型射压造型机；6—合芯机；7—芯盒换向机；
8—自动下芯翻转机；9—黏土砂射芯机；10—开芯盒机；11—空芯盒翻转机；12—合型机；13—落箱机；14—上型射压造型机；16—铸型输送机；17—加压铁机；18—卸压铁机；19—浇注同步平台；20—浇注单轨

这条造型线的特点之一是把制芯也包括在了生产线之内，而且下芯工作是自动进行的。生产线的各个机构都用无触点的电控制系统进行集中控制。

（2）多触头高压造型线

图 4-59 是一条采用一对二工位主机的多触头高压造型线，砂箱内尺寸为 $1100 \mathrm{mm} \times$

750mm×400mm/300mm，主要产品为气缸盖、离合器壳、变速箱等，生产率最高可达240型/h。线上采用的是脉动式铸型输送机，配置了一对二工位多触头高压造型机，分别造两种上、下型。

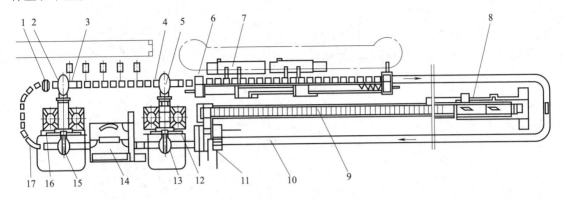

图 4-59　采用一对二工位主机的多触头高压造型线

1—小车台面清扫机；2—落箱机；3,4—翻箱机；5—合型机；6—加卸压铁机；7—半自动浇注装置；
8—振动落砂机；9—链板输送机；10—冷却罩；11—铸型顶出装置；12,16—二工位多触头高压造型机；
13,15—换向机；14—控制室；17—脉动式铸型输送机

（3）气冲造型生产线

图 4-60 为气冲造型自动生产线，砂箱为 1250mm×900mm×350mm，生产率为 110～160 型/h。该线可以自动更换模板，适用于多品种生产。

这种生产线为开放式布置，所用的间歇式铸型输送机可以是小车式输送机，也可以是辊道式输送机。其驱动形式可为驱动小车、气动、液动柱杆或机动边辊等。

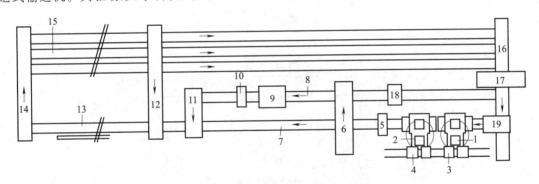

图 4-60　气冲造型自动生产线

1,2—造型机；3,4—往复式上、下模板小车；5—翻箱机；6—上型转运装置；7—下芯段；8—上型铸型段；
9—钻通气孔装置；10—上型翻转机；11—合型机；12—压铁机；13—浇注段；14,16—转运装置；15—冷却输送机；
17—带机械手的振动落砂机；18—小车清扫机；19—砂箱清理机

（4）转盘式亨特造型生产线

HMP-10 型转盘式亨特造型生产线如图 4-61 所示。其主机（HMP-10 型自动脱箱造型机）如图 4-62 所示，由底板库 5、翻转架 19、翻转油缸 20、推进油缸 21、升降滚道 24、机架 17 等组成。转盘式（亨特）造型线的立体图如图 2-12 所示。

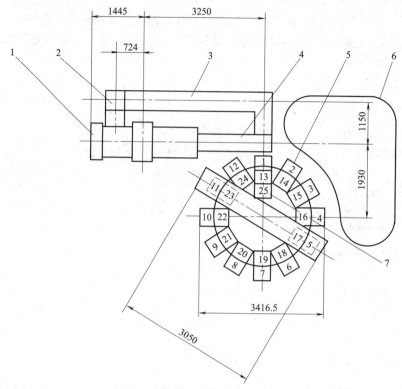

图 4-61　HMP-10 型转盘式亨特造型生产线

1—HMP-10 型自动造型机；2—底板升降缸；3—底板回送装置；4—滚道输送机；5—转盘式浇注台；6—浇注轨道；7—落砂坑

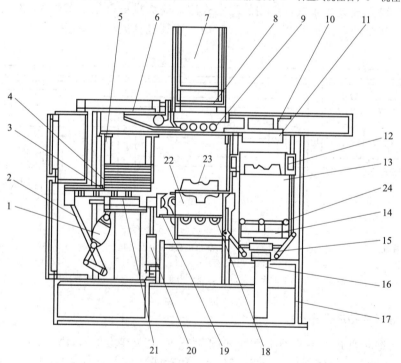

图 4-62　HMP-10 型自动脱箱造型机

1—底板推进缸；2—底板推进连杆；3—底板滚道；4—底板夹紧器；5—底板库；6—油缸；7—砂斗；8—定量斗；
9—松砂器；10—小车；11—压头；12—上砂箱；13—挡块；14—工作台；15—定位杆；16—压实油缸；17—机架；
18—底板夹紧滚道；19—翻转架；20—翻转油缸；21—下砂箱推进油缸；22—下砂箱；23—模板；24—升降滚道

该造型机有两个工位，即下砂箱翻转工位和压实工位。在下砂箱翻转工位上可对下砂箱22进行加砂、送入底板、夹紧并翻转180°操作。在压实工位上，当下砂箱推入后，工作台升起，进行上砂箱加砂，上、下砂箱一起压实，上、下砂箱起模、退模板、下芯、合箱和脱箱等操作；待下一次推入下砂箱时，铸型被推出上线。整个循环有16道工序，生产率为约120型/h。

该造型线呈典型的转盘式布置。首先在造型机上脱箱后的铸型带着砂型底板通过滚道输送机被送到转盘浇注台的1位附近，然后铸型被转台上的气动推进器推至1位，并加上套箱压铁。同时，砂型底板在1位被挡回后，经底板回送装置送还底板库回用。铸型在2～4位浇注以后进入冷却工段。当它回转一圈再到1位时，取下套箱和压铁，同时被新进入1位的铸型推至内圈13位上继续冷却。当它再转一圈后就被推到25位而进入地坑，经溜槽送至落砂机上落砂。如铸型较大时，还可经鳞板输送机进一步冷却后再进行落砂。

该生产线除具有水平分型脱箱造型的一般特点外，还具有下列特点：

① 采用重力加砂，砂斗中还设有松砂器，以保证型砂松散和均匀充填。

② 紧实以压实为主，砂箱侧面的振动器起辅助紧实的作用。

③ 单机组线呈转盘布置，结构紧凑，占地面积小。但由于造型工序多，故生产率不高（约120型/h），而且该生产线需要砂型底板及套箱，比较麻烦，只适用于小件的自动生产。

（5）静压造型线

一种静压造型线的布置如图4-63所示。它采用了自动控制的步进式铸型输送机，运行平稳、可靠性高，可上、下型交替造型（静压＋压实）。

其主要参数包括：压实力490kN，静压压力6.4×10^5Pa，压实比压1.02×10^6Pa，造型能力72箱/h，砂箱内尺寸800mm×600mm×250mm，浇注后箱内冷却时间60min。

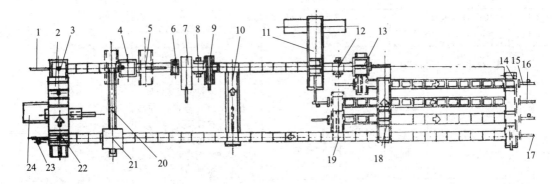

图4-63 APS-H$_4$静压造型线

1—推进缸；2—捅箱机；3—砂箱分离机；4—静压造型机；5—模板快换装置；6—开浇口机；7—扎气眼机；8,12—翻转机；9—刮板机；10—定盘定位装置；11—下芯机；13—合箱机；14—铸型移动装置；15,23—缓冲缸；16,17—推进缸；18—压铁取放机；19—铸型转动装置；20—胶带给料机；21—砂斗；22—定盘分离装置；24—落砂机

4.4.4 造型生产线的监控

下面以静压造型机组成的自动化造型生产线为例，介绍其主要的自动监测/检测参数，如表4-4所示。

表 4-4　造型线运行状态的自动检测

工序		检测内容	测定位置	测定目的	测定方法	重要性	实现性	数据处理		
								显示	保存	打印
造型前		CB值、水分	加砂前	产品缺陷时的原因分析	自动	型砂性能测试仪	○	△	○	○	○
		型砂加入量	加砂前	防止过度加砂及砂不足	自动	砂重量测定仪	○	○	○	○	○
		脱模剂喷涂时间	脱模剂喷涂装置	喷涂量简易测定	自动	PC内部的计数器	△	○	○	○	△
		模型温度	模型	防止黏砂	自动	热电偶红外线测温仪	○	○	○	○	○
造型时	每回	模型面传递压力	模型	型腔面的紧实力	自动	高灵敏度压力传感器	○	—	○	○	○
		气流升压时间、升压速度	贮气包造型室	监视铸型紧实力	自动	高响应压力传感器	○	○	○	○	○
		气流压力、压力波形	贮气包造型室	监视铸型紧实力	自动	高响应压力传感器	○	○	○	○	○
		压实力	压实液压缸	监视铸型紧实力	自动	压力传感器 压力变换器	○	○	○	○	○
		压实行程	压实油缸	监视砂型高度和CB值相关	自动	带编码的油缸 非接触式长度测定仪	○	△	△	△	△
		压实时间	压实油缸	监测压实油缸的动作时间	自动	PC内部的计数器	△	○	△	△	△
		造型机的循环时间	造型机	监测机器的整个运行时间	自动	PC内部的计数器	○	○	○	○	○
扎气孔	每型	刀具脱落、磨损监视	扎气孔机	防止气孔缺陷	自动	激光长度测定仪	○	△	△	△	—
铣浇口		铣刀磨损确认	铣浇口机	防止流动缺陷	自动	激光长度测定仪	○	△	△	△	△
铸型移动		砂箱/铸型的变形	浇注前	防止浇注不良铸型	自动	激光长度测定仪 激光透视识别传感器	○	△	△	△	△
合型	每次	是否错箱	合箱机	防止浇注不良铸型	自动	激光长度测定仪 激光透视识别传感器	○	△	△	△	△
台车移动		定位精度	台车	防止台车偏移	自动	激光长度测定仪	○	△	△	△	△
压铁		下降速度	取放压铁机	防止损坏铸型	自动	PC内部的计数器	△	△	△	△	—
浇注	每型	浇注重量 浇注温度 抬箱/漏箱	自动浇注机	防止浇注缺陷	自动	荷重传感器 热电偶 光电开关	○	○	○	○	○
冷却		冷却时间	控制装置	确保生产效率 防止铸件变形	自动	PC内部的计数器	○	△	△	△	△

注：重要性、实现性栏中，"○"表示高，"△"表示中，"—"表示低；数据处理栏中，"○"表示必要，"△"表示部分采用，"—"表示几乎不用。

思考题

1. 概述黏土砂紧实的特点及其工艺要求。
2. 型砂紧实度有哪几种测定方法？
3. 概述型砂紧实的常用方法及特点。
4. 简述影响砂型紧实度的因素。
5. 简述压实砂型紧实度均匀化的方法。
6. 比较射砂、气冲、静压等型（芯）砂紧实方法的工作原理、特点和应用区别。
7. 概述多触头压头的优点及其应用。
8. 脱箱造型与无箱造型有何区别？对造型线的结构及布置有何影响？
9. 简述造型线辅机的种类及作用。

参考文献

[1] 樊自田. 材料成形装备及自动化[M]. 2版. 北京：机械工业出版社，2018.
[2] 李远才. 铸造手册：第4卷[M]. 4版. 北京：化学工业出版社，2020.
[3] 樊自田，蒋文明，魏青松，等. 先进金属材料成形技术及理论[M]. 武汉：华中科技大学出版社，2019.
[4] 石德全，高桂丽. 砂型铸造设备及自动化[M]. 北京：北京大学出版社，2017.
[5] 万仁芳. 砂型铸造设备[M]. 北京：机械工业出版社，2007.
[6] 樊自田，吴和保，董选普. 铸造质量控制应用技术[M]. 2版. 北京：机械工业出版社，2015.

第 5 章

化学黏结剂砂造型设备及自动化

树脂砂和水玻璃砂作为化学黏结剂砂，根据不同的固化方式，需采用不同的造型工序和设备，以获得高质量的砂型。通常采用液态黏结剂及固化剂，混砂、紧实相对容易，所需的装备结构也较为简单。树脂砂与水玻璃砂造型、制芯设备及自动化基本相似（只是结构及工艺参数略有差异），主要包括振动紧实台、射芯机、树脂砂和水玻璃砂生产线等。

5.1 化学黏结剂砂紧实的特点及振动紧实台

5.1.1 树脂砂、水玻璃砂紧实的特点

树脂砂通常由原砂、合成树脂黏结剂、固化剂等按一定的比例混合组成。混好的型（芯）砂经振动紧实和一定工艺条件、时间后，可固化成铸型和砂芯。

水玻璃砂主要由原砂及水玻璃黏结剂按一定的比例混合组成。根据硬化方式的不同，水玻璃砂主要分为 CO_2 硬化水玻璃砂、有机酯硬化水玻璃砂。CO_2 硬化水玻璃砂是紧实后，往砂型（芯）中通入 CO_2 气体使其硬化；有机酯硬化水玻璃砂的混合及紧实过程与树脂砂完全相同，其中的有机酯是水玻璃砂的固化剂。

与黏土砂相比，树脂砂和水玻璃砂的流动性好，易于紧实；并且它们硬化后的强度更高，不需要非常高的紧实度。因此，树脂砂和水玻璃砂的紧实方法较为简单，普通的振动紧实加手工刮平即可满足树脂砂和水玻璃砂造型紧实的要求。所以用于水玻璃砂和树脂砂紧实的设备很简单，通常是振动紧实台。

5.1.2 振动紧实台

除了前面所述的气动振动台，常用于树脂砂和水玻璃砂紧实的振动紧实台结构都较简单，由振动电动机驱动。一种小型振动紧实台的结构及其实物如图 5-1 所示。它是利用两台振动电动机激振，振动频率为 $47 \sim 50$Hz，振幅约 $0.4 \sim 0.8$mm，采用空气弹簧隔振缓冲。

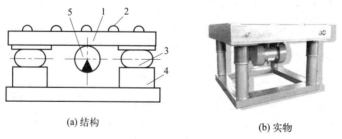

(a) 结构　　　　　　　　　　　(b) 实物

图 5-1　振动紧实台结构及其实物

1—振实台；2—辊道；3—空气弹簧；4—底座；5—振动电动机

在图 5-1 所示的振动紧实台中，充气时台面升起承接砂箱进行振实工作。造好型后，空气弹簧排气，栅床台面下降，辊道突出并承托砂箱，以便于推出。这种振动台结构简单、操作方便、动力消耗小，并能调节充气压力，以改变空气弹簧的刚度，从而适应因砂箱大小引起的载荷变化。

在许多采用水玻璃砂生产的单位，为了获得一定的湿强度，常在水玻璃砂中加入一定量的黏土，形成黏土水玻璃砂。此时，可根据黏土的加入量，使用与黏土砂紧实类似的紧实方法。还有一些工厂采用射砂紧实的方式进行树脂砂及水玻璃砂的紧实来造型或制芯，这些紧实设备的结构原理与制芯设备相似。

振动紧实台可以采用金属弹簧或橡胶弹簧缓冲。一种较大型的采用金属弹簧的振动紧实台结构如图 5-2 所示。工作时通常采用吊运设备上、下砂箱。

图 5-2　一种较大型的采用金属弹簧的振动紧实台

5.2　制芯方法及设备

制芯时主要采用气流射砂（或吹砂）紧实方式，具体包括热芯盒射砂制芯、冷芯盒射砂制芯、壳芯吹砂制芯等。制芯设备的结构型式与芯砂黏结剂及制芯工艺密切相关。常用的制芯设备有热芯盒射芯机、冷芯盒射芯机、壳芯机三类。

5.2.1　热芯盒射芯机

（1）设备结构及工作原理

图 5-3 为 ZZ8612 型热芯盒射芯机的结构。其主要由供砂装置、射砂机构、工作台及夹紧机构、立柱机座、加热板及控制系统组成。工作时，热芯盒射芯机依次完成加砂、芯盒夹紧、射砂、加热硬化、取芯等工序操作。

① 加砂。当振动电动机 1 工作时，砂斗振动向射砂筒 3 加砂；振动电动机停止工作时，加砂完毕。

② 芯盒夹紧。夹紧气缸 17 推动夹紧器 16 完成芯盒的合闭，升降气缸 7 驱动工作台上升完成芯盒的夹紧。

③ 射砂。加砂完毕后，闸板伸出，关闭加砂口，闸板密封圈 11 的下部进气使之贴合闸板，以保证射腔的密封。射砂时，环形薄膜阀 22 上部排气，压缩空气通过环形薄膜阀 22 下部由 b 进入助射腔 a，再通过射砂筒 3 上的缝进入射砂筒，完成射芯工作。

射砂完毕后，射砂阀关闭（22 上部充气），快速排气阀 14 打开，排除射砂筒内的余气。

④ 加热硬化。加热板 15 通电加热，砂芯受热硬化。

⑤ 开盒取芯。加热延时后，升降气缸 7 下降，夹紧缸 17 打开，取芯。

（2）气动控制系统

一种国产两工位较大型的 2ZZ8625 型射芯机的气动控制系统工作原理如图 5-4 所示。射芯机在原始状态时，加砂闸门 18 和环行薄膜射砂阀 16 关闭，射砂筒 19 装满芯砂。按照射芯机的动作程序，可将气动系统的工作过程分成如下四个步骤：

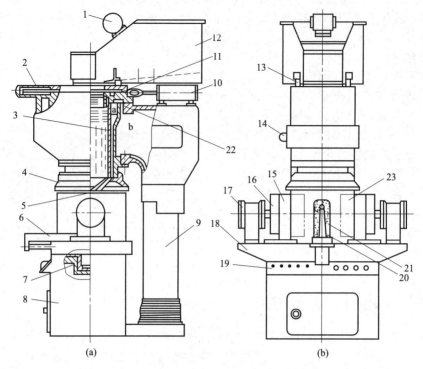

图 5-3 ZZ8612 型热芯盒射芯机的结构

1—振动电动机；2—闸板；3—射砂筒；4—射砂头；5—排气塞；6—气动托板；7—升降气缸；
8—底座；9—立柱；10—闸板气缸；11—闸板密封圈；12—砂斗；13—减振器；14—排气阀；15—加热板；
16—夹紧器；17—夹紧气缸；18—工作台；19—开关控制器；20—取芯杆；21—砂芯；22—环形薄膜阀；23—芯盒

① 工作台上升和芯盒夹紧。空芯盒随同工作台送到顶升缸 9 的上方并压合 1XK。2YA 通电使阀 6 换向。由阀 6 来的气流分为三路：第一路通过快速排气阀 15 进入闸门密封圈 17 的下腔，以提高其密封性；第二路经快速排气阀 8 进入顶升缸 9，举升工作台，并将芯盒压紧在射砂头 12 的下面；当顶升缸 9 的活塞上升到顶点后，管路气压上升，达到 0.5MPa 时，单向顺序阀 7 接通，第三路气流进入夹紧缸 11 和 22，将芯盒水平夹紧。

② 射砂。当夹紧缸 11 和 12 的管路压力大于 0.5MPa 后，压力继电器 10 压合，电磁铁 3YA 通电，使阀 23 换向，排气阀 21 进气（即阀 21 关闭），同时，使环形薄膜射砂阀 16 的上腔排气，贮气包 13 中的压缩气体将 16 顶起，使贮气包和射砂筒的外腔接通，压缩空气快速进入射砂筒进行射砂。射砂时间由时间继电器控制。射砂结束后，阀 23 复位，射砂阀 16 关闭，排气阀 21 打开，排出射砂筒中的余气。

③ 工作台下降。射砂筒排气后，2YA 断电，阀 6 复位，顶升缸下降，夹紧缸退回原位，使闸门密封圈下腔排气。顶升缸下到最低位置后，射好的芯盒连同工作台一同被送往硬化起模工位。

④ 加砂。当工作台下降到终点压合行程开关 2YA 时，1YA 通电，阀 5 换向将闸门打开，砂斗向射砂筒加砂。加砂时间由时间继电器控制，到一定时间后，1YA 断电，阀 5 复位，加砂停止。至此，完成了一个工作循环。

2ZZ8625 型射芯机的动作程序及循环时间如表 5-1 所示。

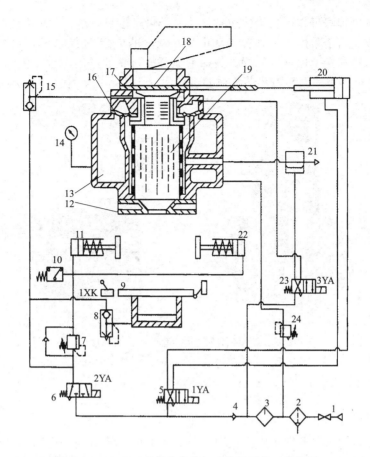

图 5-4　2ZZ8625 型射芯机的气动控制系统工作原理

1—总阀；2—分水滤气器；3—油雾器；4—单向阀；5,6,23—电磁换向阀；7—顺序阀；8,15—快速排气阀；
9—顶升缸；10—压力继电器；11,22—夹紧缸；12—射砂头；13—贮气包；14—压力表；16—射砂阀；
17—闸门密封圈；18—加砂闸门；19—射砂筒；20—闸门气缸；21—排气阀；
24—调压阀；1YA，2YA，3YA—电磁铁；1XK,2XK—行程开关

表 5-1　2ZZ8625 型射芯机的动作程序及循环时间

序号	动作名称	发信元件	电磁铁			动作时间/s						
			1YA	2YA	3YA	2	4	6	8	10	12	14
1	工作台上升	1XK		+		—						
2	芯盒夹紧	单向顺序阀		+			—					
3	射砂	压力继电器		+	+			—				
4	排气	时间继电器		+	-				—			
5	工作台下降	时间继电器		-						—		
6	闸门开	时间继电器	+								—	
7	加砂	2XK	+							—	—	
8	闸门关（停止加砂）	时间继电器	-									—

注：＋表示通电;-表示时间继电器关；—、——表示动作时间长短。

分析该系统原理图可知，它由快速排气回路、顺序控制回路、电磁换向回路、调压回路等基本回路组成。由于采用了气动控制和电控相结合的电磁-气控系统，此系统具有自动化程度高、动作联锁和安全保护较完善、气动系统简单等特点。

图 5-5 为两种典型的简易型热芯盒射芯机外形。

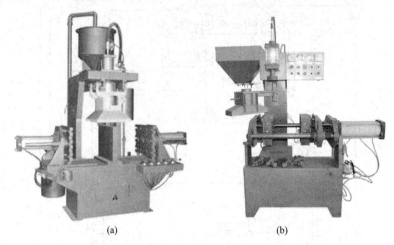

(a)   (b)

图 5-5　两种典型热芯盒射芯机的外形

5.2.2　冷芯盒射芯机

（1）冷芯盒射芯原理

冷芯盒射芯是采用气体硬化砂芯，即射芯后，通以气体（如三乙胺、SO_2 或 CO_2 等气体），使砂芯硬化。与热芯盒及壳芯相比，冷芯盒制芯不用加热，降低了能耗，改善了工作条件。

目前已有各种类型的冷芯盒射芯机。冷芯盒射芯机的结构与热芯盒射芯机的结构相似。冷芯盒制芯机也可以在原有热芯盒射芯机的基础上改装而成，只需增设一个吹气装置取代原有的加热装置即可。吹气装置主要是吹气板和供气系统。

其原理如下：射砂工序完成后，将射头移开，并将芯盒与通气板压紧，通入硬化气体，硬化砂芯。砂芯硬化后，再通过通气板通入空气，使空气穿过已硬化的砂芯，将残留在砂芯中的硬化气体（三乙胺、SO_2 等）冲洗除去。

（2）冷芯盒射芯机的结构

图 5-6 为 2.5kg 的冷芯盒射芯机，它由加砂斗 7、射砂机构 5、吹气机构 10、立柱 12、底座 1、硬化气体供气和管道系统等部件组成。

工作时，先将置于工作台上的芯盒顶升夹紧，射砂后工作台下降；然后由手轮 14 将转盘 16 转动 180°，射砂机构可在砂斗下补充加砂；接着带抽气罩 11 的吹气机构 10 转至工作台上方，工作台再次上升夹紧芯盒，进行吹气硬化砂芯；经反应净化后，工作台再次下降，完成一次工作循环。

为了防止硬化气体的腐蚀作用，管道阀门系统均采取了相应的防护措施。同时为了避免硬化气体泄漏对环境的污染，还应有尾气净化装置。

图 5-7 为一种冷芯盒射芯机的外形。

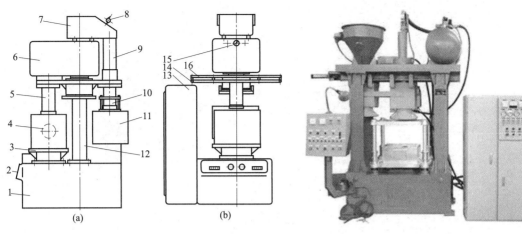

图 5-6 吹气冷芯盒射芯机

图 5-7 一种冷芯盒射芯机的外形

1—底座；2—控制板；3—工作台；4—抽风管；5—射砂机构；6—横梁；
7—加砂斗；8—振动电动机；9—加砂筒；10—吹气机构；11—抽气罩；
12—立柱；13—供气柜；14—旋转手轮；15—压力表；16—转盘

5.2.3 壳芯机

（1）壳芯机的工作原理

壳芯机基本上是利用吹砂原理制成的。其工作过程如图 5-8 所示，依次经过了芯盒合拢、翻转吹砂加热结壳、回转倒出余砂硬化、芯盒分开顶芯取芯等工序。

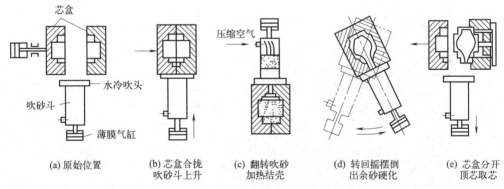

图 5-8 壳芯机工作原理

壳芯是相对于实体芯而言的中空壳体芯。它由强度较高的酚醛树脂为黏结剂的覆膜砂经加热硬化而制成。用壳芯生产的铸件，由于砂粒细，因此表面光洁，尺寸精度高，芯砂用量少，降低了材料消耗；加之砂芯中空，增加了型芯的透气性和溃散性。所以壳芯在大型芯制造中得到了广泛应用。整体壳芯如图 5-9（a）所示。较大、较复杂的壳芯可以分块制作，对称的壳芯可以分半制作［图 5-9（b）］，最后通过黏结（组装）形成整芯。

（2）K87 型壳芯机

K87 型壳芯机为广泛使用的壳芯机。它由加砂装置、吹砂装置、芯盒开闭机构、翻转机构、顶芯机构和机架等组成。图 5-10 为 K87 型壳芯机的结构原理，图 5-11 为 K87

型壳芯机的外形。

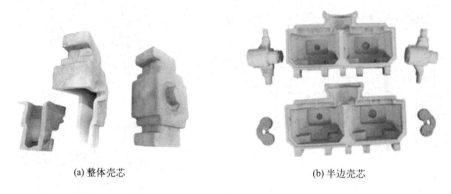

(a) 整体壳芯　　　　　　　　　　　　　　(b) 半边壳芯

图 5-9　壳芯

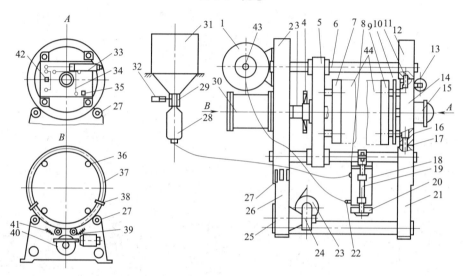

图 5-10　K87 型壳芯机的结构原理

1—贮气包；2—后转环；3—调节丝杆；4—手轮；5—滑架；6,19,36—导杆；7—后加热板；8—加砂阀；9—前加热板；
10—顶芯板；11—门转轴；12—前转环；13,33—摆动气缸；14—门；15—顶芯气缸；16—门锁紧气缸；17—门锁销；
18—吹砂斗；20—薄膜气缸；21—前支架；22—接头；23—制动电动机；24—蜗轮蜗杆减速器；25—离合器；26—后支架；
27—托辊；28—送砂包；29—橡胶闸阀；30—合芯气缸；31—大砂斗；32—闸阀气缸；34—顶芯同步杆；35,38—挡块；
37—链条；39—导轮；40—链轮；41—保险装置；42—机控连锁阀；43—吹砂阀；44—芯盒

① 开闭芯盒及取芯装置。两个半芯盒分别装在门 14 和滑架 5 之上的加热板 9 和 7 的上面。当门 14 关闭时，由门锁紧气缸 16 驱使门锁销 17 插入销孔中，从而使右半芯盒相对固定。左半芯盒由合芯气缸 30 驱动滑架 5 从而在导杆 6 上移动，执行芯盒的开闭动作，其动作迅速可靠。滑架的原始位置可根据芯盒厚度的不同，转动手轮 4 并通过丝杆 3 进行调整。

取芯时，先由气动滑架拉开左半芯盒，这时芯子应在右半芯盒上（由芯盒设计保证）；再使门锁紧气缸 16 动作拔出门锁销 17，随即摆动气缸 33 动作将门打开；然后启动顶芯气缸 15 通过顶芯同步杆 34 使顶芯板 10 平行移动，从而使顶芯板上的顶芯杆顶出砂芯。

图 5-11　K87 型壳芯机的外形

② 供砂及吸砂装置。由于覆膜砂是干态的，流动性好，因此，采用了压缩空气压送的供砂装置。送砂包 28 上部进口处装有气动橡胶闸阀 29，下部出口与吹砂斗 18 上的加砂阀 8 相连。加砂阀是由一个橡皮球构成的单向阀，送砂时被冲开，吹砂时又由吹气气压关闭。这种结构简单可靠。

吹砂时，吹砂斗 18 先由薄膜气缸 20 顶起，使吹砂斗与芯盒 44 的吹嘴吻合；再由电动翻转机构翻转 180°，使吹砂斗转至芯盒的上部。然后打开吹砂阀 43，则压缩空气进入吹砂斗中将砂子吹入芯盒，剩余的压缩空气从斗上的排气阀排出。待结壳后，翻转机构反转 180°，使砂斗回到芯盒之下，进行倒砂，并使芯盒摆动以利于倒净余砂。最后翻转机构停止摆动，薄膜气缸 20 排气使砂斗下降复原。吹砂斗上部还设有水冷却吹砂板，以防止余砂受热硬化堵塞吹砂口。

③ 翻转及其传动装置。芯盒翻转主要是指电动机经过蜗轮蜗杆减速器 24 驱动链轮链条，从而带动前后转环 12 和 2 在托辊 27 上滚动 180°。芯盒的摆动（摆动角约 45°）是通过行程开关控制电动机正反转实现的。为了防止过载，在链轮两侧设有转矩限制离合器 25。当载荷过大时，摩擦片打滑，链轮停转。挡块 38 和保险装置 41 在芯盒翻转时分别起缓冲和保险作用。

图 5-12 是一种自动翻转式壳芯机，图 5-13 是一种普通水平脱模壳芯机。

 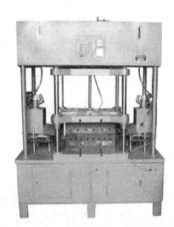

图 5-12　一种自动翻转式壳芯机　　　　图 5-13　一种普通水平脱模壳芯机

5.3　自硬树脂砂生产线

自硬型（芯）树脂砂生产系统组成较为简单，基本上由混砂机、振动台、辊道输送机等组成，必要时可配备翻转起模机和合箱机，形成自硬型（芯）生产线。小型（芯）制作常采用球形混砂机；中大件型（芯）常采用连续式混砂机。

图 5-14 是一条小型呋喃树脂自硬砂造型生产线。模板、砂箱先由电动平车 6 转运到辊道 7，进行清理准备；然后将空砂箱放在模板上，再将空砂箱及其模板放在驱动辊道 8 和电动平车 9 上，运至造型升降台处紧实造型。该线的特点是设备结构简单，而且数量少。它用于生产 5t 以下的铸铁件。

图 5-15 为年产 6000t 的自硬树脂砂生产线的平面布置图。整个布置中的基本工艺流程为：旧砂再生及砂处理、造型（制芯）、浇注、冷却、落砂、清理。在砂的输送中，部分采

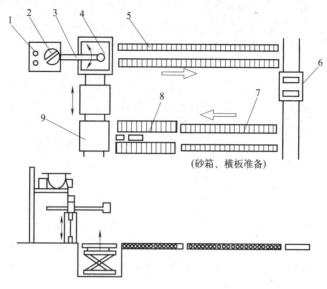

图 5-14　呋喃树脂自硬砂造型生产线
1—树脂砂固化剂容器；2—球形高速混砂机；3—回转带给料机；
4—升降工作台；5,7—辊道；6,9—电动平车；8—驱动辊道

用风力输送装置。经混砂机 20、23 混好的树脂砂直接加入振动台上的砂箱中振动紧实造型、硬化、起模。大件在地面下芯合箱、浇注，中、小件生产在由辊道输送机组成的开放式生产线上进行，并配有翻转式合箱机。芯砂用球形混砂机 27 混制而成，制芯由辊道输送机组成制芯线完成。由于树脂砂溃散性好，所有铸件均在一起落砂（打箱），再由抛丸清理机进行清理，旧砂便分别送入再生系统再生回用。该生产线工艺流程合理，布置紧凑，生产效率高。

　　图 5-16 是某企业的树脂砂生产线。它采用了螺旋混砂机、振动紧实台、干法旧砂再生系统、开放辊道式铸型输送装备。

　　总体来看，自硬树脂砂和自硬水玻璃砂的生产线布置相对简单，造型线上的设备较少，该类工厂或车间的主要设备在旧砂处理及回用再生工部，详见本书的第 6 章节介绍。

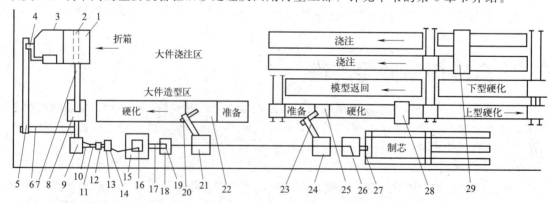

图 5-15　年产 6000t 的自硬树脂砂生产线的平面布置图
　1—落砂机；2,4—振动输送机；3—抛丸清理机；5～7—带式输送机；8—回收砂斗；9—旧砂破碎机；10—振动槽；
11,17—斗式提升机；12—磁分离机；13—装料斗；14—再生机；15—再生砂斗；16—微粉分离器；18—砂温调节器；
19—气力输送装置；20,23—混砂机；21,24,26—砂斗；22,25—振动台；27—球形混砂机；28—翻转起模机；29—翻转合箱机

图 5-16 某企业的树脂砂生产线

5.4 水玻璃砂生产线

5.4.1 普通 CO_2 水玻璃砂生产线

CO_2 吹气硬化的水玻璃砂通常采用手工造型或振击式造型机造型和制芯。型芯的搬运方式小件用手工搬运，大件用行车吊运。混砂机大多采用辗轮式，根据产品种类、生产规模、场地大小等实际情况决定生产设备和工装的选用。图 5-17 为国内常见的 CO_2 水玻璃砂常用工序平面布置图。

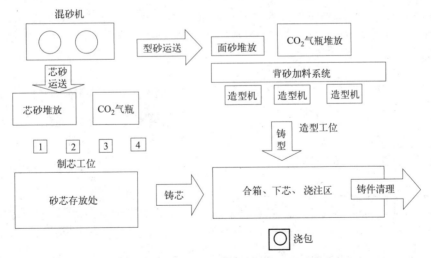

图 5-17 CO_2 水玻璃砂常用工序平面布置图

国外的 CO_2 工艺使用简单的生产线，常用连续式混砂机组成机械化生产线。图 5-18 是由 ST. Pancas 工程有限公司设计的 CO_2 吹气水玻璃砂铸造生产线。它由两条造型线组成：

一条直线型和一条曲线型。两条造型线共用一台连续式混砂机（出砂量 74kg/min）。直线型造型线主要用于重量超过 100kg 的型芯，曲线型造型线主要用于批量较大的型芯。该生产线的特点是一个半循环系统，芯盒和砂箱在斜坡辊道上靠重力推进。该生产线结构简洁、效率高、易于操作。

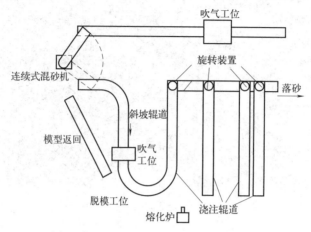

图 5-18　ST. Pancas 工程有限公司设计的
CO_2 吹气水玻璃砂铸造生产线

5.4.2　酯硬化水玻璃砂生产线

　　酯硬化水玻璃砂被称为第三代水玻璃砂，与自硬树脂砂的工艺过程基本相同。它具有自硬树脂砂的性能和水玻璃砂的成本。其水玻璃加入量由 CO_2 硬化工艺的 6%～8% 降到了 3%～4%，落砂性能大大改善，是非常具有应用前景的新一代水玻璃砂工艺，尤其适合铸钢件的生产。酯硬化水玻璃砂工艺推广应用的关键是其旧砂再生回用。

　　图 5-19 是一种小型酯硬化水玻璃自硬砂的生产线平面布置（与自硬树脂砂生产线类似），适合批量生产，中大型生产规模。它是以连续式混砂机为主体，配备起模翻转机、振实台，并配以机动或手动辊道等设施，组成机械化程度较高的生产线。图 5-20 是另一种酯硬化水玻璃自硬砂生产线布置。

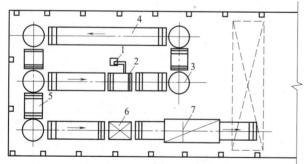

图 5-19　酯硬化水玻璃自硬砂的生产线平面布置
1—混砂机；2—振实台；3—转台；4—辊道；
5—翻箱机；6—涂料机；7—烘炉

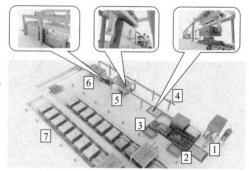

图 5-20　酯硬化水玻璃自硬砂生产线布置
1—连续式混砂机；2—振实台；3—转运小车；
4—起模工位；5—翻转流涂工位；6—表干炉；
7—浇注辊道

5.4.3 VRH-CO₂ 水玻璃砂生产线

VRH-CO₂ 水玻璃砂又称真空 CO_2 水玻璃砂。该生产线在水玻璃砂紧实后、CO_2 硬化前，会对砂型（芯）进行抽真空，以减小 CO_2 气体进入的压力，提高 CO_2 的硬化效率。其中的 VRH-CO₂ 真空硬化装置是 VRH-CO₂ 硬化法的核心设备。其工作原理是：当砂型（芯）进入真空室中抽到一定的真空度后成为负压状态，然后通入 CO_2 气体充填到砂粒间隙中并使其均匀扩散，使砂型得到硬化。故真空硬化装置中，抽真空系统和通入 CO_2 气体装置是主要组成单元。

图 5-21 为一小型真空硬化装置的结构。真空硬化装置由硬化室、真空系统、硬化气（CO_2）贮罐、电控系统等四部分组成。真空硬化室一般做成可升降的箱柜，升降方式有气缸提升式和机械提升式两种。对于大型铸型，也可做成通过式，即真空室开门，铸型通过辊道进入后再关门密闭。更简单的还有砂箱式（以铸造砂箱作为真空室）和定量式（把具有气密性的塑料薄膜罩在铸型上抽真空）。铸型进出硬化室通常在手动或机动辊道上进行。真空系统包括真空泵、过滤器、真空管路和冷却水系统。真空泵通常采用油压式、往复式或水环式。表 5-2 为 VRH-CO₂ 真空硬化装置的主要技术规格。硬化室的尺寸可根据用户要求确定。

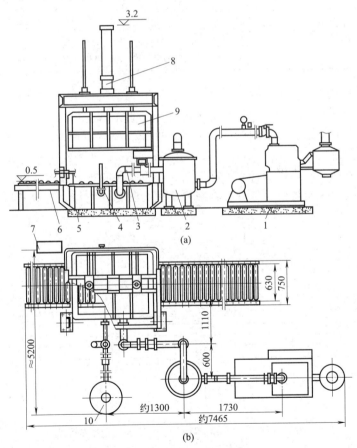

图 5-21 小型真空硬化装置的结构

1—真空泵；2—过滤器；3—真空管路系统；4—CO₂ 管路系统；5—压缩空气管路系统；

6—非机动辊道；7—电控箱；8—提升机构；9—真空室；10—CO₂ 气罐

真空硬化装置的工作程序如下：

真空室升起 —_{铸型运入}→ 真空室落下密闭 —_{真空阀打开}→ 抽真空（≤3kPa 真空阀关闭）
—_{CO₂阀打开}→ 充 CO_2 硬化气体（充气压力 2～3kPa，充气时间≤15s）—→ 保压（20～40s）
—_{放气阀打开}→ 解除真空 —→ 真空室上升 —_{铸型运出}→ 第二周期开始。

表 5-2 VRH-CO₂ 真空硬化装置的主要技术规格

型号	ZZ-1	ZZ-1.5	ZZ-2	ZZ-3	ZZ-5	ZZ-7.5	ZZ-10
真空室容积/m³	1	1.5	2	3	5	7.5	10
真空室基本尺寸（长×宽×高）/m	1.3×1.1×0.7	1.6×1.2×0.8	1.8×1.4×0.8	2.0×1.8×0.85	2.5×2.2×0.9	3.0×2.5×1.0	3.2×2.8×1.1
生产周期/min	5	5	5	6	8	10	15
空载时最大真空度/kPa	2～3						
功率/kW	7.5	13	13	22	37	55	74
压缩空气耗量/(m³/h)	2	4	8	10			
冷却水流量/(m³/h)	2.5	3	4	5	6	7	9
设备重量/t	2.5	3	3.5	5.5	10	16	24
生产厂家	机械部一院、保定铸机、北京市机电院、齐河铸机						

VRH-CO₂ 法多用于批量生产，一般将真空硬化装置布置在造型线中。图 5-22 为年产锰钢辙叉铸件 1500t 的 VRH-CO₂ 法造型线实例。其代表铸件毛重 1.25t，外形尺寸为 5922mm×480mm×176mm，采用两班制工作，设计生产率 4 型/h，上、下型分别在两条线上进行，真空硬化室尺寸为 9000mm×2000mm×900mm。造型线采用直线开放式布置，全线分 5 个工位，分别完成模板准备、加砂、紧实、真空硬化、起模等工作。翻箱、修型及上涂料在紧靠造型线的车间场地上进行。真空硬化室为贯通式结构，有效容积为 15m³。

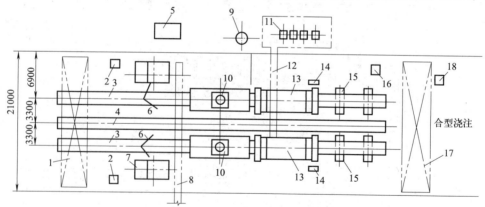

图 5-22 某桥梁工厂 VRH-CO₂ 水玻璃砂造型线平面图

1—桥式起重机；2—水玻璃罐；3—机动辊道；4—模板返回机动辊道；5—除尘器；6—连续式混砂机；7—保温砂斗；8—新、旧气力输送管道；9—CO₂贮罐；10—砂型紧实机；11—真空泵；12—抽真空管道；13—真空硬化箱；14—总控制盘；15—起模机；16—液压站；17—桥式起重机（20t/5t）；18—翻箱机

思考题

1. 比较黏土砂和化学黏结剂砂的特点及区别。
2. 简述水玻璃砂、树脂砂的造型紧实特点及设备种类。
3. 概述树脂砂生产线的特点。为什么说旧砂再生回用是树脂砂生产线的关键？
4. 简述制芯的方法、设备及其应用。
5. 简述水玻璃砂的硬化方法种类。
6. 在真空 CO_2 吹气硬化水玻璃砂工艺中，抽真空的目的是什么？
7. 结合图 5-4，概述 2ZZ8625 型射芯机的气动控制原理及工序。
8. 简述热芯盒射芯机和冷芯盒射芯机的设备结构与工作原理。
9. 简述酯硬化水玻璃砂的硬化原理及其特点。

参考文献

[1] 樊自田. 材料成形装备及自动化 [M]. 2 版. 北京：机械工业出版社，2018.
[2] 樊自田. 水玻璃砂工艺原理及应用技术 [M]. 2 版. 北京：机械工业出版社，2016.
[3] 李远才. 自硬树脂砂工艺原理及应用[M]. 北京：机械工业出版社，2012.
[4] 杨曙东，刘银水，唐群国. 液压传动与气压传动[M]. 4 版. 武汉：华中科技大学出版社，2021.
[5] 李远才，周建新，殷亚军，等. 我国铸造用树脂砂工艺的应用现状及展望[J]. 铸造，2022，3：251-270.
[6] 赵刚. 我国造型设备的应用和发展浅析[J]. 铸造工程，2021，45(4)：62-65.
[7] 樊自田，吴和保，董选普. 铸造质量控制应用技术[M]. 2 版. 北京：机械工业出版社，2015.
[8] Gong Xiao-long, Hu Sheng-li, Fan Zi-tian. Research, application and development of inorganic binder for casting process, China Foundry, 2024, 21(5)：461-475.
[9] 中国机械工程学会铸造分会，世界铸造组织造型材料委员会. 中国铸造造型材料应用现状及发展趋势调研报告，2023.
[10] 中国铸造协会. 砂型铸造旧砂回用、废砂再生与除尘灰资源化利用技术指南，团体标准，2024.

第6章

造型材料处理及旧砂再生设备

　　造型材料处理主要是指对购置的原砂新材料进行烘干处理，对铸件落砂后的旧砂块进行破碎、过筛、磁分离及再生处理等过程，以获得可回收再利用的旧砂及再生砂。其主要装备包括新砂烘干设备、黏土砂混砂机、化学黏结剂砂混砂机、旧砂处理再生回用装备等，种类繁多。本章重点介绍新砂烘干设备、型砂混制设备、旧砂再生设备及造型材料处理自动化系统，一些辅助设备只做简要概述。

6.1　造型材料处理及旧砂再生设备概述

6.1.1　砂处理设备系统组成

　　由于造型材料种类繁多，不同的型砂种类，其组成各不相同，因此其处理方式、工艺过程、处理装备等均不相同。各种型砂通常都由原砂、黏结剂、辅加物等组成，其原材料常需经烘干、过筛、输送等过程进入生产设备单元，其旧砂常需要回用或再生处理。因此，造型材料处理设备包括原材料处理和旧砂再生回用处理两大部分，主要设备有烘干过筛设备、旧砂的回用（或再生）处理装备、混砂装备、搬运及辅助装备等。旧砂回用装备的主要功能是去除旧砂中的金属屑、杂质灰尘，降温冷却及贮藏等；再生装备主要用于化学黏结剂砂（树脂砂和水玻璃砂等），其作用是去除包覆在砂粒表面的残留黏结剂膜；而混砂装备则用于完成砂、黏结剂及附加物等的称量和混制，以获得满足造型要求的高质量型砂。

　　不同的型砂种类，处理方式大不相同，一个组成比较简单的黏土旧砂处理设备系统如图 6-1 所示。

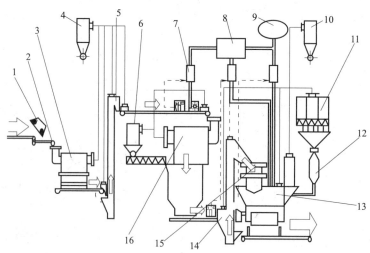

图 6-1　黏土旧砂处理设备系统

1—磁选机；2—带式输送机；3—旋转式筛砂机；4,6,10—除尘器；5,14—斗式提升机；7—加水装置；8—水压稳定装置；9—水源；11—附加物贮料桶；12—气力输送机；13—混砂机；15—砂定量装置；16—旧砂冷却滚筒

砂处理的主要装备分类及其作用如表 6-1 所示。

表 6-1 砂处理主要装备分类及其作用简介

序号	设备分类	主要设备名称	作用
1	新砂处理设备	烘干设备、筛分设备	去除新砂中的水分、块状杂物等
2	混砂设备	黏土砂混砂机（辗轮式、叶片式）、化学黏结剂砂混砂机（球形、螺旋式）	型砂、芯砂的混制等
3	旧砂处理回用设备	旧砂块破碎设备、过筛设备、磁分离设备、旧砂冷却设备	浇注冷却后，旧砂处理、回用准备等
4	旧砂再生设备	各类旧砂再生设备、湿法再生烘干设备、热法再生冷却设备	旧砂的再生利用等
5	其他辅助设备	黏结型砂松砂机、输送设备、给料设备、定量器、性能检测仪器设备	砂处理过程中的辅助及质量保障设备等

现代铸造工厂或车间，自动化程度越来越高。因此，除砂处理本体设备外，设备的检测与控制系统越来越多、越来越复杂。以黏土型砂为例，砂处理回用系统自动控制的重点是旧砂冷却，即旧砂温度的检测与控制。为了提高旧砂的冷却效率，国内外普遍采用增湿冷却方法。其原理是将水加入热的旧砂中，利用水吸热汽化带走砂的热量使砂温降低。因此在自动化的旧砂回用系统中须设置型砂温度传感器、水分传感器、加水装置、搅拌装置、除尘装置等。而型砂混制系统的自动化重点则是型砂性能的控制。其主要控制对象是以型砂紧实率为中心的型砂性能在线检测装置、水分检测装置、加水装置等。

6.1.2 旧砂处理常用设备

旧砂处理主要对铸件落砂后的旧砂块进行破碎、过筛、磁分离，以获得可回收再利用的旧砂。其设备种类及形式繁多，常有磁分离设备、破碎设备、筛分设备、冷却设备等。

（1）磁分离设备

磁分离的目的是将混杂在旧砂中的断裂浇冒口、飞边、毛刺与铁豆等铁块磁性物质去除。常用的磁分离设备见表 6-2。按结构形式，磁分离设备可分为磁分离滚筒、磁分离皮带轮和带式磁分离机三种；按磁力来源，磁分离设备可分为电磁和永磁两大类。

表 6-2 常用的磁分离设备

类别	SA92 型电磁皮带轮（S91 型电磁分离滚筒）	S97 型永磁皮带轮（滚筒）	带式磁选机
结构简图	 1—轴；2—铁芯；3—线圈；4—电刷	 1—轴；2—端盖；3—滚筒；4—永磁块	 1—传动滚筒；2—胶带；3—支架；4—磁系；5—从动滚筒

类别	SA92 型电磁皮带轮 (S91 型电磁分离滚筒)	S97 型永磁皮带轮(滚筒)	带式磁选机
原理	通过电刷向线圈通以直流电,使铁芯形成电磁铁,所产生的磁力线通过铁芯而导通,便达到吸料的目的,外加筒壳即成电磁分离滚筒	在滚筒内用永磁体装配成磁系,分布角150°;永磁皮带轮的磁系呈圆周分布360°	用永磁体装配成磁系
应用	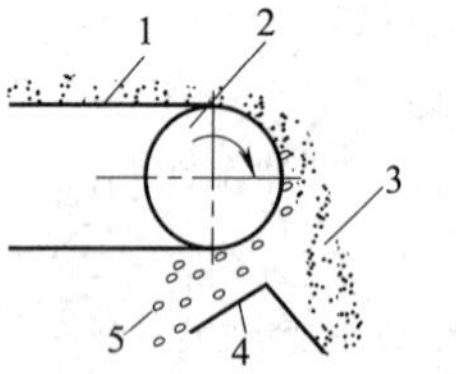 1—带式输送机;2—电磁皮带轮;3—砂子;4—溜槽;5—杂铁料	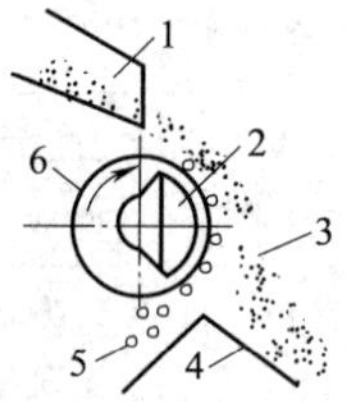 1—给料器;2—磁系;3—砂子;4—溜槽;5—杂铁料;6—滚筒	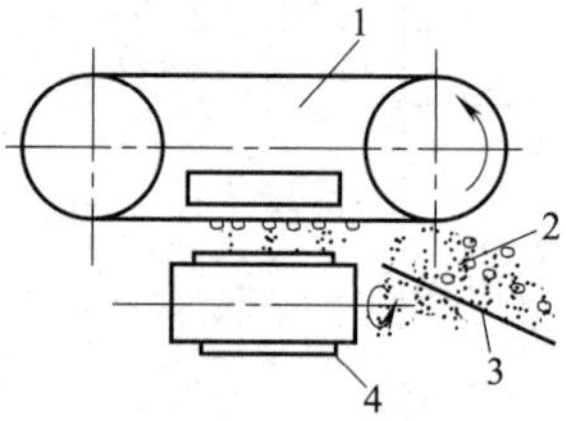 1—带式磁分离机;2—杂铁料;3—溜槽;4—带式输送机

(2)破碎设备

对于高压造型、干型黏土砂、水玻璃砂和树脂砂的旧砂块,需要进行破碎。常用的旧砂块破碎机如表 6-3 所示。

表 6-3　常用的旧砂块破碎机结构及原理

名称	结构	原理	使用范围	特点
辊式破碎机	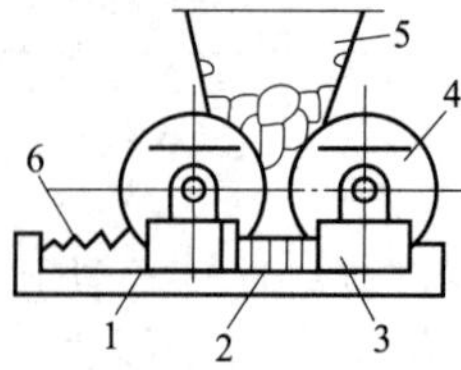 1—活动轴承座;2—调节垫片;3—固定轴承座;4—轧辊;5—加料斗;6—弹簧	砂块被相同旋转的轧辊轧碎	各种干砂破碎	结构庞大,效率不高,使用较少
双轮破碎松砂机	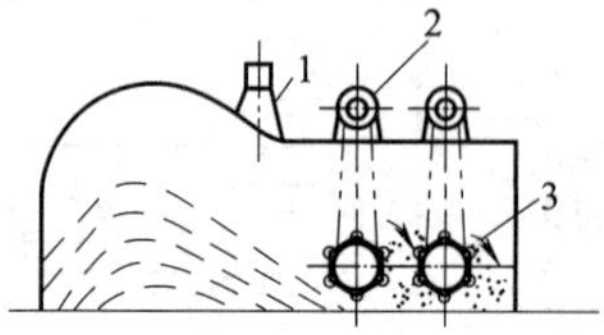 1—防尘罩;2—电动机;3—破碎轮	砂块经过同向、同速旋转的两笼形破碎轮,由后轮抛向前轮,受撞击而破碎	用于黏土潮模砂破碎和松砂	结构简单,使用方便

名称	结构	原理	使用范围	特点
振动破碎机	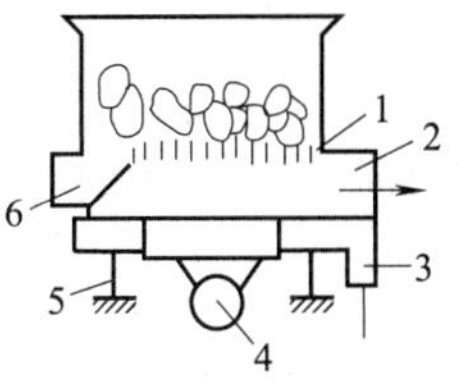 1—格栅；2—废料口；3—砂出口；4—振动电动机；5—弹簧；6—异物出口	物料在振动惯性力作用下，受振击、碰撞和摩擦而破碎	用于树脂砂块破碎	振动破碎，不怕卡死，使用可靠
反击式破碎机	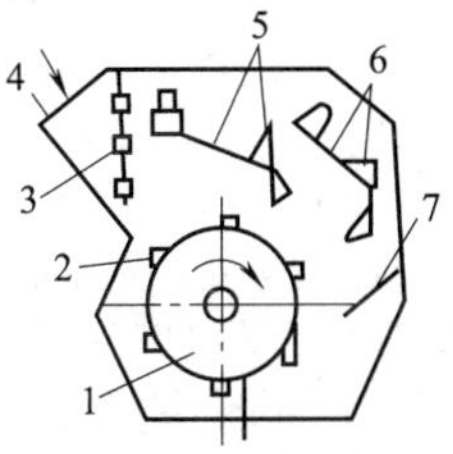 1—转子；2—条刃破碎锤；3—挡料链条；4—进料口；5,6—两级反击板；7—挡料板	砂块在条刃破碎锤2与两级反击板之间，被敲击、碰撞而破碎	干型、水玻璃砂型及树脂砂型等的砂块破碎	结构较复杂，磨损后维修量大，使用不多

（3）筛分设备

旧砂过筛主要为排除其中的杂物和大的团块，同时通过除尘系统还可排除砂中的部分粉尘。旧砂过筛一般在磁分离和破碎之后，可进行1～2次筛分。常用的筛砂机有滚筒筛砂机、摆动筛砂机、振动筛砂机等，如表6-4所示。

表6-4　常用筛分设备

名称	结构及原理	特点
滚筒筛砂机	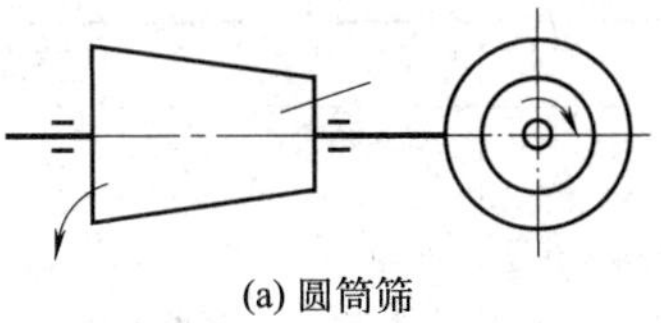 (a) 圆筒筛 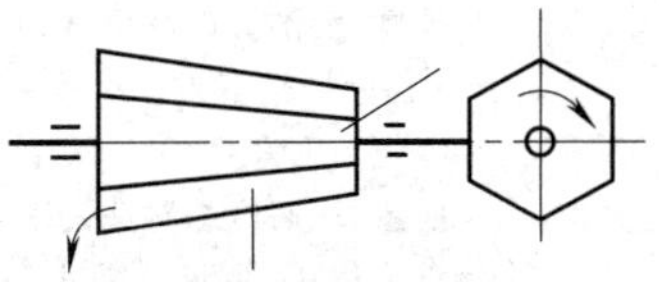 (b) 多角筛	有圆筒筛和多角筛两种。圆筒筛是在旋转过程中进行筛分，砂子在筛面上滚动，过筛效率较低；多角筛过筛时，部分砂子具有跌落筛面的运动，过筛效率较高。该类筛砂机，结构简单，维护方便，但筛孔易堵塞，过筛效率低

名称	结构及原理	特点
滚筒破碎筛砂机	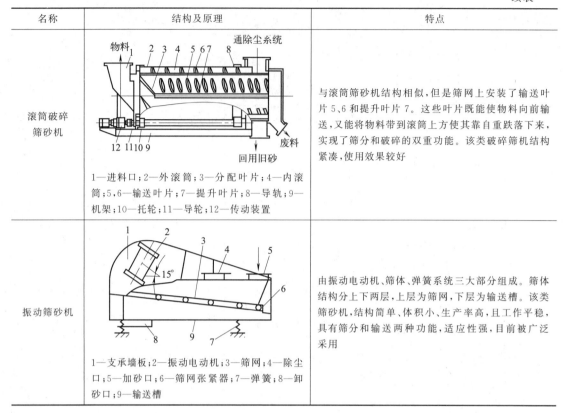 1—进料口；2—外滚筒；3—分配叶片；4—内滚筒；5,6—输送叶片；7—提升叶片；8—导轨；9—机架；10—托轮；11—导轮；12—传动装置	与滚筒筛砂机结构相似，但是筛网上安装了输送叶片5、6和提升叶片7。这些叶片既能使物料向前输送，又能将物料带到滚筒上方使其靠自重跌落下来，实现了筛分和破碎的双重功能。该类破碎筛机结构紧凑，使用效果较好
振动筛砂机	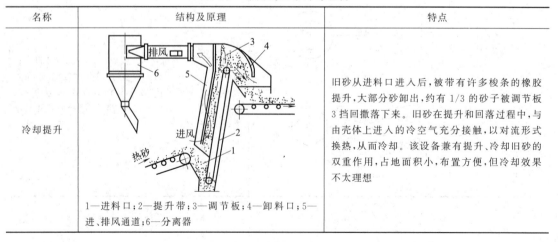 1—支承墙板；2—振动电动机；3—筛网；4—除尘口；5—加砂口；6—筛网张紧器；7—弹簧；8—卸砂口；9—输送槽	由振动电动机、筛体、弹簧系统三大部分组成。筛体结构分上下两层，上层为筛网，下层为输送槽。该类筛砂机，结构简单、体积小、生产率高，且工作平稳，具有筛分和输送两种功能，适应性强，目前被广泛采用

（4）冷却设备

① 常见的旧砂冷却设备　铸型浇注后，高温金属的烘烤使旧砂的温度升高。如用温度较高的旧砂混制型砂，水分不断蒸发，型砂性能不稳定，会造成铸件缺陷。为此，必须对旧砂实施强制冷却。目前普遍采用增湿冷却方法，即用雾化方式将水加入热旧砂中，经过冷却装置，使水分与热砂充分接触，吸热汽化，并通过抽风将砂中的热量除去。常用的旧砂冷却设备有冷却提升、振动沸腾冷却、双盘搅拌冷却等，如表6-5所示。

表6-5　常用的旧砂冷却设备

名称	结构及原理	特点
冷却提升	1—进料口；2—提升带；3—调节板；4—卸料口；5—进、排风通道；6—分离器	旧砂从进料口进入后，被带有许多梭条的橡胶提升，大部分砂卸出，约有1/3的砂子被调节板3挡回撒落下来。旧砂在提升和回落过程中，与由壳体上进入的冷空气充分接触，以对流形式换热，从而冷却。该设备兼有提升、冷却旧砂的双重作用，占地面积小，布置方便，但冷却效果不太理想

名称	结构及原理	特点
振动沸腾冷却	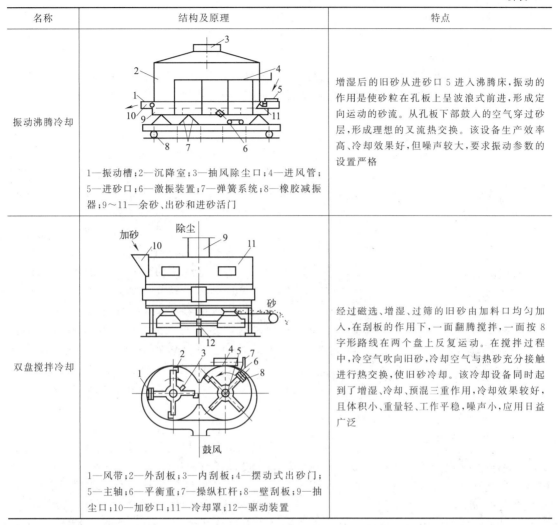 1—振动槽；2—沉降室；3—抽风除尘口；4—进风管；5—进砂口；6—激振装置；7—弹簧系统；8—橡胶减振器；9～11—余砂、出砂和进砂活门	增湿后的旧砂从进砂口 5 进入沸腾床，振动的作用是使砂粒在孔板上呈波浪式前进，形成定向运动的砂流。从孔板下部鼓入的空气穿过砂层，形成理想的叉流热交换。该设备生产效率高、冷却效果好，但噪声较大，要求振动参数的设置严格
双盘搅拌冷却	1—风带；2—外刮板；3—内刮板；4—摆动式出砂门；5—主轴；6—平衡重；7—操纵杠杆；8—壁刮板；9—抽尘口；10—加砂口；11—冷却罩；12—驱动装置	经过磁选、增湿、过筛的旧砂由加料口均匀加入，在刮板的作用下，一面翻腾搅拌，一面按 8 字形路线在两个盘上反复运动。在搅拌过程中，冷空气吹向旧砂，冷却空气与热砂充分接触进行热交换，使旧砂冷却。该冷却设备同时起到了增湿、冷却、预混三重作用，冷却效果较好，且体积小、重量轻、工作平稳、噪声小，应用日益广泛

② 其他新型旧砂冷却装备

a. 回转冷却滚筒。在自动化造型生产线中，型砂使用及循环的频率很高，浇注后型砂温度升高。如用温度过高的旧砂混制型砂将造成型砂性能下降，引发铸件缺陷。因此，必须对旧砂进行充分冷却。图 6-2 为一种大规模生产线上常见的回转式旧砂冷却滚筒。它将铸件落砂、旧砂冷却等工艺结合在了一起，是一种旧砂冷却效率较高的设备。

图 6-2　回转冷却滚筒

回转冷却滚筒内胆沿水平方向有一倾斜角，壁上焊有筋条。型砂入口处设有鼓风装置；筒体内设有测温及加水装置。滚筒体由电动机带动以匀速转动。其工作原理是：振动给料机向滚筒内送入铸件和型砂的混合物。滚筒旋转时会带着铸件和型砂上升，铸件/型砂升到一定高度后因重力作用而下落，和下方的型砂发生撞击。于是铸件上黏附的型砂因撞击而脱落，砂块因撞击而破碎。与此同时，设在滚筒内的砂温传感器检测型砂温度；加水装置向型砂喷水；鼓风机向筒内吹入冷空气。在筒体旋转过程中，水与高温型砂充分接触，受热汽化后的水蒸气由冷空气吹出。因内胆倾斜，连续旋转的筒体会使铸件/型砂向前运动。最后铸件和已冷却的型砂由滚筒出口处分别排出。该机具有冷却效果好、噪声小、粉尘少、操作环境好的优点。其缺点是仅适合小型铸件，不能用于大型铸件。

为获得比较理想的冷却效果，加水装置一般采用雨淋式。为防止铸件因激冷而产生裂纹，加水装置一般设在筒体的中间部位。自动加水的控制方法主要有：检测筒体出口处的砂温；检测粉尘气体的温度；预先设置砂/铁比与加水量的关系；在筒体中间抽取少量型砂测温。

b. 旧砂振动提升冷却设备。近年来，在我国出现并采用了集冷却与垂直提升于一体的旧砂振动提升冷却设备，常用在树脂自硬砂、水玻璃自硬砂及消失模铸造的砂处理系统中，

其外形如图 6-3 所示。其工作原理是：当两台交叉安装的振动器同步旋转时，其不平衡质量将产生惯性振动力。惯性力的水平分力互相抵消，合成为使输送塔绕自身轴进行扭转振动的力偶，而垂直分力使输送塔体上下振动。输送槽上任一点的合成振动方向均与槽面成一夹角，物料从槽面跃起，按抛物线飞行一段距离再落下，这样就使物料不断地沿槽面跳跃前进。槽的底部有许多小孔，压缩空气可通过这些小孔进入砂粒中，使热砂得到冷却。因此，该设备可以起冷却器和提升机的双重作用。它占地小、粉末少、噪声小、维修量少、物料对设备的磨损小、生产率可调（3～20t/h），是一种较好的冷却提升设备。

(a)电动机装在下部　　(b)电动机装在上部

图 6-3　振动提升（冷却）设备

振动提升冷却设备源于垂直振动提升机的发展。垂直振动提升机是一种新型的垂直振动输送设备，对一切颗粒状、块状、粉状的固体物料（黏度不大）都可以输送。其广泛用于矿山、冶金、机械、建材、化工、橡胶、医药、电力、粮食、食品等行业的块状、粉状和短纤维状固体物料的提升，在向上提升物料的同时，还可以完成对物料的干燥和冷却。垂直振动提升机分开槽式、封闭式两种结构，并可根据不同的工艺要求，设计物料颗粒分级作用的筛选提升机及易燃易爆物料的提升机。振动电动机可以放置在其下部，也可以放置在其上部。

6.1.3　造型材料处理的其他辅助设备

造型材料处理系统的其他辅助设备还包括运输设备、给料设备、定量器等，详见表 6-6、表 6-7。

表 6-6　主要的运输设备

名称	结构原理图	作用及特点
带式输送机	1—主动轮；2—橡胶带；3—托辊；4—从动轮	1. 主要由橡胶带及其传动装置构成，结构简单，工作平稳可靠，布置灵活 2. 可以水平（或倾斜）输送颗粒料、块料，运输适应性广 3. 缺点是构成运输系统时，比较庞大，材料消耗大，一次投资大

名称	结构原理图	作用及特点
斗式提升机	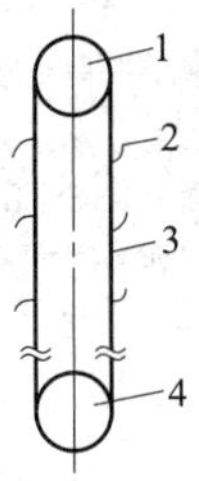 1—主动轮；2—提升斗；3—传送带；4—从动轮	1. 由带料斗的橡胶带(或链带)及其传动装置构成，结构紧凑，占地小 2. 用于垂直输送干颗粒或小块料 3. 湿料易黏斗，不宜采用
螺旋输送机	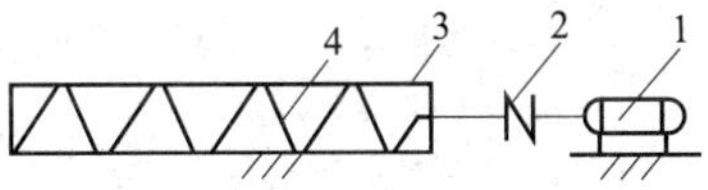 1—电动机；2—联轴器；3—槽体；4—螺旋叶片	1. 利用旋转的螺旋叶片推进物料进行运输，也可作定量器使用；结构紧凑，占地小，可以封闭运输，灰尘少；主要用于粉状材料运输，也可输送小块料 2. 缺点是单位功率消耗大，槽体及叶片磨损大
振动输送机	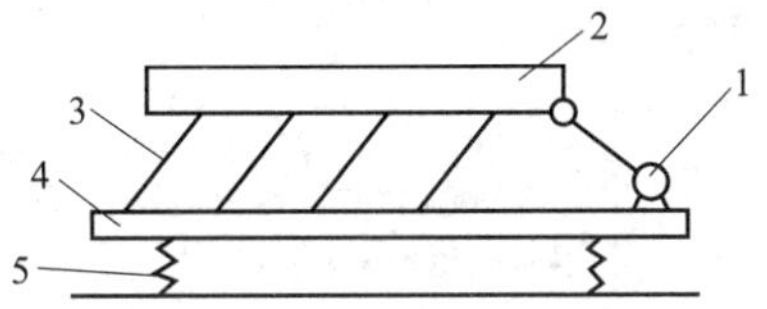 1—激振器；2—槽体；3—摆杆；4—减振架；5—减振弹簧	1. 利用槽体的振动而达到输送物料的作用。结构型式较多，图中为偏心摆杆式振动输送机 2. 可输送颗粒及小块料，也可作给料器用 3. 结构较简单，使用方便可靠 4. 缺点是有振动噪声
气力吸送装置	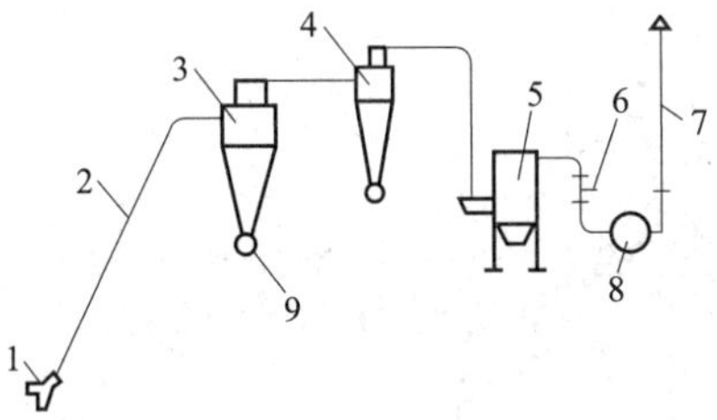 1—喉管；2—输料管；3—旋风分离器；4—除尘器；5—泡沫除尘器；6—蝶形阀；7—排风管；8—风机；9—星形锁气器	1. 利用尾部风机(或真空泵)抽风的负压，使物料(粉料或粒料)在管道中悬浮运动而进行输送。如果用热风可作烘干装置使用 2. 输送管道化，布置灵活，结构简单，扬尘少，不占地面位置，一次投资少 3. 动力消耗大，磨损大，维修频繁，噪声大，要消声处理
气力压送装置	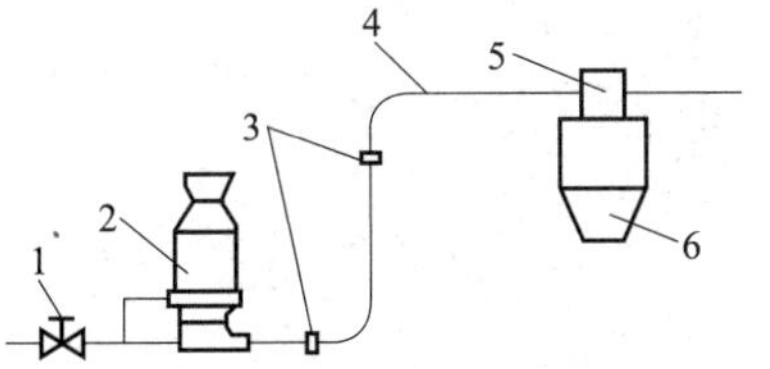 1—截止阀；2—发送器；3—增压器；4—输送管；5—卸料器；6—贮料斗；	1. 利用压缩空气的压力输送型砂，实现了型砂输送管道化，水分不易蒸发 2. 占地面积小，一次投资少 3. 管道较易堵塞和磨损

表 6-7 砂处理系统中常用的给料设备及定量器

名称	结构原理图	作用及特点
带式给料机	1—料斗;2—可调闸板;3—罩壳;4—带式输送机	1. 结构原理与带式输送机相同,仅受料段托辊数较多 2. 给料均匀,使用方便可靠 3. 可以水平或倾斜安装 4. 结构比较复杂
电磁振动给料器	1—槽体;2—电磁振动器;3—减振器	1. 电磁给料器与电磁振动输送机类似,适用于粒料或小块料给料,给料均匀,也可作定量器使用 2. 结构紧凑,使用方便可靠 3. 电气控制较复杂,有噪声
圆盘给料器	1—砂斗;2—调整圈;3—转盘;4—刮板	1. 利用旋转的圆盘使自动倾塌其上的物料经刮板作用实现均匀给料 2. 结构比较简单,工作平稳、可靠,调节方便 3. 体积庞大,对黏性材料使用方便
箱式定量器	1—定量箱体;2—砂斗;3—固定格栅;4—活动格栅;5—气缸;6—杠杆	1. 利用箱体容积定量,比较方便可靠 2. 为了迅速而均匀地卸料,采用格栅卸料门,可以气动操纵 3. 用于混砂机上的大砂斗定量加料
电子称量斗	1—荷重传感器;2—定量斗;3—格栅闸门;4—气缸;5—气阀;6—控制器;7—显示仪表;8—控制给料器	1. 与炉料称量所用的电子秤类似 2. 用荷重传感器检测重量,可用仪表显示,便于自动控制

6.2 新砂烘干设备

目前常用的新砂烘干设备有热气流烘干装置、三回程滚筒烘干炉、振动沸腾烘干装置。

6.2.1 热气流烘干装置

常用的热气流烘干装置如图 6-4、图 6-5 所示。由给料器 2 均匀送入喉管 4 的新砂与来自加热炉的热气流均匀混合。在输送管道 5 中，砂粒受热后因其表面水分不断蒸发而被烘干。烘干的砂粒从旋风分离器中分离出来，存于砂斗备用（图中未绘出）。从分离器 6 的顶部排出的含尘气流经旋风除尘器 7 和泡沫除尘器 8 两级除尘后，再经风机 10 和带消声器 11 的排风管排至大气。由于风机装在尾端起抽吸作用，因此该装置又称为风力吸送装置。

热气流烘干的本质原理是气流输送。它是利用气流的能量，在密闭管道内沿气流方向输送颗粒状物料，是流态化技术的一种具体应用。热气流烘干装置的结构简单、操作方便，可进行水平、垂直或倾斜方向的输送。同时，在输送过程中还可进行物料的加热、冷却、干燥和气流分级等物理操作或某些化学操作。

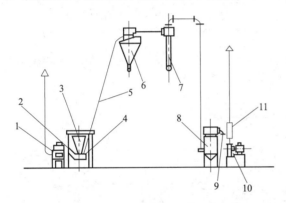

图 6-4　热气流烘干装置

1—加热炉；2—给料器；3—砂斗；4—喉管；5—输送管道；
6—旋风分离器；7—旋风除尘器；8—泡沫除尘器；
9—滤水装置；10—风机；11—消声器

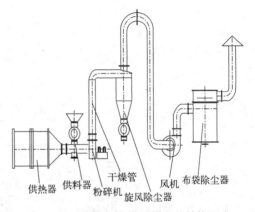

图 6-5　一种热气流烘干装置的结构组成

供热器　供料器　粉碎机　干燥管　旋风除尘器　风机　布袋除尘器

6.2.2 三回程滚筒烘干炉

三回程滚筒烘干炉（图 6-6）主要由燃烧炉和烘干滚筒组成。它是以煤或碎焦炭为燃料，由鼓风机将热气流吸入烘干滚筒，与湿砂充分接触，将其烘干。烘干滚筒由三个锥度大小不同的滚筒（内筒、中筒、外筒）套装组成，在内滚筒、中滚筒与外滚筒间，用轴向隔板组成了许多小室。滚筒由四个托轮支撑，其中两个托轮是主动轮，靠摩擦传动使滚筒旋转。工作时，湿砂首先均匀地加入砂管，由滚筒端部的导向筋片送入内滚筒中，然后举升板将其提升，接着其靠自重下落，与热气流充分接触，进行热交换。湿砂在举升、下落的同时，沿滚筒向其大端移动，然后落入中滚筒的各小室中；砂子在小室中反复翻动，与热气流继续接触，最后又落入外滚筒的各个小室中，继续进行烘干。烘干后的砂子由滚筒右端卸出。

在这种烘干装置中，砂子的烘干行程并不短，但由于滚筒是套装组成的，因此其占地面积小、结构紧凑、热能利用率高。

此外，还有一种振动沸腾烘干装置。它由振动输送机加热风系统组成，由于散热大、噪声大、使用受到限制，不做赘述。

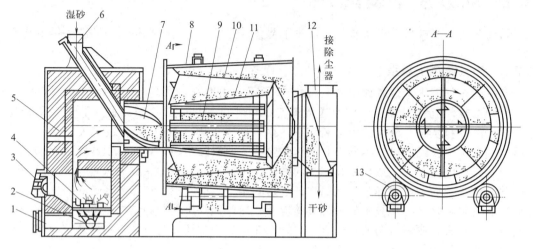

图 6-6　三回程滚筒烘干炉
1—出灰门；2—进风口；3—操作门；4—炉排；5—炉体；6—进砂管；7—导向筋片；
8—外滚筒；9—举升板；10—中滚筒；11—内滚筒；12—漏斗；13—传动托轮

常见的三种湿砂烘干设备系统（热气流烘干装置、三回程滚筒烘干炉、振动沸腾烘干装置）如图 6-7 所示。

(a) 热气流烘干(输送)装置

(b) 三回程滚筒烘干炉

(c) 振动沸腾烘干(冷却)装置

图 6-7　常见的三种烘干设备系统

6.3　黏土砂混砂设备

黏土砂混砂机种类繁多，结构各异。按工作方式分，有间歇式和连续式两种；按混砂装置分，有辗轮式、转子式、摆轮式、叶片式、逆流式等。

混砂机对混制黏土砂的要求是：将各种成分混合均匀；使水分均匀湿润所有物料；使黏土膜均匀地包覆在砂粒表面；将混砂过程中产生的黏土团破碎，使型砂松散。

6.3.1　辗轮式混砂机

辗轮式混砂机的结构如图 6-8 所示。它由辗压装置、传动系统、刮板、出砂门与机体等部分组成。图 6-9 为辗轮式混砂机外形。

其原理是传动系统带动混砂机主轴，混砂机主轴以一定转速带动十字头旋转，于是辗轮

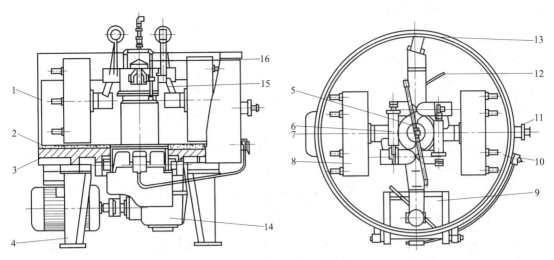

图 6-8　辗轮式混砂机的结构

1—围圈；2—辉绿岩铸石；3—底盘；4—支腿；5—十字头；6—弹簧加减压装置；7—辗轮；8—外刮板；
9—卸砂门；10—气阀；11—取样器；12—内刮板；13—壁刮板；14—减速器；15—曲柄；16—加水装置

和刮板就不断地辗压和松散型砂，从而达到混砂的目的。

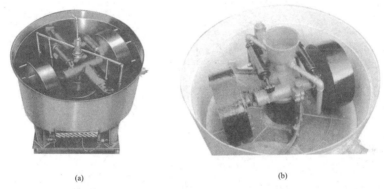

(a)　　　　　　　　　　　　(b)

图 6-9　辗轮式混砂机外形

（1）辗轮的运动分析及作用

设辗轮为均质刚体，辗轮轴线与混砂机的主轴轴线相交于 O 点（图 6-10），辗轮半径为 r，辗轮宽度为 B，轮心 C 点绕主轴的回转半径为 R，过 C 点垂直辗轮的横对称面为无滑动的纯滚动面。

① 以角速度 ω_2 绕混砂机主轴公转产生的牵连运动，其牵连速度为

$$v_e = \omega_2 OM = \omega_2 \sqrt{(R+x)^2 + (r\cos\varphi)^2} \tag{6-1}$$

② 以角速度 ω_1 绕辗轮轴自转所产生的相对运动，其相对速度为

$$v_r = r\omega_1 = R\omega_2 \tag{6-2}$$

③ 由于 v_e 在 x、y 轴上的投影为 v_3、v'_e；v_r 在 y、z 轴上的投影为 v'_r、v_1；因此 M 点 ［如图 6-10 （b）所示，M 点是 DE 上任意一点，DE 是与型砂相接触的辗轮面上的任意一条索线］的速度可表示为：

垂直方向（z 轴）：$v_1 = R\omega_2 \cos\varphi$；

水平方向（y 轴）：$v_2 = v'_e - v'_r = \omega_2 [R(1-\sin\varphi)+x]$；

辗轮轴向（x 轴）：$v_3 = \omega_2 r \cos\varphi$；

M 点的绝对速度为：$v_m = \sqrt{v_1^2 + v_2^2 + v_3^2}$。

即在辗轮上任一点的速度，都是由三个分速度合成的。这三个分速度表示了辗轮的三种运动，从而形成了对型砂的三种作用：垂直方向的辗压作用；水平方向的搓研作用；辗轮轴向的拖抹作用。

（2）刮板的作用

刮板的作用是对型砂进行搅拌混合和松散。刮板的混砂作用在混砂初期较为明显；而在混砂的后期，刮板的作用以松散砂为主。刮板对混砂的作用不容忽视，因为没有刮板，辗轮就不能发挥作用，而且刮板使型砂越松散，辗轮的碾压作用才越显著。

（3）辗轮的弹簧加减压装置

为了强化辗轮式混砂机的混砂过程，可提高主轴转速和增加辗压力（即辗轮的重量），使单位时间内辗压和松散型砂的次数增加。但这些措施是与辗轮的重量和尺寸相矛盾的，为解决这一问题，人们设计了辗轮弹簧加减压装置。它的安装情况如图 6-11 所示。支架固定在十字头上，而曲柄和支架上端铰接着弹簧加减压装置，在曲柄下端的辗轮轴上装着辗轮。

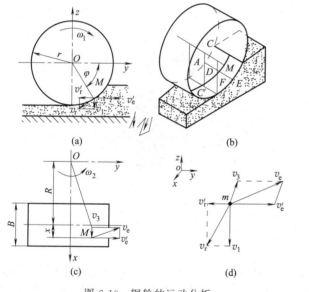

图 6-10 辗轮的运动分析

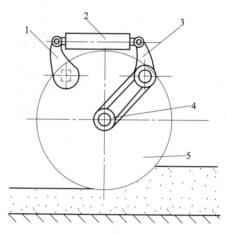

图 6-11 弹簧加减压装置安装情况
1—支架；2—弹簧加减压装置；3—曲柄；
4—辗轮轴；5—辗轮

弹簧加减压装置的结构如图 6-12 所示。其工作原理是：

空载时，辗轮自重使曲柄沿逆时针方向转动，拉杆活塞左移，压缩减压弹簧，直至辗轮自重与减压弹簧力平衡，辗压力等于零。

混砂时，辗轮在压实砂层时被抬高，曲柄顺时针方向转动，减压弹簧伸长，加压弹簧受到压缩，弹簧力经过曲柄和辗轮对砂层产生一附加载荷。

所以，弹簧加减压装置的优点是：

① 在减轻辗轮自重的情况下，利用弹簧加减压装置可保证一定的辗压力。因此可以适当增加辗轮宽度，扩大辗压面积；也可以提高主轴转动速度，加快混砂过程。

② 辗压力随砂层厚度自动变化，加砂量多或型砂强度增加，则辗压力增加；加砂量少或在卸砂时，辗压力随之降低。这不但符合混砂要求，而且可以减少功率消耗和刮板磨损。

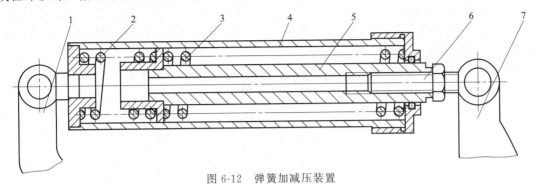

图 6-12　弹簧加减压装置

1—支架；2—减压弹簧；3—加压弹簧；4—套筒；5—拉杆活塞；6—调节螺柱；7—曲柄

6.3.2　辗轮转子式混砂机

在辗轮式混砂机的基础上，去掉一个辗轮，增加一个混砂转子，便发展成一种辗轮转子式混砂机，如图 6-13、图 6-14 所示。

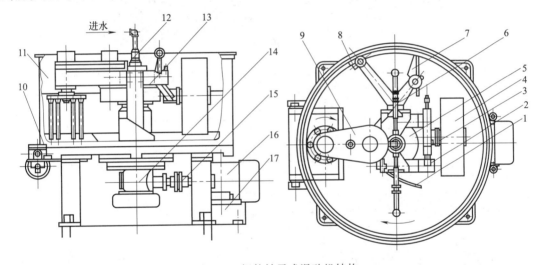

图 6-13　辗轮转子式混砂机结构

1—内刮板；2—曲臂；3—弹簧加压机构；4—辗轮；5—十字头；6—刮板臂；7—外刮板；
8—壁刮板；9—混砂转子机构；10—卸砂门；11—机体；12—加水机构；13—混辗机构；
14—减速器（摆线针轮）；15—弹性联轴器；16—电动机；17—电动机座

　　这种混砂机的混砂装置由辗轮、混砂转子与刮板组成。内、外刮板可将混合料送到辗轮底下。辗压后的型砂再被内、外刮板翻起，正好进入转子运动的轨迹范围内，经转子的剧烈抛击，便可将辗压成块的型砂打碎和松散，并能使砂流强烈地对流混合和相互摩擦，从而达到最佳的混砂效果。
　　辗轮转子式混砂机兼有弹簧加压的辗轮式和转子式混砂机的各种优点，它是目前国内较完善且先进的高效混砂机。

图 6-14　辗轮转子式混砂机外形

6.3.3 转子式混砂机

转子式混砂机依据强烈搅拌原理设计，是一种高效、大容量的混砂装备。其主要混砂机构是高速旋转的混砂转子，转子上焊有多个叶片。根据底盘的转动方式，转子式混砂机分底盘固定式、底盘旋转式两类。如图 6-15 所示，当转子或底盘转动时，转子上的叶片迎着砂的流动方向，对型砂施以冲击力，使砂粒彼此碰撞、混合，使黏土团破碎、分散；同时旋转的叶片对松散的砂层施以剪切力，使砂层间产生速度差，砂粒相对运动、互相摩擦，将各种成分快速地混合均匀，在砂粒表面包覆上黏土膜。

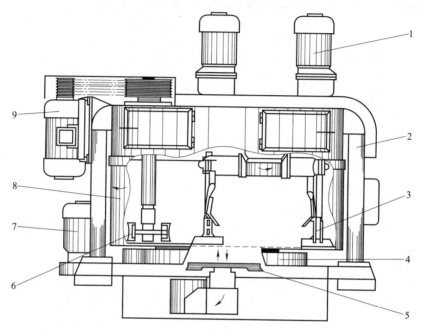

图 6-15　转子式混砂机

1—刮板混砂器电动机；2—机架；3—刮板混砂器；4—大齿圈；5—卸砂门；6—混砂转子；
7—底盘转动电动机；8—围圈；9—混砂转子电动机

与常用的辗轮式混砂机相比，转子式混砂机有如下特点：

① 辗轮式混砂机的辗轮对物料施以辗压力，而转子式混砂机的混砂器对物料施加冲击力、剪切力和离心力，使物料处于强烈的运动状态。

② 辗轮式混砂机的辗轮不仅不能埋在料层中，而且要求辗轮前方的料层低一些，以免前进阻力太大。转子混砂工具可以完全埋在料层中工作，可将能量全部传给物料。

③ 辗轮式混砂机的主轴转速一般为 $25\sim45r/min$，因此两块垂直刮板每分钟只能将物料推起和松散 $50\sim90$ 次，混合作用不够强烈。高速转子的转速为 $600r/min$ 左右，可使受到冲击的物料快速运动，混合速度快，混匀效果好。

④ 辗轮使物料始终处于压实和松散的交替过程中，而转子则使物料一直处于松散的运动状态，这既有利于物料间穿插、碰撞和摩擦，也能减轻混砂工具的运动阻力。

⑤ 转子式混砂机生产效率高，生产量大。

⑥ 转子式混砂机结构简单，维修方便。

国内研制开发的 S14 系列转子式混砂机如图 6-16 所示。它的底盘 8 和围圈 5 是固定的，主电动机 9 和减速器 10 均安装在底盘下面，驱动主轴套 11 旋转。主轴套的顶端装有流砂锥

3，侧面安装两层各 4 块均布的刮板，上层是短刮板 13，下层的长刮板 7 与底盘接触，长刮板外侧装有壁刮板。在围圈外侧上部的对称位置安装转子电动机，在转子轴上则安装 3 层均布叶片，下面两层是上抛叶片，上面一层是下压叶片。混砂时，长刮板可铲起并推动物料在底盘上形成水平方向上的环流；而且由于离心力的作用，物料在环流的同时也从底盘中心向围圈运动。旋转的叶片则对水平环流的物料施以冲击力，上抛叶片使物料抛起，下压叶片使物料下压。如此综合作用可使物料在盆内迅速得到均匀混合。一种转子式混砂机如图 6-17 所示。

目前，在大量生产的现代化铸造车间或工厂中转子式混砂机的应用越来越广泛。

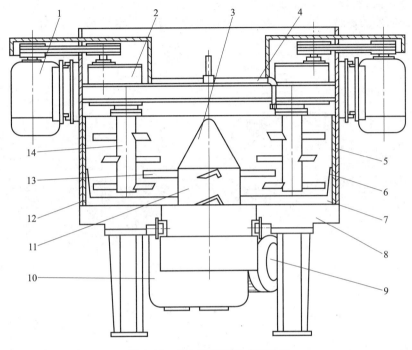

图 6-16　S14 系列转子式混砂机

1—转子电动机；2—转子减速器；3—流砂锥；4—加水装置；5—围圈；6—壁刮板；7—长刮板；
8—底盘；9—主电动机；10—减速器；11—主轴套；12—内衬圈；13—短刮板；14—混砂转子

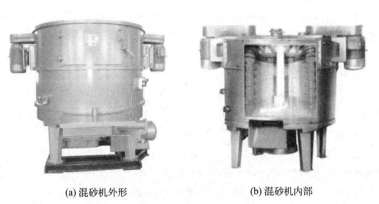

(a) 混砂机外形　　　　　　　　　(b) 混砂机内部

图 6-17　一种转子式混砂机

6.3.4 摆轮式混砂机

摆轮式混砂机的工作原理如图 6-18 所示。由混砂机主轴驱动的转盘上，有两个安装高度不同的水平摆轮，以及两个与底盘分别成 45°和 60°夹角的刮板。摆轮可以绕其偏心轴在水平面内转动，刮板的夹角与摆轮的高度相对应。围圈的内壁和摆轮的表面均包有橡胶。当主轴转动时，转盘带动刮板将型砂从底盘上铲起并抛出，形成一股砂流抛向围圈，型砂与围圈产生摩擦后下落。由于这种混砂机主轴转速比较高，摆轮在离心惯性力的作用下，绕其垂直的偏心轴摆向围圈，在砂流上压过，辗压砂流，压碎黏土团。由于摆轮与砂流间的摩擦力，摆轮也绕其偏心轴自转。在摆轮式混砂机中，由于主轴转速、刮板角度与摆轮高度的配合，型砂受到强烈的混合、摩擦和辗压作用，混砂效率高。但摆轮式混砂机的混砂质量不如辗轮式混砂机。

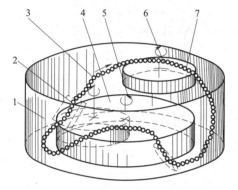

图 6-18　摆轮式混砂机工作原理
1—围圈；2—刮板；3—砂流轨迹；4—转
盘；5—主轴；6—偏心轴；7—摆轮

图 6-19　一种间歇式摆轮混砂机

图 6-19 是一种美国 Simpson 公司的间歇式摆轮混砂机（Simpson speedmullor batch mixer）。

6.4　化学黏结剂砂混砂设备

常用的化学黏结剂砂又称自硬砂，包括树脂自硬砂、水玻璃自硬砂。其混砂机有球形混砂机和双螺旋连续式混砂机两种。前者用于间歇式小批量生产，后者用于连续大量生产。

6.4.1 球形混砂机

球形混砂机的结构如图 6-20 所示，主要由转轴 1、球形外壳 2、搅拌叶片 3、反射叶片 4 与卸料门 5 构成。卸料门一般放置在下球体上，以便于迅速而彻底地卸料。

原材料从混砂机上部加入后，在叶片高速旋转的离心力作用下，向四周飞散；由于球壁的限制和摩擦，混合料沿球面螺旋上升，经反射叶片导向抛出，形成空间交叉砂流，从而混合料之间产生强烈的碰撞和搓擦，落下后再次抛起。如此反复多次，可达到混合均匀和树脂膜均匀包覆砂粒的目的。图 6-21 为一种球形混砂机的外形。

该机的最大特点是效率高，一般 5~10s 即可混好，结构紧凑，球形腔内无物料停留或堆积的"死角"区，与混合料接触的零部件少，而且由于砂流的冲刷能减少黏附（或称自清洗的作用），因此可减少人工清理工作。

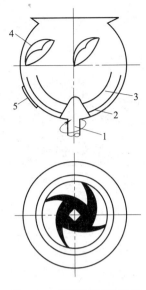

图 6-20　球形混砂机结构
1—转轴；2—球形外壳；3—搅拌叶片；
4—反射叶片；5—卸料门

图 6-21　球形混砂机外形

6.4.2　连续式混砂机

加料和出料可连续进行的混砂机叫连续式混砂机。原砂由砂斗连续提供，黏结剂、固化剂由液料泵供给。混砂机开动时，原砂和液料同时供给，并在几秒至几十秒内混匀；砂混合料从出料口连续流出直接流入砂箱（或芯盒），在可使用时间内完成填满砂箱、振动紧实，造好型芯。连续式混砂机是水玻璃自硬砂（和树脂自硬砂）的专用混砂设备。自硬砂造型，砂混合料有可使用时间限制，大量生产时通常选用连续式混砂机。

常见的双臂连续式混砂机结构如图 6-22 所示。它由一级输送搅笼和二级混砂搅笼组成。输送搅笼常采用低速输送，混砂搅笼则采用高速混制。每个搅笼内都含有两类叶片，即推进叶片和搅拌叶片。推进叶片的主要作用是输送，搅拌叶片的主要作用是混砂。图 6-23 为双臂连续式混砂机外形。连续式混砂机的内部构造如图 6-24 所示。

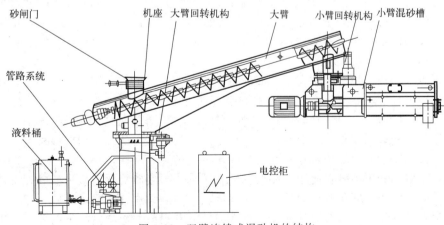

图 6-22　双臂连续式混砂机的结构

图 6-23　双臂连续式混砂机外形

图 6-24　连续式混砂机的内部构造

型（芯）砂的混砂次序一般为：先在水平螺旋混砂装置的前端（按一定的比例）进行原砂与固化剂的混匀，再在水平螺旋混砂装置的末端加入一定量的黏结剂，快速混合，出砂直接卸入砂箱或芯盒中造型与制芯。这种混砂机需要有足够的混砂筒体长度。

连续式混砂机的特点是连续混砂、效率高，可以现混现用，混砂机的自清理性能好，常用于酯硬化水玻璃砂或自硬树脂砂的混制。

连续式混砂机的关键问题之一是黏结剂、硬化剂的准确定量，因此在设备选型和采购时，一定要特别注意连续式混砂机的定量泵（或装置）质量。

目前，在我国大多数用于酯硬化水玻璃砂的连续式混砂机都源于自硬树脂砂的连续式混砂机。毫无疑问，由于两种型砂的混制工艺相同，原则上连续式混砂机是可以通用的。但又由于水玻璃的黏度与树脂的黏度有一定的区别，通常水玻璃的黏度要大于树脂，因此水玻璃砂的混制时间需要更长，混制强度要求更大。在连续式混砂机的设备结构上，用于水玻璃砂的混砂机（比用于树脂砂的混砂机）混砂筒体要长一些、混砂速度要快一些，筒体内搅拌叶片的倾斜角度要小一些。

6.5　旧砂再生方法及设备

6.5.1　旧砂回用与旧砂再生

旧砂回用与旧砂再生是两个不同的概念：旧砂回用是指对用过的旧砂块进行破碎、去磁、筛分、除尘、冷却等处理后重复或循环使用；而旧砂再生是指对用过的旧砂块进行破碎，并去除废旧砂粒上包裹着的残留黏结剂膜及杂物，恢复其近于新砂的物理和化学性能，代替新砂使用。

旧砂再生与旧砂回用的区别在于：旧砂再生除了要进行旧砂回用的各工序外，还要进行再生处理，即去掉旧砂粒表面的残留黏结剂膜。如果将旧砂再生过程分为前处理（旧砂去磁、破碎）、再生处理（去掉旧砂粒表面的残留黏结剂膜）、后处理（除尘、风选、调温度）等三个工序，则旧砂回用相当于旧砂再生过程中的前处理和后处理。即旧砂再生等于"旧砂回用"＋"去除旧砂粒表面残留黏结剂膜"的再生处理。

另外，回用砂和再生砂在使用性能上有较大区别。再生砂的性能接近新砂，可代替新砂作背砂或单一砂使用；回用砂表面的黏结剂含量较多，通常作背砂或填充砂使用。

旧砂种类及性质不同，对旧砂回用及再生的选择有很大的影响。黏土旧砂，由于其中的大部分黏土为活黏土，加水后具有再黏结性能，因此大部分黏土旧砂可能进行重复回用，故黏土旧砂可以进行回用处理。即黏土旧砂经过破碎、磁选、过筛等工序去除其杂质，经过增湿、冷却降低其温度，达到成分均匀，再用于混制型砂。对于靠近铸件的黏土旧砂，因其黏土变成了死黏土，所以必须进行再生处理。而对于树脂旧砂、水玻璃旧砂、壳型旧砂等化学黏结剂旧砂，通常必须进行去除残留黏结剂膜的再生处理，才能代替新砂作单一砂或背砂使用。其回用砂通常只能代替背砂或填充砂使用。

对旧砂进行再生回用，不仅可以节约宝贵的新砂资源，减少旧砂抛弃引起的环境污染，还可节省成本（新砂的购置费和运输费），具有巨大的经济和社会效益。旧砂再生已成为现代化铸造车间不可缺少的组成部分。

6.5.2 旧砂再生的方法及选择

旧砂再生的方法很多，根据其再生原理可分为干法再生、湿法再生、热法再生、化学法再生四大类。

干法再生是利用空气或机械的方法将旧砂粒加速至一定的速度，靠旧砂粒与金属构件间或砂粒互相之间的碰撞、摩擦作用再生旧砂。干法再生的设备简单、成本较低，但不能完全去除旧砂粒上的残留黏结剂，再生砂的质量不太高。

干法再生的形式多种多样，有机械式、气力式、振动式等，但其机理都是"碰撞-摩擦"。碰撞-摩擦的强度越大，干法再生的去膜效果越好，同时砂粒的破碎现象也越剧烈。除此之外，旧砂的性质、铁砂比等对干法再生效果也有很大影响。

湿法再生是利用水的溶解、擦洗作用及机械搅拌作用，去除旧砂粒上的残留黏结剂膜。其对某些旧砂的再生质量好，旧砂可全部回用。但湿法再生的系统较大、成本较高（需对湿砂进行烘干），有污水处理回用问题。

热法再生是通过焙烧炉将旧砂加热到 $700\sim800℃$ 后，除去旧砂中可燃残留物的再生方法。其再生有机黏结剂旧砂的效果好，其再生质量高，但能耗大、成本高。

化学法再生，通常是指向旧砂中加入某些化学试剂（或溶剂），把旧砂与化学试剂（或溶剂）搅拌均匀，借助化学反应来去除旧砂中的残留黏结剂及有害成分，使旧砂恢复或接近新砂的物理化学性能。对某些旧砂，其再生质量好，可代替新砂使用。但因成本较高，其应用受限制。

各种旧砂由于性能和要求不同，可使用不同的再生方法。各种黏结剂旧砂用不同再生方法的效果如表 6-8 所示。

表 6-8 各种黏结剂旧砂用不同再生方法的效果

再生方法		干 法		湿法	热法	化学法
		机械式	气动式			
无机的	黏土黏结	A	A	A	B	
	水玻璃黏结 CO₂ 硬化	B	B	A	C	A
	酯硬化	C	C	A	C	C
有机的	树脂黏结 冷固化	A	A	C	A	
	热固化	C	C	C	A	

注：A—再生容易；B—再生不易；C—再生困难。

6.5.3 典型再生设备的结构原理及使用特点

典型再生设备的结构及原理如表 6-9 所示。

表 6-9 典型再生设备的结构及原理

分类	形式	结构示意图	原理及特点	使用情况
机械式	离心冲击式		在离心力的作用下,砂粒受冲击、碰撞和搓擦而再生 结构简单,效果良好,每次除膜率约10%~15%	适合呋喃树脂砂再生
	离心摩擦式		与上类同,只是以搓擦为主相比上类略为逊色,每次脱膜率10%~12%	适合呋喃树脂砂再生
	振动摩擦式		砂粒受振动和摩擦而再生 该类再生脱膜率相对较小,约10%	使用效果与旧砂性能有关
气力式	垂直气力式		利用气流使砂粒受冲击和摩擦而再生 结构简单,多级使用,能耗和噪声大	适合呋喃树脂砂和黏土砂再生
	水平气力式		原理同上 多级使用,结构相比垂直式紧凑,能耗和噪声均有改善	适合黏土砂再生
湿法	叶轮搅拌式		利用机械搅拌擦洗再生	适合黏土砂、水玻璃砂再生
	旋流式		利用水力旋流擦洗再生	适合黏土砂、水玻璃砂再生

分类	形式	结构示意图	原理及特点	使用情况
热法	倾斜搅拌式	煤气　旧砂　搅拌器　空气　再生砂	使树脂膜烧去而再生 结构较复杂	适合树脂覆膜砂和自硬砂再生
	沸腾床式	灰　旧砂　燃烧层　燃料冷却层　鼓风　再生砂	沸腾燃烧是比较先进的,有利于提高燃烧效率,改善再生效果	适合树脂覆膜砂和自硬砂再生

由于干法再生旧砂系统相对简单,故被广泛采用。目前大量应用的旧砂干法再生设备包括离心撞击式再生机、离心摩擦式再生机、垂直气力式再生机和振动破碎式再生机等。

(1)离心撞击式再生机

离心撞击式再生机如图 6-25 所示。其工作原理是利用高速旋转叶轮产生的离心力的作用,将加入的旧砂粒流抛向撞击环,砂流经几次撞击后向下抛出。此过程中旧砂粒相互撞击、摩擦,使得表面的惰性膜被脱除而再生。砂流的流动路线如图 6-26 所示。

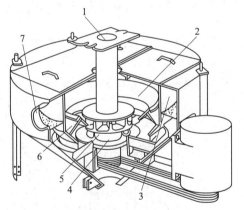

图 6-25　离心撞击式再生机
1—加砂器;2—反击环;3—通风道;4—转轴
部件;5—转子;6—撞击环;7—粉尘出口

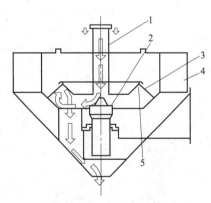

图 6-26　砂流经过几次撞击排出
1—导砂管;2—回转盘;3—撞击环;
4—通风道;5—反击环

(2)离心摩擦式再生机

离心摩擦式再生机的工作原理及结构如图 6-27、图 6-28 所示。它与离心撞击式再生机相似。主要区别在于,它将再生叶轮改成了再生转盘,再生力主要是摩擦力,故而得名。其原理为:首先再生转盘将砂粒抛至边缘产生摩擦,然后上行至固定环的砂流与转角上的积砂产生摩擦,被抛至顶面,又产生一次撞击摩擦。由于砂粒在回转盘 2 内圈形成密相,产生砂层,砂粒相互摩擦,再流向外圈固定环 5,固定环内部也形成砂层,导致砂粒摩擦,多次摩擦提高了再生效果。该类再生机,对原砂的破碎小,对带有塑性膜的旧砂也有较好的再生效果。

第 6 章　造型材料处理及旧砂再生设备

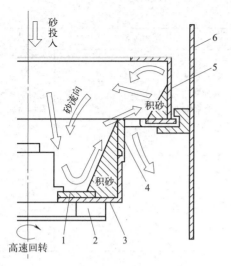

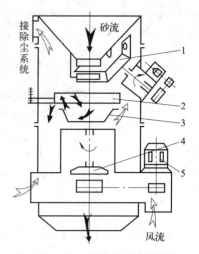

图 6-27 离心摩擦式再生机工作原理

1—回转盘衬；2—风翼；3—回转盘；

4—回转盘边缘；5—固定环；6—外壁

图 6-28 离心摩擦式再生机结构

1—旋转定量布料；2—反击环；

3—再生盘；4—风叶；5—电动机

（3）垂直气力式再生机

垂直气力式再生机的原理如图 6-29 所示。其动力除用高压鼓风机外，还有压缩空气。其工作过程为：首先高压气流从下部经喷嘴 4、喉管 5 进入，形成负压（向上）流动，把旧砂粒带入吹管 6 中，然后砂气两相流加速冲击顶盖形成砂层，相互撞击与摩擦。在吹管中也有相互摩擦作用，旧砂粒因惰性膜剥离而再生。

图 6-30 是两级气流再生原理。旧砂粒由加入口进入第一级，经再生后一般进入第二级继续再生。为提高砂粒清洁度，调整导砂板 5，可将再生后的砂粒再次送入第一级，延长再生时间，但这样会降低生产率。调整导砂板 5，能实现砂粒全部或部分返回第二级。

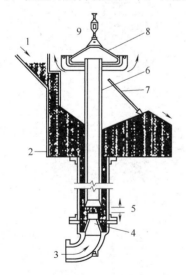

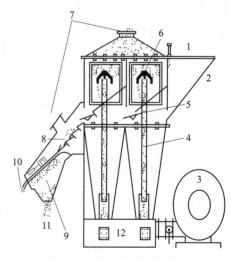

图 6-29 竖吹式再生机原理

1—旧砂入口；2—贮砂室；3—高压气入口；4—喷嘴；

5—喉管；6—吹管；7—调整板；8—顶盖；9—细粒

图 6-30 两级气流再生原理

1—旧砂入口；2—加料槽；3—风机；4—吹管；5—导砂板；

6—顶盖；7—除尘口；8—除尘斜槽；9—分选筛；10—废料

出口；11—再生砂出口；12—稳压空气室

（4）振动破碎式再生机

图 6-31 为具有破碎、再生、筛分、除尘及除金属块功能的振动破碎式再生机。金属杂物的去除由其顶部的振动电动机反转自动完成。

图 6-32 为多功能破碎再生机。它集破碎、再生、筛分、冷却、螺旋输送向上排出、去除金属杂物及除尘等多种功能于一体，是一种高效率的再生设备。

振动破碎式再生机的再生力相对较弱，对旧砂的脱膜率相对较低，适用于再生具有脆性残留膜的自硬树脂旧砂。

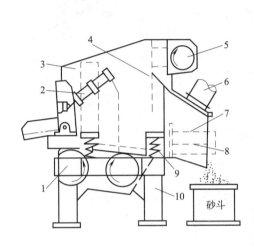

图 6-31　具有破碎、再生、筛分、除尘等功能的再生机

1—振动电动机；2—开门装置；3—后墙板；
4—格筛；5—反转电动机；6—抽风口；
7—栅格；8—筛网；9—弹簧；10—机座

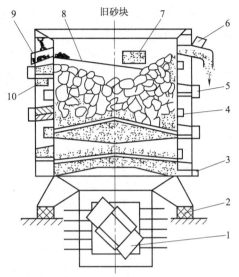

图 6-32　多功能破碎再生机

1—振动电动机；2—减振垫座；3—冷却水排出口；
4—砂团输送螺旋；5—带冷却再生砂输送螺旋；
6—抽风口；7—砂团返回口；8—内螺旋；
9—排除金属物斜槽；10—冷却水入口

6.5.4　再生砂的后处理

旧砂再生过程通常分为预处理（去磁、破碎）、再生处理（去除旧砂粒上的残留黏结剂膜）、后处理三个工序。预处理和再生处理工艺设备前面已作了介绍，再生砂的后处理一般包括风选除尘和调温。

再生砂的风选除尘原理较为简单，通常是使再生砂以"雨淋"或"瀑布"的方式通过一风选（或风选仓），靠除尘器去除再生砂中的灰尘和微粒。

砂温调节器如图 6-33 所示。它主要是利用砂子与冷（热）水管的直接热交换，来调节再生砂的温度。为了提高热交换效率，在水管上设有很多散热片；同时为了保证调温质量，通过测温仪表和料位控制器等监测手段，自动操纵加料和卸料。对于自硬型的树脂砂或水玻璃砂，型砂的硬化时间和硬化速度对砂温的波动较为敏感，一般应根据天气的变化和硬化剂的种类，将砂温调节在一定的范围

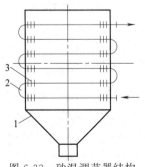

图 6-33　砂温调节器结构
1—壳体；2—调节水管；3—散热片

内。一种砂温调节器的外形如图 6-34 所示。

6.5.5　典型的旧砂再生系统

（1）自硬树脂旧砂的干法再生系统

图 6-35 是我国使用最多的自硬树脂旧砂的干法再生系统。浇注冷却后的自硬砂型由落砂机 2 落砂，旧砂用带式输送机 1 送入斗式提升机 3 提升并卸入回用砂斗 4 贮存。当进行再生时，首先由电磁给料机 5 将旧砂（主要是砂块）送入破碎机 6。破碎后的旧砂卸入斗式提升机 7 提升，在卸料处由磁选机 8 除去砂中的铁磁物（如铁豆、飞边、毛刺等），并经筛砂机 9 除去砂中的杂物；过筛的旧砂存于旧砂斗 10 中，再经斗式提升机 11 送入二槽斗 12，并控制卸料闸门将旧砂适量加入再生机 13 中进行再生。合格的再生砂经斗式提升机 14

图 6-34　一种砂温
调节器外形

送入风选装置 15，风选后的再生砂卸入砂温调节器 16 中以接近室温，最后由斗式提升机 18 装入贮砂斗 19 中备用。

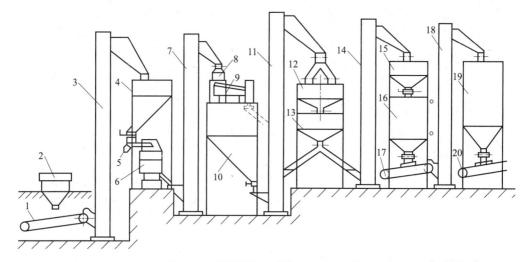

图 6-35　自硬树脂旧砂的干法再生系统

1,17,20—带式输送机；2—落砂机；3,7,11,14,18—斗式提升机；4—回用砂斗；5—电磁给料机；6—破碎机；8—磁选机；9—筛砂机；10—旧砂斗；12—二槽斗；13—再生机；15—风选装置；16—砂温调节器；19—贮砂斗

如果一次再生循环的再生砂质量不符合工艺要求，可以进行两次再生循环，甚至三次再生循环。只要控制再生机下部的卸料岔道，让再生砂进入斗式提升机 11，即可循环再生。

该系统的破碎机采用的是振动式，再生机采用的是离心冲击式。其工作可靠，再生效果良好，旧砂再生率可达 95%，并能使树脂加入量从原来的 1.3%～1.5% 降到 0.8%～1.0%，铸件质量提高，成本降低 15%～20%。但系统较复杂，结构庞大，投资大。

（2）水玻璃旧砂的干法再生系统

图 6-36 是我国自行研究开发的水玻璃旧砂干法再生系统。该系统采用了机械法（球磨）预再生和气流冲击再生的组合再生方案，并根据水玻璃旧砂的特点，在气流再生前对旧砂粒进行加热处理，再生工艺较为先进。但其再生砂通常仍只能用作背砂或填充砂，要实现再生砂作面砂或单一砂的目标仍比较困难。

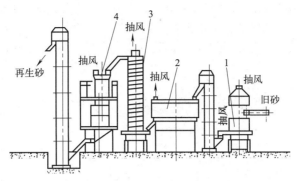

图 6-36　水玻璃旧砂干法再生系统
1—振动破碎球磨再生机；2—流化加热器；3—冷却提升筛分机；4—风力再生机

水玻璃旧砂虽可以采用干法再生、湿法再生及化学法再生，但采用哪种工业方法最佳（再生砂的性能与价格比最好），学术界和企业界仍有争议。详细介绍可参照有关研究论文或专著。最新的研究结果表明，水玻璃旧砂采用干法回用（作背砂或填充砂）、湿法再生（作面砂或单一砂）的综合效果最好。

（3）气流式再生系统

图 6-37 为四室气流式再生系统。旧砂经筛分、磁分、破碎等预处理后，由提升机送入贮砂斗，并以一定流量连续供给再生机；接着经四级气流冲击再生后，获得再生砂。

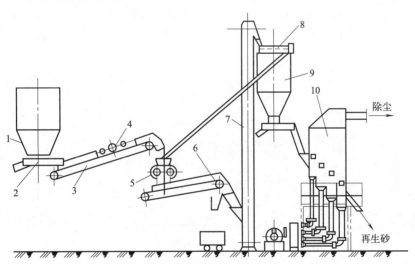

图 6-37　四室气流式再生系统
1—旧砂斗；2—给料机；3—带式输送机；4—带式磁分离机；5—破碎机；6—电磁带轮；
7—提升机；8—振动筛；9—砂斗；10—四室式气力撞击再生装置

该系统的特点是：结构简单、工作可靠、维修方便，可适用于各种铸造旧砂，根据旧砂的性质和生产率要求，选择适当的再生室数量和类型；但动力消耗大，对水分的控制较严格。

（4）壳型旧砂的热法再生系统

图 6-38 是由立式沸腾炉组成的热法再生系统，可用于壳型旧砂等有机类黏结剂旧砂的

再生，生产率约为 2t/h。其工艺过程是：落砂后的旧砂经过磁选、破碎、筛分后，进入沸腾炉，在 750℃ 的温度下进行焙烧，烧去有机黏结剂；出来的砂子先经过一次喷水沸腾冷却后，再进行第二次沸腾床冷却，使温度冷却到 80℃ 左右，最后通过筛选送至贮砂斗。

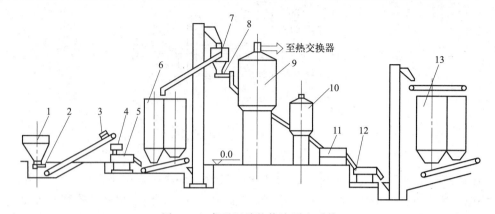

图 6-38　壳型旧砂的热法再生系统

1—砂斗；2,8—振动给料机；3—带式磁分离机；4—破碎机；5,12—振动筛；6—中间斗；
7—溢流料斗；9—立式沸腾焙烧炉；10—沸腾冷却室；11—二次沸腾冷却床；13—再生砂贮砂斗

（5）水玻璃旧砂的湿法再生系统

图 6-39 是瑞士 FDC 公司开发的一种处理水玻璃旧砂的湿法再生系统。它将磁选、破碎设备同水力旋流器与搅拌器串联在了一起，具有落砂、除芯、铸件预清理、旧砂再生、回收水力清砂用水等五个功能。其砂子的回收率达 90%，水回收率达 80%，是一个较完整紧凑的湿法再生系统。

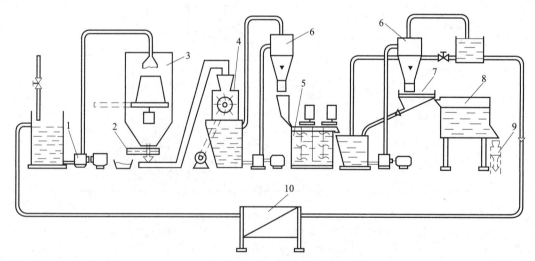

图 6-39　水玻璃旧砂湿法再生系统

1—供水设备（高压泵）；2—磁铁分离；3—水力清砂室；4—破碎机；5—搅拌再生机；
6—水力旋流器；7—振动给料机；8—烘干冷却设备；9—气力输送装置；10—澄清装置

实践和研究表明，水玻璃旧砂采用湿法再生系统较好。我国自行研制开发的新型水玻璃旧砂湿法再生工艺及设备系统采用了双级强擦洗再生工艺，具有耗水量小（每吨再生砂耗水 2~3t）、脱膜率高（Na_2O 去除率为 85%~95%）、污水经处理后循环使用等特点，是再生水玻璃旧砂的理想系统。

（6）水玻璃旧砂再生新系统及关键设备

水玻璃旧砂再生循环使用很长时间都是铸造工作者最难解决的问题之一。近年来，酯硬化水玻璃砂工艺及设备系统在我国得到了长足的发展与应用，这主要得益于水玻璃旧砂再生新设备、新系统的研发与采用。下面介绍两种在国内普遍采用的水玻璃旧砂再生实用系统及其关键设备，一种是"中温加热干法再生系统"，另一种是"多级强擦洗湿法再生系统"。

① 中温加热干法再生系统及关键设备。水玻璃旧砂中温（300～350℃）加热干法再生设备系统，其主要的理论依据是研究成果"干法再生水玻璃旧砂前，经 300～350℃的温度加热，可减小或消除旧砂中水和残留黏结剂的影响，再生砂质量较好，可作单一砂使用，且成本较低"。中温加热干法再生系统框图如图 6-40 所示，其设备系统布置如图 6-41 所示。

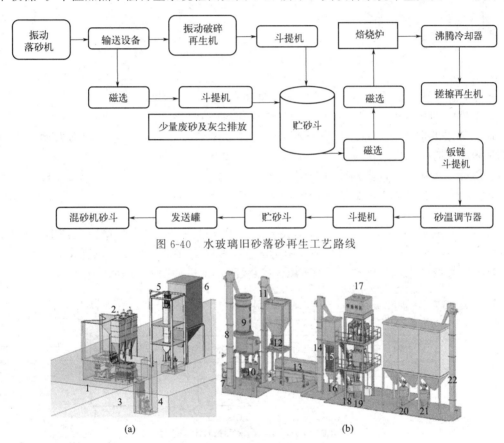

图 6-40　水玻璃旧砂落砂再生工艺路线

图 6-41　中温加热干法再生系统布置

1—振动落砂机；2—除尘器；3—破碎机；4—筛分机；5—气力输送机；6—旧砂斗；7—给料机；
8,11,14,22—斗提机（或双罐发送罐）；9—中温焙烧炉；10—搓擦再生机；12—离心再生机；
13—振动沸腾冷却床；15—砂温调节器；16,18～21—气力输送系统；17—铬铁矿砂分离系统

该系统的关键设备是旧砂中温加热装置。中温焙烧炉的布置见图 6-42，其内部结构见图 6-43。通常，普通焙烧炉生产过程中会产生烟气余热，直接排放会消耗能源，浪费资源，增加成本。本中温焙烧炉的工作原理是：由焙烧炉产生（带余热）的火焰，通过热交换器，让低温的砂子提前预热；预热后的砂子进入焙烧炉燃烧层，燃烧的火焰瞬间灼烧砂粒，砂粒表面膜脱水脆化，脱水率达 100%，可确保旧砂温度达到 300～350℃。该焙烧炉采用了"预

热＋焙烧"两级方式，生产效率高、能耗较低，节约了成本，也提高了再生效果。

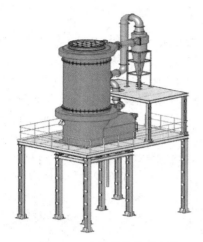

图 6-42　中温焙烧炉的布置

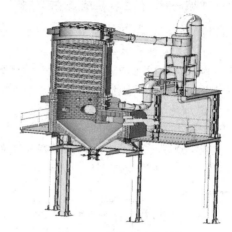

图 6-43　焙烧炉内部结构

采用中温加热干法再生时，要注意如下事项：

a. 旧砂的加热温度控制在 $300\sim350℃$ 的范围内；

b. 焙烧过的旧砂应立即进行搓擦再生，这样效果较好，否则冷却后的水玻璃膜可能有回韧现象，增加脱膜难度；

c. 焙烧、再生后要配置高效的冷却设备。

另外，中温加热干法再生系统的旧砂除膜率可达 $25\%\sim30\%$，再生砂的残留 $Na_2O\leqslant0.5\%$，可使用时间接近新砂，能作为单一砂循环使用。

② 多级强擦洗湿法再生系统及关键设备。如果要进一步提高水玻璃旧砂再生的除膜率，使再生砂的性能更接近新砂，则必须采用湿法再生系统。多级强擦洗湿法再生系统框图如图 6-44 所示，其设备组成见图 6-55。多桶强擦洗湿法再生机如图 6-46 所示。

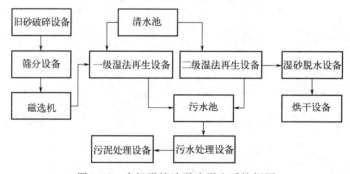

图 6-44　多级强擦洗湿法再生系统框图

该二级湿法再生强擦洗系统的工艺过程有两种：

a. 旧砂块经破碎筛分后先与来自清水池（由清水泵输送）中的清水按一定的比例混合，然后依次进行一级（强擦洗）湿法再生、二级（强擦洗）湿法再生，最后经过湿砂脱水、烘干等工艺获得再生砂；

b. 旧砂块经破碎筛分后先被送入浸泡池中浸泡，再由砂水泵提送至砂水分离机进行砂水分离，然后湿旧砂与清水按一定比例混合并依次进行一级（强擦洗）湿法再生和二级（强擦洗）湿法再生，最后经过湿砂脱水、烘干等工艺获得再生砂。

根据旧砂的性质和对再生砂的质量要求，还可以进行三级及更多级的湿法再生系统构建。该多级强擦洗湿法再生系统，Na_2O 去除率高，再生砂质量好，耗水量小，污水经处理后可循环利用或达标排放。

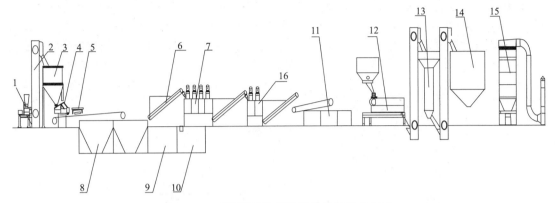

图 6-45　多级强擦洗湿法再生系统设备组成

1—颚式破碎机；2—斗提机；3—旧砂斗；4—筛分机；5—磁选机；6—砂水分离机；7——一级再生机；8—浸泡池；
9,10—污水池；11—湿砂池；12—烘干设备；13—冷却设备；14—再生砂斗；15—除尘器；16—二级再生机

图 6-46　多桶强擦洗湿法再生机

③ 其他水玻璃旧砂再生方法及装备。水玻璃旧砂再生技术与装备多年来一直是铸造工作者的研究热点之一，也是绿色铸造的关键之一，其种类日新月异。如超声波湿法再生水玻璃旧砂的方法及装备、少耗水量滚筒式水玻璃旧砂湿法再生方法及装备等，有望成为新一代高效的水玻璃旧砂再生技术与装备。

6.6　造型材料处理系统的自动化检测

造型材料处理系统的自动化，主要包括自动控制和自动检测两部分。砂处理设备的自动控制与其他设备的自动控制相同；砂处理设备的自动检测包括旧砂温度、旧砂和型砂水分、料位检测，黏土混砂的自动检测与控制等。

6.6.1 旧砂增湿自动调节装置

如图6-47所示，热的旧砂由带式输送机送入旧砂斗1，并经振动给料器3送到带式输送机4。开关5用于发送输送带上有无热砂的信号。检测头6和7用于测出旧砂的温度和含水率，并将相应的电信号送至运算器。同时将砂量和要求旧砂冷却后的温度给定值送至运算器，运算器将对这些数据进行处理，得出增湿所需的水量，并发送电信号由电动执行器13操纵电动调节阀11控制增湿水的流量。涡轮流量计12用于将实测的水量反馈至控制器，以校正电动调节阀11。增湿水用压缩空气均匀地喷洒在热砂上，然后热砂由双轮松砂机17抛撒均匀，送至冷却提升机或沸腾冷却机通风冷却。

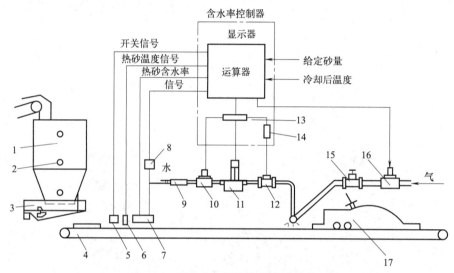

图 6-47　热砂冷却增湿控制自动化装置

1—旧砂斗；2—料位计；3—给料器；4—带式输送机；5—开关；6—温度检测头；7—型砂含水率检测头；
8—高频发生器；9—过滤器；10—电磁水阀；11—电动调节阀；12—涡轮流量计；13—电动执行器；
14—变换器；15—减压阀；16—电磁气阀；17—双轮松砂机

6.6.2 电容法水分控制仪

电容法水分控制仪的原理如图6-48所示。因为松散物料的介电常数与水分有关，型砂中的砂粒、黏土和煤粉等物质的介电常数都很小，一般在1.5~5.0之间，而水的介电常数为81，相对较大；且根据实验知道，含水物质的介电常数与其含水量之间存在线性关系。所以用探头与砂斗壁作为电容器的两极，通过电容量的变化，就可比较准确地测量出旧砂的含水量。电容器的探头通常插在混砂机的定量斗中，对每批料都进行检测，测量比较准确，所以型砂水分比较稳定。这种仪器使用效果良好，但价格较高。

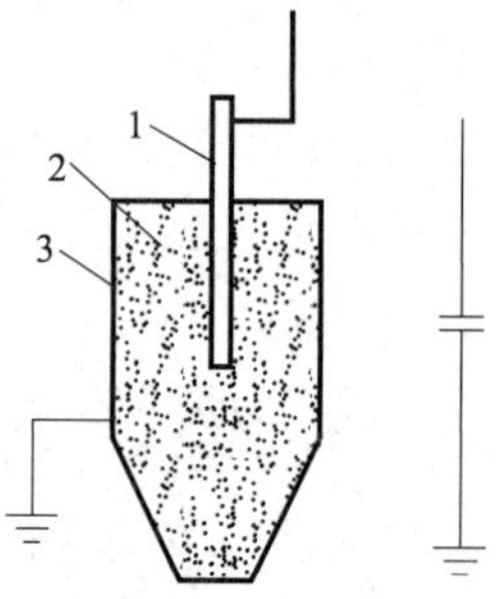

6.6.3 黏土混砂的自动控制及在线检测

黏土混砂过程在线控制的自动化及检测是近年来砂处理装备中最引人瞩目的研究领域。型砂中的水分是影响型砂质量的关键要素，型砂紧实率是反映型砂性能的重要指标，因此混砂的自动检测及控制多以水分及紧实率的测量及控制为中心进行。目前已实用化的控制方式及测量方法如表6-10所示。

图 6-48　电容法水分控制仪的原理

1—探头（电容器的一极）；
2—旧砂（电介质）；3—砂斗（电容器的另一极）

表 6-10　混砂自动控制装置的控制方法

测量参数	控制方式	测定方法	受控介质
水分＋砂温	下次混料预测控制	电阻法 电容法 红外线法	水
体积密度 体积密度＋水分 体积密度＋水分＋砂温	下次混料预测控制	荷重传感器 ＋ 电容法	水
紧实率 剪切强度 抗压强度	下次混料预测控制	专用测定装置	水 黏土
紧实度	本次混料反馈控制	专用测定装置	水 时间
紧实率	本次混料反馈控制	专用测定装置	水 时间

　　自动化造型生产线上，型砂性能的稳定性非常重要。一般的铸造企业设有专业的型砂性能实验室，测量从生产现场采取的型砂的紧实率、抗压强度、透气性、水分等性能参数，进而对混砂中所需水、黏土、煤粉、新砂等的加入量进行调整和控制。但该方法有严重的滞后性，无法满足自动化生产的及时需要。因此人们开发了型砂性能在线检测系统，如图 6-49 所示。它可安装在混砂装备的出口处或型砂输送带的侧旁。其工作原理为：首先已混制的型砂由采样器摄取并被送入检测系统的砂筒中（砂筒上装有水分检测电极和透气性测量压力传感器），然后砂筒上端入口被气缸驱动的盖板密封，砂筒下方的气缸驱动压板上移，紧实型砂。此时可测量型砂试样的水分、透气性及紧实率。最后盖板左移，紧实气缸将试样顶出，抗压强度测量气缸动作，将砂型试样压碎，测其抗压强度值。测量的型砂数据可及时反馈给混砂装备，控制混砂参数；亦可存贮在计算机内，以日报表、周报表、月报表的形式输出，作为砂处理系统生产管理的重要资料保存。

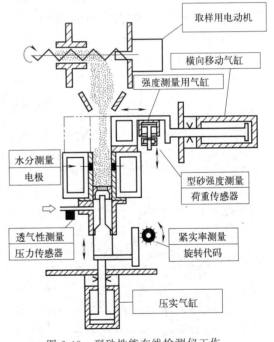

图 6-49　型砂性能在线检测仪工作

　　以紧实率为控制参数的混砂自动控制装置与型砂性能在线检测装置结合的控制系统如图 6-50 所示。其工作原理为先测定混砂前旧砂的温度、水分等参数，确定初次加水量；然后由型砂性能在线检测装置检测混砂机中砂的水分、温度、紧实率，并与设定目标值比较，由此确定二次加水量；经过反复数次混合和测量，逐渐逼近预期目标值后即可出料。

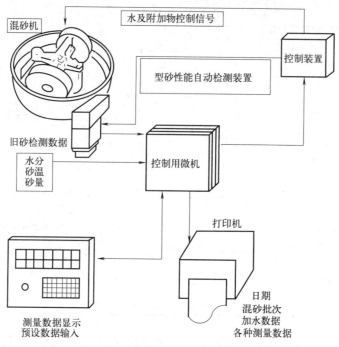

图 6-50　以紧实率为目标的自动混砂系统

6.6.4　砂处理系统的自动检测/监测

砂处理系统的组成复杂,包括旧砂处理、型砂混制等。因此一个运行可靠的自动化砂处理系统需要大量的数据检测/监测及控制。表 6-11 列出了国外某企业采用的自动化砂处理系统(和静压造型线配套)中混砂装备的监测内容、测定方法及数据处理方式。

表 6-11　混砂装备的自动检测及处理方法

工序		检测内容	测定位置	测定目的	测定方法	重要性	实现性	数据处理		
								显示	保存	打印
混砂	常检	混砂机的电流使用电力	混砂机控制柜	混砂状态监视	自动	电流计 3 相电度计	△	△	△	△	—
	每20秒	CB 值、水分、砂温	混砂机	混砂过程监视 CB 值控制 水分控制	自动	型砂性能测试仪	○	△	△	△	—
	每批次	旧砂重量、新砂重量、添加剂重量	料斗	型砂成分监视	自动	料斗比例	○	○	○	○	○
		加水量	加水装置	水分控制	自动	荷重传感器	○	△	○	○	○
		混砂完毕时的 CB 值、水分、砂温、透气性、强度	混砂机	型砂性能测量	自动	型砂性能测试仪	○	△	○	○	○
		混砂机下料斗的砂量	料斗	混砂开始判定 监测砂量及停留时间	自动	杠杆式料位计	△	○	△	○	○
		混砂时间	混砂机控制柜	砂量不足、上一工序异常、型砂性能异常检测	自动	PLC 内部计数器	○	○	○	○	○

注:○—高;△—中等;——低。

思考题

1. 简述造型材料处理的主要内容。
2. 原砂烘干有哪几种方法？概述其工作原理及特点。
3. 概述黏土混砂机的种类及特点。
4. 比较辗轮式混砂机与转子式混砂机在混砂机构和混砂原理上的不同。
5. 简述辗轮式混砂机中弹簧加减压机构的工作原理及作用。
6. 砂处理系统的自动化主要包括哪些内容？简要说明其工艺过程。
7. 阐述旧砂再生的目的及意义。旧砂再生有哪些方法？概述它们的特点及应用范围。
8. 旧砂为什么要冷却？常用的旧砂冷却方法及设备有哪些？
9. 概述水玻璃砂、树脂砂混砂机的种类及结构特点。
10. 简述黏土混砂的自动控制及在线检测的主要指标及其作用。

参考文献

[1] 樊自田. 材料成形装备及自动化[M]. 2版. 北京：机械工业出版社，2018.
[2] 樊自田. 水玻璃砂工艺原理及应用技术[M]. 2版. 北京：机械工业出版社，2016.
[3] 中国机械工程学会铸造分会，世界铸造组织造型材料委员会. 中国铸造造型材料应用现状及发展趋势调研报告[R]. 常州，2024.
[4] 李远才. 铸造手册：第4卷[M]. 4版. 北京：机械工业出版社，2020.
[5] 王黎迟. 少水量水玻璃旧砂湿法再生新技术研究[D]. 武汉：华中科技大学，2019.
[6] 吴剑. 砂再生处理主要振动设备的设计应用[J]. 铸造设备与工艺，2019(1)：1-3，56.
[7] 樊自田，吴和保，董选普. 铸造质量控制应用技术[M]. 2版. 北京：机械工业出版社，2015.
[8] 中国机械工程学会铸造分会，世界铸造组织造型材料委员会. 中国铸造造型材料应用现状及发展趋势调研报告，2023.
[9] 中国铸造协会. 砂型铸造旧砂回用、废砂再生与除尘灰资源化利用技术指南，团体标准，2024.

第 7 章

落砂、清理及环保设备

浇注后经一定时间的凝固冷却，铸件需从铸型中取出，完成铸型（芯）与铸件的分离，该过程即为铸造的落砂工序。落砂后的铸件需要进行表面清理，去除铸件表面的黏砂、氧化夹杂等，使铸件表面清洁。在落砂、清理过程中，会产生大量的烟尘、微粒，并引发较大的噪声，需要及时地除去与防治，因此除尘、降噪、污水处理回用等设备是必备的。

7.1 铸型破碎落砂设备

落砂是在铸型浇注并冷却到一定温度后，将铸型破碎，使铸件从砂型中分离出来。落砂工序通常由落砂机来完成，常用的落砂设备有振动落砂机和滚筒式落砂机两大类。

7.1.1 振动落砂机

振动落砂机是利用振动力驱使栅床与铸型周期振动，铸型被栅床抛起后又因重力自由下落与栅床碰撞。经过反复撞击，铸型被破坏，最终铸件和型砂分离。衡量振动落砂效果的指标有：

① 撞击比能 e　铸型与栅床在碰撞的瞬间相对速度大，铸型获得的撞击能就大，落砂效果就好。

碰撞前后，单位重量铸型所获得的撞击能，称为撞击比能 e。e 越大，撞击越强烈，落砂效果越好。e 的量纲为长度单位，故其物理意义为单位重量的铸型下落高度。

② 铸型跳高 h　落砂效果取决于铸型和栅床碰撞的强烈程度，而碰撞的强烈程度又正比于碰撞前后的冲量（相对速度）。铸型落下碰撞时的速度与铸型跳高 h 成正比，所以 h 也是衡量落砂效果的指标。

③ 落砂效果量度 E

$$E = fH = \frac{w}{2\pi}H = \frac{n}{60}H \text{ (mm/s)} \tag{7-1}$$

式中　f——落砂机的激振频率，1/s，即 Hz；

　　　w——落砂机的激振角频率，rad/s；

　　　n——主轴转速，r/min；

　　　H——铸型降落高度，mm。

E 的物理意义是铸型单位重量所获得的平均功率，落砂主要靠这个功率。E 反映了时间这一因素，显然比前两种指标更合理。

根据理论分析可知，提升落砂效果有下列途径：采用低频大振幅落砂机；适当加大栅床质量；有箱铸型的落砂效果优于无箱铸型。目前，常用的落砂机为振动式落砂机。它又分为惯性类振动落砂机、撞击式惯性振动落砂机、电磁振动落砂机等。

（1）惯性类振动落砂机

惯性类振动落砂机是当前应用最广的设备。该落砂机的栅床支承在弹簧组上，由主轴旋转时偏心质量产生的离心惯性力激振。

惯性类振动落砂机有单轴和双轴两类。单轴落砂机结构简单，维修、润滑方便，但其栅床运动轨迹是椭圆形，有水平方向的摇晃，仅适用于小载荷。双轴落砂机的栅床做直线运动，适合大载荷，但其结构复杂，造价高。

惯性类振动落砂机一般在过共振区工作，但其在启动和停机过程中都要经过共振区，振幅迅速增大，可高至正常振幅的4～7倍，易导致机器损坏，弹簧折断，所以要采用限幅装置或电动机反接制动法等措施。

单轴、双轴惯性振动落砂机的结构分别如图7-1、图7-2所示。它们常用于中小型铸件的落砂。随着振动电动机的广泛应用，惯性类振动落砂机已大大减少。

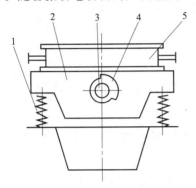

图 7-1　单轴惯性振动落砂机结构
1—弹簧；2—栅床；3—主轴；4—偏心块；5—铸型

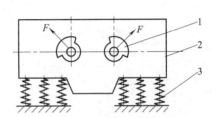

图 7-2　双轴惯性振动落砂机结构
1—偏心块；2—栅床；3—弹簧

（2）撞击式惯性振动落砂机

撞击式惯性振动落砂机是在惯性类振动落砂机的基础上演变出来的。前者与后者相比，增加了固定撞击梁；铸型置于梁上，其底面与栅床上平面保持一定间隙；栅床振动时，梁上的铸型先因撞击而跳起，然后靠自重下落又与梁撞击，偏心轴每转一次，铸型即受到两次撞击。此种落砂机的结构见图7-3。撞击式惯性振动落砂机常用于中大型铸件的落砂。

撞击式惯性振动落砂机的特点如下：

① 撞击式惯性振动落砂机所要求的振幅要比一般惯性类大。这是因为栅床顶面不可能很平，它与撞击梁之间必定有一间隙，以免铸型与栅床接触。该间隙约为5～10mm（图7-3）。栅床振幅应大于该间隙，以便振动时能撞击到铸型。为了提高落砂效果，通常要增大振幅，但又不能使激振力过大，故只有将空载频率比Z选在近共振区附近。

② 撞击式惯性振动落砂机的容许负载变化范围要比一般惯性类大。这是因为有了撞击梁，铸型不放在栅床上，抛掷指数范围扩大了。一般惯性类落砂机的抛掷指数以3为最佳，降至1.6左右，效果很差，铸型几乎抛不起来。但撞击式落砂机只要达到抛起铸型的最低要

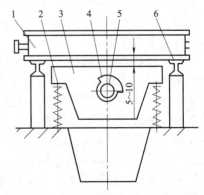

图 7-3　撞击式惯性振动落砂机结构
1—铸型；2—弹簧；3—框架；
4—偏心块；5—主轴；6—撞击梁

求即可，即抛掷指数 $\Gamma > 1$。

③ 由于振动参数通常设置在近共振区工作，要求弹性系统的刚度大，且有固定撞击梁，对地基的要求高。由于振幅大、振动激烈，噪声也高。

④ 不能采用无强迫联系的自同步激振器，也不能采用振动电动机自同步激振。这是因为不能满足频率比 $Z > 2$ 的要求。

（3）双振动电动机驱动振动落砂机

随着振动电动机制造质量的成熟，其寿命及稳定性大为提高，于是双振动电动机驱动的振动落砂机应用变得普遍。该落砂机结构组成更简单，维护方便。

双振动电动机驱动振动落砂机主要由落砂栅床、隔振弹簧、振动电动机（2 台）、底座等组成，如图 7-4 所示。其驱动原理如图 7-5 所示。双电动机驱动时水平方向上的合力为零，垂直方向上的合力叠加，即

$$F_x = F_{x1} - F_{x2} = 0$$
$$F_y = F_{y1} + F_{y2} = 2F_{y1}$$

图 7-4　双振动电动机驱动振动落砂机

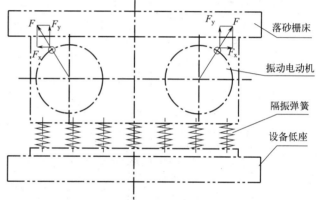

图 7-5　双振动电动机驱动振动落砂机的原理

（4）双质体共振落砂机

惯性类振动落砂机存在能耗高、噪声大及维修困难等缺点，而双质体共振落砂机克服了上述缺点，是近年来应用较多的一种新型落砂机。同单质体落砂机相比，双质体共振落砂机对基础的影响较小，落砂铸件重量更大，简化了结构设计和制造难度。

双质体共振落砂机的工作原理如图 7-6 所示。双质体共振落砂机是在单质体结构的基础上，增加了一组减振弹簧 2，下质体 3 安装在减振弹簧上，与地基基础隔离。下质体的自振频率远低于激振频率，从而减小了激振力对地基的影响。当下质体 3 的偏重块 7 旋转产生激振力时，带动下质体 3 进行振动，此振动可通过共振弹簧 4 传给上质体 5，使上质体 5 也发生振动。这样在上质体 5 上的铸型 6 也不断被抛起与落下，撞击上质体从而发生破坏，达到落砂效果。

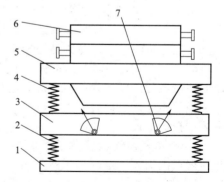

图 7-6　双质体共振落砂机工作原理
1—底座；2—减振弹簧；3—下质体；4—共振弹簧；5—上质体；6—铸型；7—偏重块

图 7-7 是我国生产的 YSL 系列 A 型结构双质体共振落砂机。该共振落砂机是在底架 7 上利用减振弹簧 6 支承下框体 4，在下框体 4 上安装着两台振动电动机 5；在下框体 4 上方装有共振弹簧 3，由共振弹簧 3 将上框体 2 支承在下框体上，上框体上装有栅格板 1。

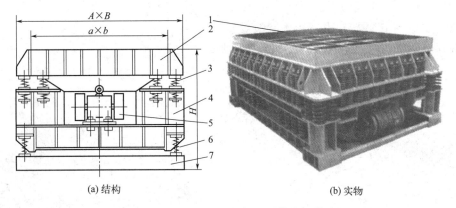

(a) 结构　　　　　　　　　　　　　　(b) 实物

图 7-7　YSL 系列 A 型结构双质体共振落砂机

1—栅格板；2—上框体；3—共振弹簧；4—下框体；5—振动电动机；6—减振弹簧；7—底架

这种落砂机的突出优点是节能，能耗仅为同吨位惯性类落砂机的 1/5 左右，落砂效果好，噪声较小，焊接框体不易开裂，地基受力小，这是由其工作原理和结构特点决定的。其优点有以下几个方面：

① 双质体共振落砂机的激振频率较高。铸型的破坏除了依靠与栅格板撞击时产生的惯性力外，还伴有高频振动下的疲劳破坏。铸型内存在的微孔和裂纹在高频激振力的作用下可不断扩大，直至破坏脱落。

② 激振器固定在下框体上，激振下框体时产生的惯性力可通过上、下框体之间的共振弹簧 3 传给上框体，使上框体的振幅得到共振放大，从而达到节能的效果。

③ 上框体因受力均匀而不易开裂，同时铸型与栅格板撞击时产生的冲击载荷，经过共振弹簧和减振弹簧两次缓冲后，对地基几乎没有影响（只有减振弹簧变形产生的动载），因而该落砂机的基础设计简单、投资少。

7.1.2　滚筒式落砂机

（1）滚筒式落砂机的工作原理

滚筒式落砂机的结构组成与回转冷却滚筒相近。其工作原理是：脱去砂箱的铸型进入滚筒体内随筒体旋转到一定高度时，靠自重落到筒体下方，在相互间的不断撞击和摩擦作用下，砂型与铸件分离并顺着螺旋片方向到达筒体栅格部分进行落砂。

滚筒式落砂机主要用于垂直分型无箱射压造型线上，边输送边落砂，生产率高，密封性好，噪声小，能破碎旧砂团，还可对热砂进行增湿冷却，并能对铸件进行预清理。但由于薄壁铸件易损坏，因此其适用于不怕撞击的无箱小件落砂，如玛钢厂用于落各种管接头零件效果很好。对太湿的潮模砂，一般除尘系统易黏砂、堵塞，因此除尘系统应适当改进。

为减小对基础的振动，机座与地基之间须垫有 20～25mm 的橡皮缓冲垫。机器安装水平度要求是全长不超过 5mm。

（2）滚筒式落砂机的优点

① 落砂时不产生振动，尘烟在滚筒内很容易被除尘装置抽走；

② 清砂后铸件表面较干净；

③ 落砂后的旧砂经过预处理；

④ 不需要地坑，便于安装；

⑤ 不需要人工操作；

⑥ 既适用于无箱造型，也适用于有箱造型。

滚筒式落砂机的内部结构及外形如图7-8所示。

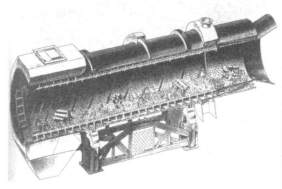

(a) 内部结构   (b) 外形

图 7-8   滚筒式落砂机的内部结构及外形

7.1.3 其他重要的落砂设备

(1) 振动输送落砂机

随着振动电动机制造质量的提高，采用振动电动机作激振器的落砂机越来越普及，这种落砂机具有结构简单、维修方便等许多优点，目前被大量采用。图7-9为采用振动电动机作激振源的输送落砂机结构。它具有落砂与输送两种功能。其外形如图7-10所示。

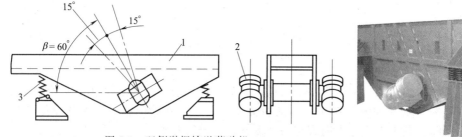

图 7-9   双侧激振输送落砂机
1—栅床；2—振动电动机；3—弹簧

图 7-10   振动输送落砂机的外形

(2) 多功能落砂系统

近几年来，国外出现了集落砂、输送、破碎、再生、筛分为一体的多功能落砂再生机，实现了一机多能。这种一体机在国内目前也有研究和应用，如济南二机床集团有限公司铸造与切割设备公司采用振动落砂破碎一体机代替了常规落砂破碎再生系统，年产铸件可达8000t，使用效果良好。

图7-11为多功能振动落砂系统。浇注后的铸型可置于该设备上进行振动落砂，使型砂

和砂箱、铸件分离。分离后的砂团穿过落砂框体通过栅格孔下落至破碎机体内进行破碎再生。该系统可一次完成旧砂团块的落砂、破碎、黏结剂的脱膜、筛分及杂物的分离等多个工序。

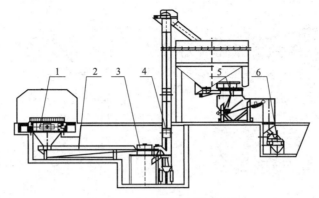

图 7-11　多功能振动落砂系统

1—落砂机；2—振动输送槽；3—磁选机；4—斗提机；5—破碎机；6—发送槽

（3）振动式落砂滚筒

虽然振动落砂机的结构简单、成本低等，但是其噪声大、灰尘多，工作环境差。目前工业化国家比较广泛使用普通式落砂滚筒（图 7-8）、振动式落砂滚筒、机械手等。

图 7-12 为振动式落砂滚筒的工作原理。它在摆动式滚筒的基础上增加了振动机构，可使滚筒边摆动边振动。一是避免了落砂滚筒易损坏铸件的缺点；二是大大提升了落砂效果，扩大了应用范围，适合各种大小的铸件。但因为设置有振动功能，其整个机体仍对地基有影响。与普通式落砂滚筒相比，振动式落砂滚筒主要以落砂为主，砂子或铸件的冷却则是其次的。

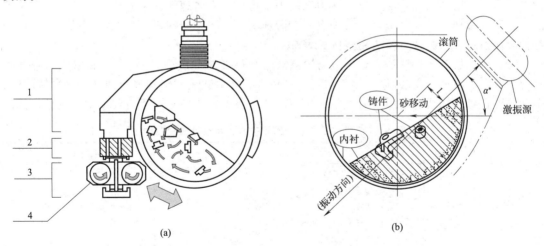

图 7-12　振动式落砂滚筒的工作原理

1—工作部分；2—增幅机构；3—激振源；4—振动电动机

（4）取件机械手

图 7-13 为人工操作取件机械手的动作示意。它可灵活地完成上下、左右、旋转、开闭等各种动作。其控制方式有操纵杆式或主从式。对于前者需设置多个操纵杆，而后者只需一

根杠杆即可控制所有的动作，因此操作更灵活、更方便。其主从操作方式如图 7-14 所示。

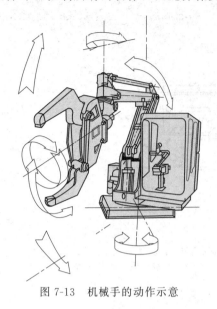

图 7-13　机械手的动作示意

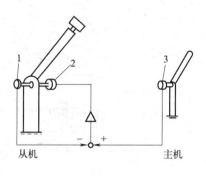

图 7-14　机械手的主从操作方式
1,3—速度/位移传感器；2—伺服电动机

7.2　铸件表面清理设备

7.2.1　铸件表面清理方法及设备概述

　　铸件表面清理包括表面清理和除去多余的金属两部分。前者是除去铸件表面的砂子和氧化皮；后者主要包括去除浇冒口、飞边毛刺等。铸件表面清理的常用方法有手工清理、滚筒清理、抛丸清理、喷丸清理等，清理设备有清理滚筒、抛丸清理机、喷丸清理机等。铸件的各种表面清理方法、特点及应用范围见表 7-1。

　　清理机械按其铸件载运方式可分为滚筒式（如抛丸清理滚筒）、转台式和室式（悬挂式和台车式抛丸清理室）。滚筒式用于清理小型铸件；转台式用于清理壁薄而又不易翻转的中、小型铸件；悬挂式清理室用于清理中、大型铸件；台车式清理室用于清理大型和重型铸件。

表 7-1　铸件的各种表面清理方法、特点及应用范围

表面清理方法	所用设备（工具）与特点	应用范围
半手工或手工清理	1. 风铲,固定式、手提式、悬挂式砂轮机 2. 锉、錾、锤及其他手工工具 3. 手工或半手工操作,生产率较低 4. 采用简单工具或手动清理 5. 劳动强度大,劳动条件差	单件小批量生产的铸件
滚筒清理	1. 采用圆形或多角形滚筒,将铸件和一定数量的星铁块放入滚筒内,电动机驱动转动,依靠铸件与星形铁块的撞击摩擦作用清理铸件表面 2. 设备简单,生产率高,适用面广 3. 噪声、粉尘大,需加防护	批量生产的中、小型铸铁和铸钢件

表面清理方法	所用设备(工具)与特点	应用范围
抛丸清理	1. 利用高速旋转的叶轮将金属丸(粒)高速射向铸件表面,将铸件表面的附着物打掉。有抛丸清理滚筒、履带式抛丸清理机、连续滚筒式抛丸清理机、抛丸室、通过式(鳞板输送)连续抛丸机、吊钩与悬链抛丸机、多工位转盘或抛丸清理机及专用抛丸机等。抛丸清理是清理铸件的主要手段 2. 可实现机械化和半自动化操作,生产率高,铸件表面质量好 3. 设备投资大,抛丸器构件易磨损 4. 操作要求严格,作业环境好	批量生产的铸铁件和铸钢件
喷丸(砂)清理	1. 利用压缩空气或水将金属丸、粒或砂子等高速喷射到铸件表面打掉铸件表面的附着物。有喷丸器、喷丸清理转台、喷丸室、水砂清理设备等 2. 清理效率低,表面质量好,使用较普遍 3. 喷枪、喷嘴易磨损,压缩空气耗量大,需设立单独的操作间 4. 粉尘和噪声大,应采取防护措施	批量生产中清理铸件时,喷丸常用于铸铁和铸钢件,喷砂多用于非铁合金铸件
机械手自动打磨系统	1. 采用自动控制的机器人或机械手对铸件进行自动打磨和表面清理 2. 使铸件清理从高温、噪声、粉尘等恶劣的工作环境及繁重体力劳动中解放了出来 3. 操作者必须具备较高的技术素质,投资大,维护保养严格 4. 须进行开发性设计研究	用于成批或大量流水生产的各类铸件

常见的表面清理装备主要的类型及特点见表7-2。

选用清理设备的原则为:

① 铸件的形状、特点、尺寸大小、代表性铸件的最大尺寸、重量、批量、产量和车间机械化程度等条件是选择清理设备的主要依据。

② 在选择清砂设备时,从技术、经济、环保方面来考虑,在允许的条件下,应尽量采用干法清理设备。

③ 考虑生产工艺的特点,例如采用水玻璃砂时,应尽量采取措施改善型砂的溃散性,创造条件采用干法清砂设备。

④ 在选择干法清砂设备时,其选择的次序是优先考虑抛丸设备,其次是抛丸为主,喷丸为辅。对于具有复杂表面和内腔的铸件,可考虑用喷丸设备。

⑤ 对于内腔复杂和表面质量要求高的铸件,如液压件阀类铸件、精铸件等,应采用电液压清砂或电化学清砂。

⑥ 喷丸清理铸件的温度应控制在150℃以下。因为铸件在受到弹丸喷打的同时,还受到高速压缩空气流的冲刷和激冷,温度太高容易产生裂纹。

⑦ 喷丸清理设备要求及时排除喷丸清理时产生的粉尘,以便清晰地观察铸件清理情况。因此其除尘风量比相同(或相近)类型和规格的抛丸设备大,一般约为抛丸设备除尘风量的2～3倍。

表 7-2　常用清理装备的类型及其特点

名称		适用范围	主要参数及特点	工作原理简图	国产定型产品型号
清理滚筒	间歇作业式抛丸清理滚筒	一般用于清理小于 300kg、容易翻转而又不怕碰撞的铸件	1. 滚筒直径：$\phi600\sim$1700mm 2. 一次装料量：80～1500kg 3. 滚筒转速：2～4r/min		Q3110（滚筒直径ϕ1000mm）
	履带式抛丸清理滚筒（间歇作业式）		1. 生产率：0.5～30t/h 2. 履带运行速度：3～6m/min		QB3210（一次装料500kg）
	普通清理滚筒		1. 一次装料：0.08～4t 2. 滚筒直径：$\phi600\sim$1200mm		
清理室	台车式抛丸清理室	适于清理中、大型及重型铸件	1. 转台直径$\phi2\sim5$m，转速 2～4r/min 2. 台车运行速度：6～18m/min 3. 台车载重量：5～30t		Q365A（铸件最大重量 5t）
	单钩吊链式抛丸清理室	适于多品种、小批量生产	1. 吊钩载重量：800～3000kg 2. 吊钩自转速度：2～4r/min 3. 运行速度：10～15m/min		Q388（吊钩载重800kg）
	台车式喷丸清理室	适于中、大件及重型铸件	台车载重量几吨至上百吨		Q265A（铸件最大重量 5t）

7.2.2　滚筒清理设备

滚筒清理是依靠滚筒转动，造成铸件与滚筒内壁、铸件与铸件、铸件与磨料之间的摩擦、碰撞，从而清除表面黏砂与氧化皮的一种清理工艺。

普通清理滚筒（抛丸、喷丸清理滚筒不在此列）按作业方式可分为间歇式清理滚筒（简称清理滚筒）与连续式清理滚筒两大类。

（1）间歇式清理滚筒

间歇式清理滚筒由传动系统、筒体和支座三部分组成。清理滚筒的传动方式又分为减速电动机直接传动、减速器传动、V带传动、摩擦传动等。普通清理滚筒的结构示意如表7-2所示。一种间歇式清理滚筒的外形如图7-15所示。电动机驱动减速器再带动托辊使内装有铸件的清理滚筒转动，从而使铸件与铸件之间、铸件与星铁产生摩擦而进行清理。

图7-15　一种间歇式清理滚筒的外形

清理滚筒的筒体截面一般为圆形，也有方形、六角形与八角形的。筒体由厚钢板制成，内衬为铸钢板或球墨铸铁板，中间垫橡胶板以降低噪声。两端盖也是双层结构。支承颈是空心结构，以利于通风除尘。滚筒壳体上开有长方形门孔，其长度与筒长相同，以便装卸铸件。清理时用三链闩将门盖锁紧。为使滚筒运转平稳，在另一侧配置有平衡块。手动杠杆制动器或电磁抱闸制动器可使筒体停止在指定位置，以便装卸。

滚筒浸水清理操作与干式滚筒清理基本相同，只是清理时间稍长（40～50min）。水中应添加防锈剂、快干剂。防锈剂为亚硝酸钠（$NaNO_2$），加入量为0.6%；快干剂为纯碱（Na_2CO_3），加入量为0.4%。水池每周应换水一次，并清除沉淀与杂物。

（2）连续式清理滚筒

连续式清理滚筒的工作原理如图7-16所示。滚筒轴线与水平面成一小倾角α；滚筒内壁有纵向肋条，以利于铸件翻滚撞击。铸件沿溜槽浸入滚筒，边前进，边与星铁、滚筒内壁撞击，清理后由出口落下；砂子经滚筒孔眼进入集砂斗；星铁在出口端附近落入外层，由螺旋叶片送至进口端回用。滚筒倾角α通常可以调节，以调整铸件在滚筒中的停留时间。

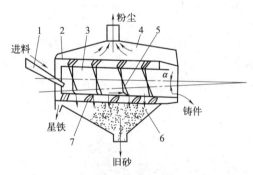

图7-16　连续式清理滚筒的工作原理

1—溜槽；2—滚筒内圈；3—吸尘风罩；4—除尘罩；
5—螺旋状导向肋板；6—集砂斗；7—螺旋叶片

水平安装的连续式清理滚筒，内层应有螺旋状肋条，以便于铸件随滚筒的翻转而向前推进。

连续式清理滚筒适用于清理流水线，针对中小型铸件进行表面清理。此外还可用于垂直分型无箱射压造型线上，做浇注后铸型的落砂与铸件的清砂。此时不用星铁，滚筒为单层（有漏砂孔），亦可为双层（外层无孔，内层有漏砂孔，末端排砂）。图7-17为连续式清理滚筒的结构。

连续式清理滚筒的优点是：生产率高，可组成清理流水线；清理中有破碎旧砂团块的作用；可空载启动，无需大启动转矩的电动机。

连续式清理滚筒的缺点是：铸件在滚筒内的停留时间短，因此对形状复杂的铸件及其内腔而言，清理效果较差。只能清理形状简单、表面黏砂较松散的铸件。

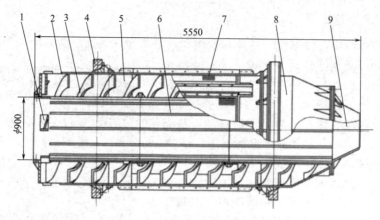

图 7-17　连续式清理滚筒的结构

1—星铁循环进口；2—滚筒前段；3—螺旋叶片；4—轮圈；
5—滚筒中段；6—筋条；7—筛网；8—滚筒后段；9—出料口

　　滚筒清理在中小型铸造车间应用较广。其设备结构简单，操作维护方便，使用可靠，适应性强。但滚筒清理效率低，手工装卸劳动强度大，噪声高，由于碰撞可能使铸件轮廓损坏。滚筒清理主要用于单件小批量生产，特别适用于形状简单，能够承受碰撞的中小型铸件；有时也用于熔炼前（特别是感应电路）的炉料准备，如浇冒口返回料的清砂除锈。

7.2.3　喷丸清理设备

　　喷丸清理是指弹丸在压缩空气的作用下，变成高速丸流，撞击铸件表面而清理铸件。喷丸清理设备按工艺要求可分为表面喷丸清理设备与喷丸清砂设备；按设备结构形式可分为喷丸清理滚筒、喷丸清理转台、喷丸清理室等。

　　喷丸清理设备的核心是喷丸器。常用的喷丸器有单室式和双室式两种。单室式喷丸器如图 7-18 所示。弹丸经漏斗 1 和锥形阀 2，进入圆筒容器 3 内。工作时压缩空气经三通阀 9 进入容器，锥形阀关闭，于是容器内气压增大，弹丸受压而进入混合室 6，与来自管道 7 的压缩空气相混合，最后从喷嘴 4 中高速喷出。

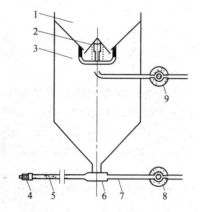

图 7-18　喷丸器的工作原理

1—加料漏斗；2—锥形阀门；3—圆筒容器；4—喷嘴；
5—胶管；6—混合室；7—管道；8—阀；9—三通阀

图 7-19　一种单室式喷丸器外形

单室式喷丸器补加弹丸时，必须停止工作，即关断三通阀 9（容器停止进气，并同时排气）。同时还要关闭阀 8，使混合室也停止进气。于是弹丸压开锥形阀 2，进入容器内。所以，单室式喷丸器只能间断工作，使用不太方便。一种单室式喷丸器如图 7-19 所示。

双室式喷丸器的工作原理与单室式相同。广泛采用的 Q2014B 型喷丸器（双室）如图 7-20 所示。它主要由弹丸室、控制阀、混合室、喷头、管道等组成。其工作过程为：

① 使转轴 2 和各阀处于关闭位置；

② 安装丸量从上罩将喷丸加入喷丸器中；

③ 打开闭锁蝶阀 16 和直通开关 13、14；

④ 使三通阀 11 处于图 7-20（a）所示的喷射位置；

⑤ 逐渐转动转轴，使喷丸循序落下，待喷射量适当时，停止转动；

⑥ 当下室喷丸喷射完时，首先重新将喷丸从上罩加入喷丸器内，然后使三通阀 11 处于图 7-20（b）的喷射位置，使喷丸从上罩落入上室再落入下室，保持连续工作；

⑦ 清理完毕时，先转动转轴 2 关闭喷头，再关闭闭锁蝶阀 16，然后将三通阀转至图 7-20（b）所示的停止喷射位置，使室内的空气迅速排入大气。

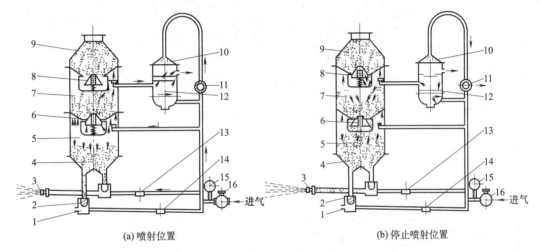

(a) 喷射位置　　　　　　　　　　　　　　　(b) 停止喷射位置

图 7-20　Q2014B 型喷丸器

1—混合室；2—转轴；3—喷头；4—底座；5—下室；6—下室阀；7—上室；8—上室阀；9—上罩；
10—转换开关；11—三通阀；12—转换开关活塞；13,14—直通开关；15—压力表；16—闭锁蝶阀

7.2.4　喷砂清理设备

喷砂清理的原理与喷丸清理相似，即用各种质地坚硬的砂粒代替金属丸清理铸件。喷砂清理可分为干法喷砂和湿法喷砂。干法喷砂的砂流载体是压力为 0.3～0.6MPa 的压缩空气气流，湿法喷砂的砂流载体是压力为 0.3～0.6MPa 的水流。

喷砂清理多用于非铁合金铸件的表面清理，对于铸铁件主要用于清除其表面的污物和轻度黏砂。由于砂粒在清理过程中破碎较快，粉尘较大，因此一般采用湿法喷砂。

喷砂清理设备简单、投资少、操作方便、效率高、清理效果较好，尤其适合中小铸造车间的铸件表面清理，可快速和较彻底地清除掉退火后铸件表面黏附的烟黑、灰等污染物。

常用的干法喷砂设备见图 7-21。它主要由喷砂嘴、喷砂室、喷砂罐、贮气罐、接抽风除尘系统等组成。散砂在压力为 0.3～0.6MPa 的压缩空气作用下，射向喷砂室内的铸件表面而获得清理。

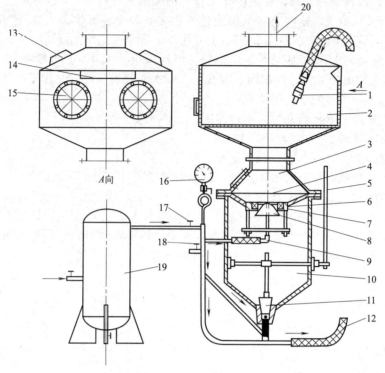

图 7-21　干法喷砂机

1—喷砂嘴；2—喷砂室；3—喷砂罐；4—漏砂隔板；5—控制阀杆；6—密封盖；7—密封胶圈；8—锥形塞；
9—锥形塞座；10—下室；11—控制锥阀；12—夹布胶管；13—照明灯；14—窥视口；15—橡胶软帘；
16—压力表；17—阀门；18—放气阀；19—贮气罐；20—接抽风除尘系统

7.2.5　抛丸清理设备

（1）抛丸清理的工作原理及设备分类

① 工作原理。抛丸清理是指弹丸进入叶轮，在离心力作用下成为高速丸流（图 7-22），撞击铸件表面，使铸件表面的附着物破裂脱落（图 7-23）。除清理作用外，抛丸还有使铸件表面强化的功能。

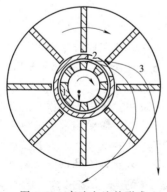

图 7-22　高速丸流的形成

1—分丸轮；2—定向套；3—弹丸抛射

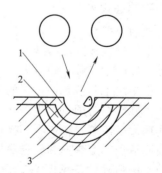

图 7-23　抛丸清理示意

1—氧化皮锈斑体；2—塑性变形区；3—弹性变形区

撞击会使零件表面产生压痕，其内层为塑性变形区，更深处则为弹性变形区。在弹性力的作用下，塑性变形区受到压缩应力，弹丸被反弹回去。附着层、塑性变形层与弹性变形层的厚薄决定了所需的弹丸数量与速度。

一般抛丸清理只要求破坏氧化皮与锈斑体，并不要求塑性变形区的厚度值；而抛丸强化则要求尽可能厚的塑性变形区。因此，不同的抛丸目的需采用不同的工艺参数（如弹丸数量、速度等）。

若铸件表面残留物为大量的型砂与芯砂，则抛丸清理中可破坏砂子的黏土膜，从而使其再生，经通风除尘后回用，此即抛丸落砂。

② 抛丸清理设备的分类。抛丸清理设备，按照设备结构形式可分为抛丸清理滚筒、抛丸清理振动槽、履带式抛丸清理机、抛丸清理转台、抛丸清理转盘、台车式抛丸清理室、吊钩式抛丸清理室、悬链式抛丸清理室、笼式抛丸清理室、辊道通过式抛丸清理室、橡胶输送带式抛丸清理室、悬挂翻转器抛丸清理室、组合式抛丸清理室、专用抛丸清理室以及其他形式的抛丸清理设备；按作业方式可分为间隙式抛丸清理设备和连续式抛丸清理设备。

此外，按工艺要求可分为表面抛丸清理、抛丸除锈、抛丸强化与抛丸落砂等。

a. 抛丸清理。广义上来说，铸件落砂，表面清理，除锈，锻件、焊接件及热处理后的工件上氧化皮的去除，型材预处理，弹簧、齿轮的强化，家用电器、餐具的增色（指抛丸增色，即利用 0.1～0.3mm 或更细的弹丸抛打，使表面粗糙度小于 Rz 6.3μm），航空零件成型、建筑预制件打毛等，均可使用抛丸加工处理。

铜、铝件也可作抛丸处理，增加光泽，提高强度。铜铝件的抛丸并不要求很深的塑性变形区与弹性变形区，因而抛丸速度低，且用轻质弹丸。

b. 抛丸强化。抛丸强化时，要求碰撞力在零件碰撞点上产生的主应力超过零件材质的屈服点，以产生塑性变形。其外围处于弹性变形状态。碰撞第一阶段结束时，弹性变形区的张应力要压缩塑性变形区，使其产生压应力。凡是承受交变载荷的零件（如齿轮、连杆、板簧等）均可以抛丸强化提高疲劳强度，延长使用年限。

c. 抛丸落砂。抛丸落砂是一种以抛丸方法清除铸件内外表面型砂的清砂工艺。这种工艺与一般清砂工艺不同，可以同时完成落砂、表面清理、砂再生、除尘除灰砂子回用四道工序。

1958 年，美国潘伯恩（Pangborn）公司在宾夕法尼亚工厂首先使用抛丸落砂滚筒，创立了新工艺。60 年代，这种工艺与设备在欧美日迅速发展。1970 年，美国几家公司提出四道工序合而为一的概念，进一步完善了抛丸落砂设备。我国自 70 年代也开始研制并推广抛丸落砂设备，并且在设计上还解决了通风除尘问题。

树脂砂、自硬砂铸型可以连砂箱带铸件一起作抛丸落砂，而其他铸型不宜以此种方法处理。这是因为其他铸型外层砂未经烧结，黏土未丧失结晶水，无需再生。所以，先开箱轻微落砂，再作抛丸落砂将节约大量电能、劳力、时间。

抛丸落砂与表面抛丸清理的区别在于：抛丸落砂采用了强力抛丸器与高效丸砂分离器，抛丸速度 70～75m/s，单台抛丸器的抛丸量不低于 200kg/min，甚至高达 500～1200kg/min，丸砂分离率达 99.5% 以上。而抛丸清理的抛丸量小，速度低（低于 60～65m/min），对分离率无严格要求。新式抛丸落砂设备亦可用于抛丸清理。

抛丸落砂的特点包括：落砂除芯、表面清理、砂子经干法再生、通风除灰除尘砂子回用四道工序合而为一，简化了工艺流程，减少了相应工序的设备，节约了场地，降低了能耗，提高了劳动生产率；可以清理 300～350℃ 的热铸件，缩短了生产周期，从而提高了生产面积利用率；降低了劳动强度，减小了灰尘，抑制了噪声，改善了工作环境；旧砂再生回用率

高达 $85\%\sim95\%$，干法再生设备简单，无需烘干与污水处理；可处理 CO_2 水玻璃砂、自硬砂、树脂砂等铸型，并使其型砂获得初步再生。

（2）抛丸清理设备及影响抛丸清理质量的因素

① 抛丸器。抛丸器是抛丸清理设备的核心部件。在不同形式的清理机中其数量和安装位置有所不同，尺寸大小及规格也有不同。

图 7-24 是抛丸器的结构。叶轮 3 上装有八块叶片 4，与中心部件的分丸器 6 一起安装在由电动机直接驱动的主轴 2 上。外罩 8 内衬有护板，罩壳上装有定向套 7 及进丸管 5。工作时，弹丸由进丸管送入，旋转的分丸器使弹丸得到初加速度，经由定向套的窗口飞出，进入外面旋转的叶片上；在叶片上进一步加速后，弹丸被抛射到铸件上。由于弹丸的抛出速度很高，被冲击的铸件表面黏砂和毛刺得到了有效清理。同时还能使铸件得到冷作硬化，可提高铸件表面的机械性能。

为了改进抛丸器的工作性能，可以采用鼓风进丸的抛丸器，如图 7-25 所示。此时，弹丸被鼓风送入，调整进丸喷嘴方位即可改变抛射方向。该类抛丸器省去了分丸器和定向套，使结构得到了简化，但增加了一套鼓风系统。图 7-26 为常见的抛丸器。

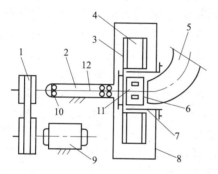

图 7-24 抛丸器的结构
1—V 带；2—轴承座；3—叶轮；4—叶片；5—进丸管；6—分丸器；
7—定向套；8—外罩；9—电动机；10—轴承；11—左螺栓；12—主轴

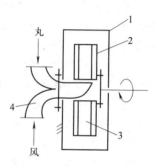

图 7-25 鼓风进丸的抛丸器
1—外壳；2—叶轮；
3—叶片；4—鼓风进丸管

(a) 外形

(b) 内部结构

图 7-26 抛丸器

② 影响抛丸清理质量的因素。影响抛丸清理质量的因素包括抛丸速度、抛丸量、叶片与分丸器扇形体之间的相对位置、弹丸的散射及分布、弹丸的材质及大小等。

a. 抛丸速度。抛丸速度与抛丸器的转速及叶轮尺寸有关，提高叶轮旋转速度和加大叶轮直径均可提高抛丸速度。但叶轮的转速不宜过高（通常不超过 2800r/min），叶轮直径也不宜过大（通常不大于500mm），否则会影响设备的寿命。

弹丸抛出后，在飞行过程中会产生阻力，能量损失较大，行程每增加1m，能量损失增加10%，且弹丸越细，速度降低越大。抛丸速度与抛射距离间的关系如图7-27所示。

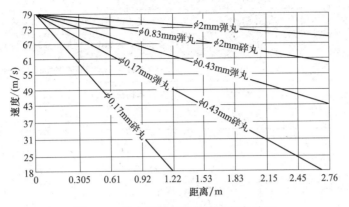

图 7-27　抛丸速度与抛射距离间的关系

抛丸速度一般按工艺要求确定。用于铸件表面清理时，可选用约70m/s的抛丸速度；对于抛丸落砂清理设备，则选择75m/s左右的抛丸速度。

b. 抛丸量。抛丸器每分钟抛出的弹丸量称为抛丸量，它是抛丸器的主要性能指标之一。抛丸量与抛丸速度越大，则清理能力越强。这两者主要取决于电动机的功率，也与抛丸器的结构及供丸能力有关。当采用大分丸器时，分丸器的内径及出口尺寸加大，抛丸量显著增加。

另外，加大定向套的出口中心角也可以增加抛丸量。但如果出口中心角增加过大，会使散射角增大，加剧护板的磨损，降低清理铸件的效率。

c. 叶片与分丸器扇形体之间的相对位置。为了使从分丸器内飞出的弹丸与叶片相遇的位置适中，不致撞击叶片根部，更不会飞到叶片的背面，增加叶片磨损和不必要的弹丸间的撞击而消耗功率，安装时，分丸器扇形体工作面相比叶片应超前一段距离 Δ。如500mm的抛丸器，应使 Δ≥6mm。

d. 弹丸的散射及分布。从定向套窗口飞出的弹丸与叶片相遇的先后和位置不同，弹丸的加速度也不相同，因此抛出的速度和方向均有差异，出现弹丸的散射现象，如图7-28所示。一般散射角 α＝55°～70°，β＝8°～15°。弹丸的散射及分布与定向套有关。定向套窗口对应的中心角 γ 越大，散射角也越大，清理的效果就会大大降低。通常，γ＝45°～60°。

e. 弹丸的材质及大小。在抛丸清理中，合理地选用弹丸材质，不仅能够得到好的清理质量和高的效率，而且弹丸和易损件的寿命均可以延长。制造弹丸所用的材料很多，如冷硬铸铁、可锻铸铁、铸钢和钢丝等。铸钢丸和钢丝丸寿命最长。

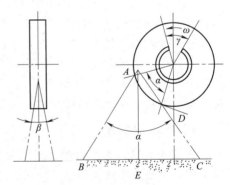

图 7-28　弹丸的散射

弹丸的尺寸也比较重要，一般钢丝丸直径与长度相等。如果直径太小，会使产生的冲击力小，清理效果差。如果直径太大，则单位时间内抛在工件表面的颗粒数量就会减少，也会降低清理效率；而且大弹丸产生的弹痕大，会使工件表面粗糙。推荐的弹丸直径与使用场合见表 7-3。

表 7-3　推荐的弹丸直径与使用场合

弹丸号数	弹丸直径/mm	使用范围
20,25,30	2.0～3.0	大型铸件的清砂及表面清理
15,20,25	1.5～2.5	大型铸铁件和中型铸钢件的清砂和表面清理
8,10,12,15	0.8～1.5	中小铸件及小型铸钢件的清砂和表面清理
5,8,10	0.5～1.0	小件表面清理
3,5	0.3～0.5	有色金属清理

7.3　铸造车间的环保设备

　　铸造生产工艺过程较复杂，材料和动力消耗较大，设备品种繁多，高温、高尘、高噪声直接影响工人的身体健康，废砂、废水的直接排放会给环境造成严重的污染。因此，对铸造车间的灰尘、噪声等进行控制，对产生的废砂、废气、废水进行处理或回用是现代铸造生产的主要任务之一。

7.3.1　除尘设备

　　铸造车间的除尘设备系统的作用是捕集气流中的尘粒、净化空气。它主要由局部吸风罩、风管、除尘器、风机等组成，其中，除尘器是系统中主要设备。除尘器的结构形式很多，大致可分为干式和湿式两大类。由于湿式除尘会产生大量的泥浆和污水，需要二次处理，因此相比之下，干式除尘的应用更为广泛。常见的干式除尘器有旋风除尘器和袋式除尘器两种。

　　（1）旋风除尘器

　　旋风除尘器的基本结构如图 7-29 所示。其除尘原理与旋风分离器相同。含尘气体沿切向进入除尘器，尘粒受离心惯性力的作用与器壁产生剧烈摩擦而沉降，在重力的作用下沉至底部。

　　旋风除尘器的主要优点是结构简单、造价低廉和维护方便，故在铸造车间应用广泛。其缺点是对 $10\mu m$ 以下的细尘粒除尘效率低。它一般用于除去较粗的粉尘，也常作为初级除尘设备使用。

　　（2）袋式除尘器

　　袋式除尘器的工作原理如图 7-30 所示。它是用过滤袋把气流中的尘粒阻留下来从而使空气净化的。袋式除尘器处理风量的范围很宽，含尘浓度适应性也很强，特别是对分散度大的细颗粒粉尘，除尘效果显著，一般一级除尘即可满足要求。可是工作时间长了，其滤袋的孔隙会被粉尘堵塞，除尘效率大大降低。所以滤袋必须随时清理。通常以压缩空气脉冲反吹的方法进行清理。

　　另一种回转反吹扁布袋除尘器如图 7-31 所示。它采用了转臂

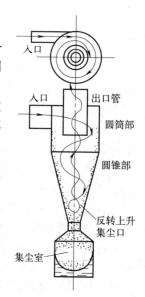

入口

入口　　出口管

圆筒部

圆锥部

反转上升
集尘口

集尘室

图 7-29　旋风除尘器原理

减速机构 15，实施回转反吹来实现过滤袋的及时清理。

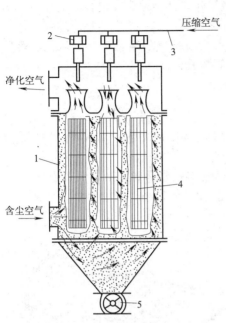

图 7-30　脉冲反吹袋式除尘器
1—除尘器壳体；2—气阀；3—压缩空气管道；
4—过滤袋；5—锁气器

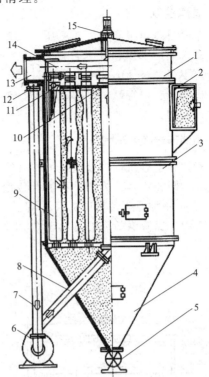

图 7-31　回转反吹扁布袋除尘器
1—清洁室；2—蜗形进气口；3—过滤袋；4—灰斗；
5—排灰阀；6—反吹风机；7—循环风管；8—反吹风管；
9—滤袋；10—隔板；11—滤袋导口；12—喷口；
13—出气口；14—转臂；15—转臂减速机构

　　袋式除尘器是目前效率最高、使用最广的干式除尘器；其缺点是阻力损失较大，对气流的湿度有一定的要求，气流温度受滤袋材料耐高温性能的限制。
　　两种典型的除尘器系统外形如图 7-32 所示。

(a) 旋风除尘器

(b) 袋式除尘器

图 7-32　典型的除尘系统

7.3.2 噪声控制

铸造车间是噪声很高的工作场所，大多数铸造机械工作时都会产生一定程度的噪声。噪声污染是对人们的工作和身体影响很大的一种公害，许多国家规定，工人 8 小时连续工作下的环境噪声不得超过 80～90dB。对于一些产生噪声较大的设备（如熔化工部的风机、落砂机、射砂机的排气口等），都应采取措施控制其对环境的影响。

噪声控制的方法主要有两种：消声器降噪、隔离降噪。

（1）用消声器降低排气噪声

即在气缸、射砂机构、鼓风机的排气管道上装消声器，使噪声降低。消声器是既能允许气流通过又能阻止声音传播的一种消声装置。

图 7-33 是一种适应性较广的多孔陶瓷消声器。它通常接在噪声排出口，使气体通过陶瓷的小孔排出。其降噪效果好（大于 30dB），不易堵塞，而且体积小，结构简单。一种消声器外形如图 7-34 所示。

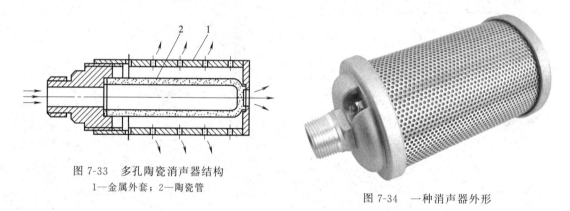

图 7-33　多孔陶瓷消声器结构
1—金属外套；2—陶瓷管

图 7-34　一种消声器外形

（2）隔离降噪

声音的传播有两种方式，一种是通过空气直接传播，另一种是通过结构传播，即由于本身的振动以及对空气的扰动而传播。为了降低或减缓声音的传播，常用隔声的方法。

在铸造车间有一些噪声源，混杂着空气声和结构声，单纯的消声器无能为力，因此常采用隔声罩、隔声室等方法隔离噪声源。它们应用于空压机、鼓风机、落砂机等的降噪处理方面，均取得了满意的效果。

因振动设备的振动而产生的噪声，一般从减振和隔振方面入手，寻求降噪途径。其效果与振源的性质、振动物体的结构、材料性质和尺寸以及边界条件等有密切而复杂的关系。隔振降噪研究是现代振动研究的一个重要研究领域。

7.3.3 废气净化装置

相对于灰尘（或微粒）和噪声对环境的污染，铸造车间排放的各类废气对周围环境的污染影响范围更广。随着环境保护措施的日趋严格，工业废气直接排放被严格禁止，废气排放前都必须经过净化处理。常见的废气净化方法如表 7-4 所示。下面结合冲天炉废气和消失模铸造废气的处理介绍工业废气的液体吸收处理法和催化燃烧处理法。

表 7-4 常见废气的净化方法

净化方法		基本原理	主要设备	特点	应用举例
液体吸收法		将废气通过吸收液,由物理吸附或化学吸附作用来净化废气	填料塔或喷淋塔	能够处理的气体量大,缺点是填料塔容易堵塞	用水吸收冲天炉废气中的 SO_2、HF 等废气
固体吸收法		废气与多孔性的固体吸附剂接触时,能被固体表面吸引并凝聚在表面而净化	固定床	主要用于浓度低、毒性大的有害气体	活性炭吸附治理氯乙烯废气
冷凝法		在低温下使有机物凝聚	冷凝器	用于高浓度易凝有害气体,净化效率低,多与其他方法联用	如用冷凝-吸附法来回收氯甲烷
燃烧法	直接燃烧法	高浓度的易燃有机废气直接燃烧	焚烧炉	要求废气具有较高的浓度和热值,净化效率低	火炬气的直接燃烧
	热力燃烧法	加热使有机废气燃烧	焚烧炉	消耗大量的燃料和能源,燃烧温度很高	应用较少
	催化燃烧法	使可燃性气体在催化剂表面吸附、活化后燃烧	催化焚烧炉	起燃温度低,耗能少,缺点是催化剂容易使人中毒	烘漆尾气催化燃烧处理

（1）冲天炉喷淋式烟气净化装置

冲天炉是熔化铸铁的主要设备,也是铸造车间的主要空气污染源之一。冲天炉烟气中含有大量粉尘和有害气体（SO_2、HF、CO 等）,必须进行净化处理。

常用的冲天炉喷淋式烟气净化装置如图 7-35 所示。

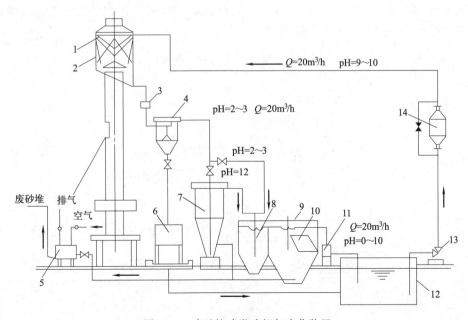

图 7-35 冲天炉喷淋式烟气净化装置

1—喷嘴；2—喷淋式除尘器；3—木屑斗；4—初沉淀池；5—气压排泥罐；6—渣脱水箱；7—投药池；
8—反应池；9—斜管沉淀池；10—斜管；11—三角屋；12—清水池；13—水泵；14—磁化器

冲天炉烟气在喷淋式除尘装置 2 中经喷嘴 1 喷雾净化后排入大气。水经净化处理后循环使用。污水首先经木屑斗 3 滤去粗渣，在沉淀池 4 中进行初步沉淀，然后进入投药池 7 和反应池 8。投药池内投放有电石渣 $Ca(OH)_2$，以中和污水内的二氧化硫和氢氟酸（由于吸收炉气产生）。其反应如下：

$$H_2SO_3 + Ca(OH)_2 \longrightarrow CaSO_3 \downarrow + 2H_2O$$

$$2HF + Ca(OH)_2 \longrightarrow CaF_2 \downarrow + 2H_2O$$

反应产物经斜管沉淀池 9 沉淀下来，呈弱碱性的清水先流入清水池 12，再由水泵 13 送到喷嘴。磁化器 14 可使流过的水磁化，以强化水的净化作用。沉淀下来的泥浆由气压排泥罐 5 排到废砂堆。

这种装置的烟气净化部分结构简单、维护方便、动力消耗少。如果喷嘴雾化效果好，除尘效率可达 97%；SO_2、HF 气体也被部分吸收。其缺点是耗水量较大，水的净化系统较复杂和庞大。

图 7-36 为烟气净化装置实物。

图 7-36　烟气净化装置实物

（2）消失模铸造（EPC）废气净化装置

消失模铸造（EPC）产生的废气除 H_2、CO、CH_4、CO_2 等小分子气体外，主要是苯、甲苯、苯乙烯等有机废气。这些有机废气直接排放对环境影响较大，大量生产时，必须进行净化处理。净化处理有机废气的方法很多（表 7-4），试验研究表明，催化燃烧法处理消失模铸造废气比较合适。

催化燃烧净化废气的原理是，使废气以一定的流量通过装有催化剂的具有一定温度的催化焚烧炉，然后废气在催化剂表面吸附、活化后燃烧成 CO_2、H_2O 等无害气体排放。由华中科技大学研制开发的 EPC 废气净化装置的原理如图 7-37 所示。它采用了催化燃烧处理方案，具有净化率高、操作控制简便等优点。

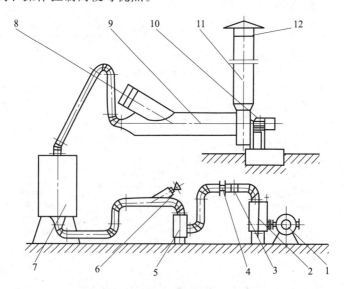

图 7-37　EPC 废气净化装置的原理

1—水环真空泵；2—气水分离器；3—应急阀①；4—废气截止阀②；5—贮气罐；6—新鲜空气阀③；
7—催化燃烧炉；8—冷却空气阀④；9—进风管；10—风机；11—出风管；12—风帽

7.3.4 污水处理设备

在湿法清砂、湿式除尘、旧砂湿法再生等工艺过程中，会产生大量的污水，这些污水如直接排放，会对周围环境和生物造成严重的影响，必须对其进行处理以实现无害排放。对于我国北方这样的缺水地区，还须考虑生产用水的循环使用。

铸造污水的特点是：浊度高，且不同的污水其酸碱度差别大（如水玻璃旧砂湿法再生污水的 pH 值可大于 11～12，而冲天炉喷淋式烟气净化污水的 pH＝2～3）。污水处理的一般方法是，根据水质性质的不同，先加入化学药剂（或采用酸碱中和的方法）污水的 pH 值调至 7 左右，然后加入混凝药剂等，将污水中的悬浮物凝絮、沉淀、过滤，最后所得清水被回用，污泥被浓缩成浓泥浆或泥饼。

图 7-38 是我国自行研制开发的水玻璃旧砂湿法再生的污水处理及回用设备的工艺流程。湿法再生产生的污水经加酸中和（pH 值由 12～13 降至～7）后排入污水池 1 内，然后由污水泵抽入处理器 5 中（在抽水过程中加凝絮剂和净化剂）；在处理器中经沉淀、过滤等工序后，清水从出水管 6 排入清水池中回用，污浆定期从排泥口 11 中排出。为了避免处理器中的过滤层被悬浮物阻塞，应定期用清水进行反冲清洗。

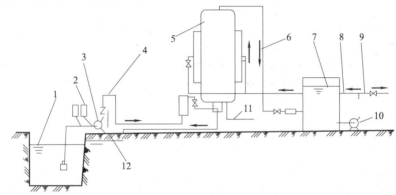

图 7-38　水玻璃旧砂湿法再生的污水处理及回用设备的工艺流程
1—污水池；2—加药系统；3—污水泵；4—进水管；5—处理器；6—出水管；7—清水池；
8—反冲进水管；9—回用水管；10—清水泵；11—排泥口；12—反冲排水

该污水处理设备将沉淀、过滤、澄清及污泥浓缩等工序集中在了一个金属罐内，工艺流程短、净化效率高、占地面积小、操作简便，能较好地满足水玻璃旧砂湿法再生的污水处理及回用要求，也可以用于其他铸造污水及工业污水的再生利用。该污水处理器的外形结构如图 7-39所示，所配套的污水池及清水池如图 7-40 所示。污水处理回用原理，可查阅相关专著学习。

图 7-39　污水处理器的外形

图 7-40　污水池及清水池

思考题

1. 简述常用落砂机的结构种类、原理及应用特点。
2. 概述铸件表面清理的常用方法、特点及应用场合。
3. 概述影响抛丸清理质量的因素。
4. 何为工业"三废"？概述它们的常见处理设备、方法及特点。
5. 常用的除尘设备有哪几种？简述它们的优缺点。
6. 简述噪声控制的原理与方法。
7. 概述材料成型工业污水的特点及常用的处理方法。

参考文献

[1] 樊自田. 材料成形装备及自动化[M]. 2版. 北京：机械工业出版社，2018.
[2] 樊自田. 水玻璃砂工艺原理及应用技术[M]. 2版. 北京：机械工业出版社，2016.
[3] 苏仕方. 铸造手册：第5卷[M]. 4版. 北京：机械工业出版社，2020.
[4] 吴剑. 铸造砂处理技术装备与技术[M]. 北京：化学工业出版社，2014.
[5] 樊自田，吴和保，董选普. 铸造质量控制应用技术[M]. 2版. 北京：机械工业出版社，2015.

第 8 章

铝（镁）合金铸造成型设备及控制

特种铸造通常是指所有的非砂型铸造，包括压力铸造、低压铸造、金属型铸造、半固态（挤压）铸造、熔模铸造、消失模铸造等。其中的压力铸造、低压铸造、金属型铸造，主要用于铝（镁）合金的铸造成型。随着技术进步与发展，特种铸造产量越来越大。本章就常见的铝（镁）合金的四种特种铸造设备（压力铸造、低压铸造、金属型铸造和半固态铸造）进行介绍。

8.1 压力铸造设备及自动化

8.1.1 压铸机分类及结构

压力铸造（简称压铸）是指在高压作用下，金属液以高速充填型腔并在压力作用下凝固获得铸件的成型方法。其在铝合金、锌合金、镁合金等铸件生产中应用广泛。压铸机是压力铸造生产的最基本设备，一般分为热室压铸机和冷室压铸机两大类。

（1）热室压铸机

图 8-1 为热室压铸机的结构，其压射室与坩埚连成一体，因压射室浸于液体金属中而得名，而压射机构则装在保温坩埚上方。当压射冲头 8 上升时，液体金属通过进口进入压射室

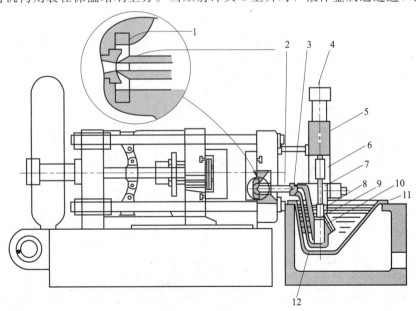

图 8-1　热室压铸机结构

1—环形压垫；2—喷嘴；3—鹅颈头；4—压射液压缸；5—支架；6—联轴器；7—压射杆；
8—压射冲头；9—冲头活塞；10—压射室；11—熔化坩埚；12—鹅颈通道

10 内；合型后，在压射冲头下压时，液体金属沿着通道 12 经喷嘴 2 充填压铸型腔；凝固后开型取件，完成一个压铸循环。

热室压铸机的优点是生产工序简单，效率高；金属消耗少，工艺稳定；压射入型腔的金属液体干净，铸件质量好；结构紧凑，易于实现自动化。但其压射室、压射冲头长期浸泡在液体金属中，影响使用寿命。热室压铸机主要用于压铸镁、锌等低熔点合金的小型铸件。一种热室压铸机外形如图 8-2 所示。

图 8-2　一种热室压铸机外形

（2）冷室压铸机

冷室压铸机的压射室与保温坩埚是分开的，其压铸时从保温坩埚中舀取液体金属倒入压射室后进行压射。按照压射室和压射机构所处的位置，其又可分为立式压铸机和卧式压铸机两类。

① 立式压铸机。立式压铸机的压射室和压射机构是处于垂直位置的，其工作过程如图 8-3 所示。合型后，舀取液体金属浇入压射室 2，因喷嘴 6 被反料冲头 8 封闭，液体金属 3 停留在压射室中 [图 8-3（a）]。当压射冲头 1 下压时，液体金属受冲头压力的作用，迫使反料冲头下降，打开喷嘴，液体金属被压入型腔中去；待其冷凝成型后，压射冲头回升退回压射室，反料冲头因下部液压缸的作用而上升，切断直浇道与余料 9 的连接处并将余料顶出 [图 8-3（b）]。取出余料后，使反料冲头复位，然后开型取出铸件 [图 8-3（c）]。

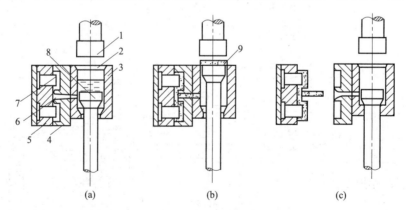

(a)　　　　　　　(b)　　　　　　　(c)

图 8-3　立式压铸过程

1—压射冲头；2—压射室；3—金属液；4—定模；5—动模；6—喷嘴；7—型腔；8—反料冲头；9—余料

② 卧式压铸机。卧式压铸机的压射室和压铸机构是处于水平位置的，其工作过程如图 8-4 所示。合型后，舀取液体金属浇入压射室 2 中 [图 8-4（a）]。随后压射冲头 1 向前推

进，液体金属经浇道 7 被压入型腔 6 内 [图 8-4（b）]。待铸件冷凝后开型，借助压射冲头向前的推移动作，将余料 8 连同铸件一起推出并随动模移动，再由推杆顶出 [图 8-4（c）]。

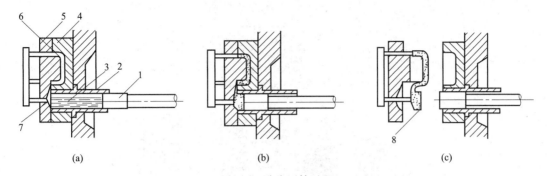

(a)　　　　　　　　　　　(b)　　　　　　　　　　　(c)

图 8-4　卧式压铸过程

1—压射冲头；2—压射室；3—金属液；4—定模；5—动模；6—型腔；7—浇道；8—余料

卧式压铸机由于具有压射室结构简单，维修方便，金属液充型流程短，压力易于传递等优点而获得了广泛应用。图 8-5 为其外形结构。

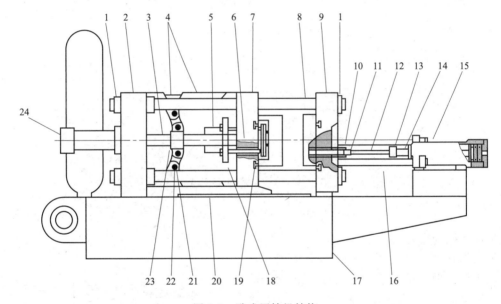

图 8-5　卧式压铸机结构

1—固定螺母；2—连接底板；3—导杆；4—连杆；5—顶出液压缸；6—顶杆；7—动模板；8—哥林柱；9—定模板；
10—压射室；11—压射冲头；12—压射杆；13—联轴器；14—活塞杆；15—压射液压缸；16—压射连杆；17—机座；
18—顶板；19—T 形槽；20—滑动板；21—连接销；22—销套；23—锁模机头；24—合模液压缸

图 8-6 是一种立式压铸机，图 8-7 是一种卧式压铸机。

（3）压铸机的主要机构

压铸机主要由开合模机构、压射机构、顶出机构以及液压动力系统和控制系统等组成。下面主要介绍其机械部分。

① 开合模机构。开合模机构是压射金属液时将安装在模底板上的压铸模合型锁紧，金属液冷却凝固后打开模具取出铸件的装置部分。由于金属液充填型腔时的压力作用，合拢后的压铸模仍有被胀开的可能，故合模机构必须有锁紧模型的作用。锁紧压铸模的力称为锁模

图 8-6　一种立式压铸机

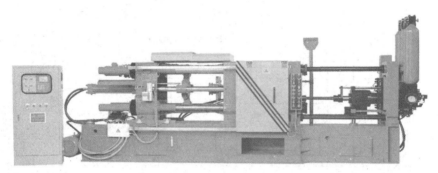

图 8-7　一种卧式压铸机

力，是压铸机的重要参数之一。

虽然仍有极少量的立式压铸机采用液压式合模机构，但目前几乎所有的压铸机均采用曲肘式合模机构，如图 8-8 所示。

曲肘式合模机构由三块座板组成，并且用四根导柱串联了起来，中间是动模座板，由合模缸的活塞杆通过曲肘机构来带动。其动作过程如下：当液压油进入合模缸 1 时，推动合模活塞 2 带动连杆 3 使三角形铰链 4 绕支点 a 摆动，通过力臂 6 将力传给动模板，产生合模动作。当动模板与定模板完全闭合时，a、b、c 三点恰好成一直线，亦称为"死点"。此时压射力完全由曲肘机构中的杆

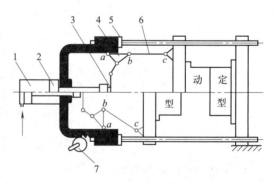

图 8-8　曲肘式合模机构
1—合模液压缸；2—活塞；3—连杆；4—三角形铰链；5—螺母；6—力臂；7—齿轮齿条

系承受，因而可以承受很大的压射力，即利用此"死点"实现锁模。

曲肘式合模机构的特点是：a. 合模力大。曲肘连杆系统可将合模力放大 16～26 倍，因

此液压合模缸直径大大减小，液压油的工作压力、耗油量亦可降低。b. 运动特性好，合型速度快。在合型过程中曲肘离"死点"越近，动模板移动速度越慢，于是两半型缓慢闭合。同样在刚开型时，动模板运动速度亦慢，有利于铸件顶出和抽芯。c. 合型机构刚性大。d. 控制系统简单。

为适应不同厚度的压铸模，动模板与定模板之间的距离必须能够调整（开挡调节）。如图 8-8 所示，齿轮齿条 7 使动模板沿导杆做水平移动，调整到预定位置后用螺母 5 固定。但是在连续的铸造生产中，模具温度的升高会使模具尺寸变大，此时螺母 5 应稍微调整。为适应模具尺寸随温度的变化，自动化的压铸机大多安装了开挡自动调节装置。表 8-1 列出了常用开挡调节装置的工作原理及特点。

表 8-1　开挡调节装置的工作原理及特点

序号	类型	原理图	工作原理及特点
1	齿轮式	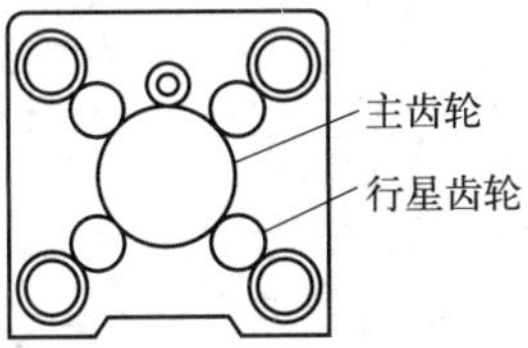 主齿轮 行星齿轮	原理：通过齿轮传动驱动模板移动 特点：①模具安装面的平行度容易调整；②驱动效率高；③需要刹车装置
2	链式	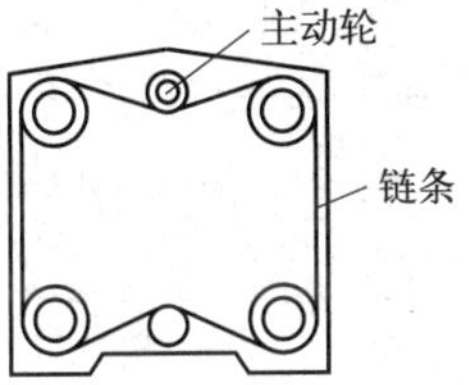 主动轮 链条	原理：通过链传动驱动模板移动 特点：①模具安装面的平行度容易调整；②驱动效率不高；③需要刹车装置
3	蜗轮蜗杆式	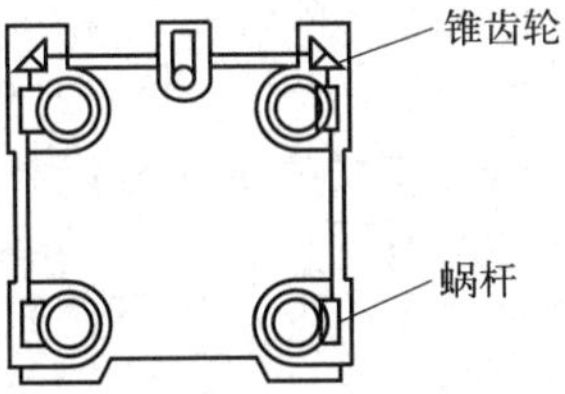 锥齿轮 蜗杆	原理：通过锥齿轮带动蜗杆，由蜗轮驱动模板移动 特点：①模具安装面的平行度不易调整；②驱动效率低；③无需刹车装置

② 压射机构。压射机构是实现压铸工艺的关键部分。它的结构性能决定了压铸过程中的压射速度、增压时间等主要参数，对铸件的表面质量、轮廓尺寸、机械性能和致密性都有直接影响。

压射机构一般由压射室、压射冲头、增压器、压射液压缸、蓄压器等组成，其中增压器和压射液压缸决定了压射机构的性能。表 8-2 概括了压铸机常用压射液压缸的种类及原理。

表 8-2　压铸机常用压射液压缸的种类及原理

普通型	蓄能器增压式	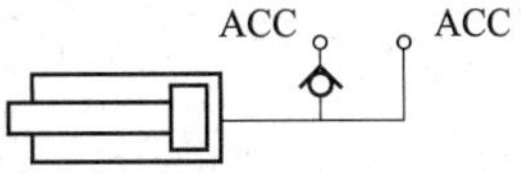 ACC　ACC
	差动增压式	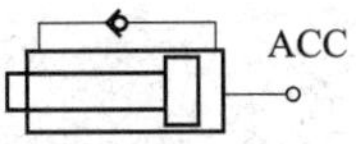 ACC
	差动缓冲式	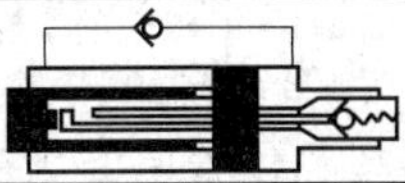

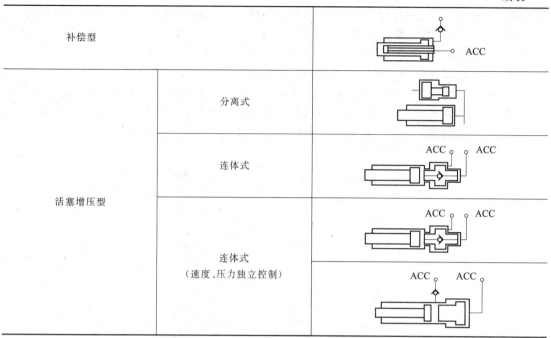

补偿型		
活塞增压型	分离式	
	连体式	
	连体式 (速度、压力独立控制)	

近年来，高性能压射机构的开发取得了很大进展，如日本宇部公司研发了 DDV（direct digital valve）方式的调速压射装置，东芝公司开发了电动调速压射装置等。

图 8-9 为直接数字阀控制的压射机构工作原理。它是对压射杆施加电磁信号，根据此信号首先读取压射杆的位置，计算压射杆的运动速度；然后在预先设定好的压射杆位置，分阶段调节数字阀的开合度以控制压射速度。它能够在 0.03～0.1s 的极短时间内实现加速、减速，使内浇口处压射速度按曲线变化。图 8-10 为开发的数字阀结构。

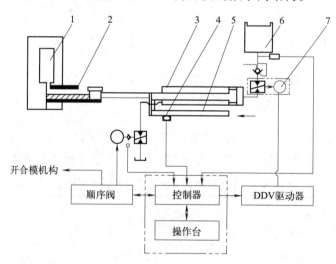

图 8-9　DDV 控制压射原理

1—型腔；2—压射室；3—压射液压缸；4—感应器；5—导杆；6—蓄能器；7—直接数字阀

图 8-11 为某公司开发的压射流量调节阀的结构。它采用了特殊结构形式的节流阀，节流口大小及阀芯位置由 3 个交流电动机控制。

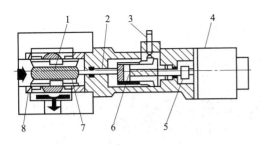

图 8-10　DDV 阀结构

1—阀芯；2—连杆；3—零位传感器；4—脉冲电动机；
5—联轴器；6—法兰；7—阀座；8—油腔

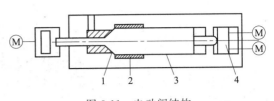

图 8-11　电动阀结构

1—节流口；2—油腔；3—阀芯；4—驱动板

③ 顶出机构。顶出装置用于顶出压铸件，有液压式和机械式两种，如图 8-12 所示。

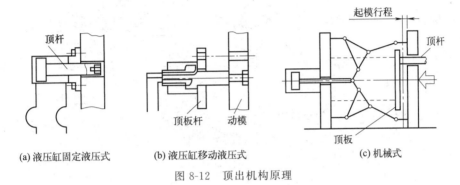

(a) 液压缸固定液压式　　(b) 液压缸移动液压式　　(c) 机械式

图 8-12　顶出机构原理

8.1.2　压铸机的液压及电气控制

压铸机实际上是一台液压机，液压传动是其主要传动方式。液压系统对压铸机的压射速度、生产率及可靠性具有决定性的作用。

(1) 液压系统原理

图 8-13 为 DCC250 型卧式冷室压铸机的液压控制系统原理。该系统采用了双联叶片泵，设计最高工作压力 10MPa，最低工作压力 2MPa；系统与各执行油缸的工作压力由电液比例阀控制，根据 PLC 的设定进行调节。其工作原理如下：

① 系统供油。由电动机驱动双联泵向系统供油，其中 1 为大流量低压液压泵，2 为小流量高压液压泵。泵 1 的工作压力由溢流阀 8 和二位二通电磁阀 9 调节。泵 2 的工作压力由溢流阀 3 和二位二通电磁阀 6 调节。在液压系统中设计有遥控调压阀 4，由电磁阀 5 控制，可控制低压合型压力不超过 3MPa。

为保证供油过程中的压力稳定，设计有稳压液压系统。当电源接通，液压泵启动时，4DT 断电，电磁阀 19 在图 8-13 所示的位置，液压泵无荷启动。当 4DT 通电后，电磁阀 19 换向，液压泵负载运转向系统和蓄能器供油；管路压力上升到 10MPa 时，压射蓄能器油液充满，液压泵卸荷，顺序阀 20 导通。这时压射蓄能器向常压管路补充高压油，补偿常压管路的泄漏以保持压力稳定。待机器工作时，管路压力降低，顺序阀 20 复位，压射蓄能器停止补压，液压泵开始工作。

② 开合模。当三位四通电磁换向阀 12 的 5DT 通电时，压力油进入合模液压缸 13 的活塞腔，活塞杆推动曲肘机构进行合模。当 14DT 通电时，合模液压缸的活塞返回进行开模。

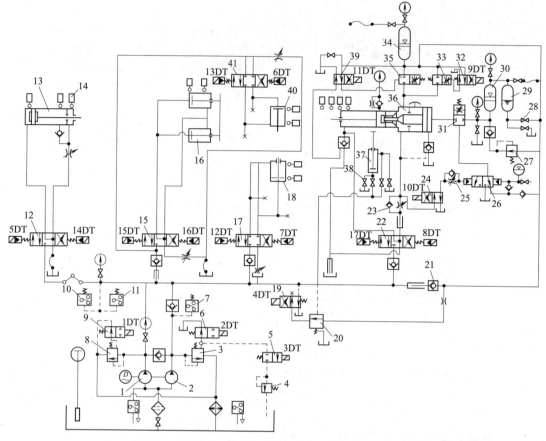

图 8-13　DCC250 型卧式冷室压铸机液压控制系统原理

1—低压液压泵；2—高压液压泵；3,8—溢流阀；4—调压阀；5,6,9—二位二通电磁阀；7,10,11—压力继电器；
12,15,17,22,41—三位四通电磁阀；13—合模液压缸；14—行程开关；16—顶出缸；18,40—抽芯液压缸；
19,24,32,39—二位四通电磁阀；20—顺序阀；21—单向阀；23,25—单向节流阀；26—二位三通电磁阀；
27—减压阀；28,38—截止阀；29—增压氮气瓶；30—增压蓄能器；31,33,35—锥形方向阀；
34—压射蓄能器；36—压射液压缸；37—升降液压缸

③ 顶出复位。三位四通电磁换向阀 15 的 15DT 通电，压力油进入顶出缸左侧，推动顶杆板顶出铸件。断电则顶出缸的活塞返回复位。

④ 抽芯。设有一组抽芯控制阀 17、41 及抽芯液压缸 18 和 40，其动作过程同上述③的叙述，可实现插芯和抽芯动作。

⑤ 压射。系统设有四级压射。a. 慢压射。电磁铁 8DT 得电，电磁阀 22 的阀芯左移，压力油先经单向节流阀 23 进入浮动活塞左侧，再由连接内孔进入压射缸，推动压射活塞实现慢压射（速度由单向节流阀 23 控制）。而活塞杆腔的油流回油箱。同时，压力油推动浮动活塞右移。b. 一级快压射。当压射冲头越过浇注孔时，电磁阀 39 的电磁铁得电，油液驱动锥形方向阀 35 打开，压射蓄能器 34 的压力油进入压射液压缸，实现一级快压射。c. 二级快压射。充型开始后，电磁阀 32 的电磁铁得电，锥形方向阀 33 打开，压射蓄能器的压力油大量进入压射液压缸，实现二级快压射。d. 增压。二级快压射结束瞬间，电磁铁 10DT 通电，电磁阀 24 换向，压力油经单向节流阀 25 使电磁阀 26 换向，锥形方向阀 31 打开，增压蓄能器中的高压油大量流入压射液压缸的增压腔，实现增压。

⑥ 压射回程。电磁铁 10DT 断电，锥形方向阀 31 断开；电磁阀 32、39 的电磁铁断电，

锥形方向阀 33、35 断开；电磁铁 8DT 断电，17DT 通电，电磁阀 22 换向，压力油进入压射液压缸前腔，压射液压缸后腔的压力油经电磁阀 22 流回油箱，压射冲头返回。

⑦ 压射参数的调整。由于采用了压射蓄能器和增压蓄能器，因此压射参数可以单独调整互不干扰。快压射的速度调整可通过调节锥形方向阀 33、35 的手轮，改变阀的开启量实现。压射增压力由增压蓄能器内的压力控制。调节减压阀 27 可以改变增压蓄能器内的压力。当减压阀调整好后，还需调整氮气瓶内的气体容积，即通过调整截止阀 28 及另一截止阀来进行。升压时间的调整主要通过调节锥形方向阀 31 的手轮，改变压射速度来实现。当速度高时，升压时间就短，反之就长。升压延时由单向节流阀 25 调节。

循环工序中电磁铁的工作状态如表 8-3 所示。

表 8-3　循环工序中电磁铁的工作状态

工序	动芯入 6DT	合型 5DT	动芯入 6DT	定芯入 7DT	压射 8DT	快压射 11DT、9DT	增压 10DT	冷却延时	定芯出 12DT	动芯出 13DT	开型 14DT	动芯出 13DT	顶出 15DT	顶回延时	顶回压回 16DT、17DT
0		+			+	+	+	+			+		+	+	+
1		+	+			+	+	+		+	+		+	+	+
2		+		+		+	+		+						+
3		+		+			+								
4	+	+		+			+								
5	+	+				+	+				+	+	+		

注："+"表示电磁铁通电。

（2）电气控制

目前压铸机的电气控制均采用可编程控制器（简称 PLC），使得庞大而复杂的控制系统得到了简化，且稳定可靠，故障率低。具体控制系统图可参考压铸机生产厂的手册。

8.1.3　压铸生产自动化

目前压铸生产的自动化程度相对较高，尤其是在现代化的压铸车间。冷室压铸机自动化的生产，其最低配置应包括自动浇注装置、自动喷涂料装置和自动取件装置。上述三种装置的发展趋势是采用机器人或机械手。机器人或机械手的大量使用促进了压铸生产自动化水平的提高。

（1）自动浇注装置

压铸用自动浇注装置的类型主要有负压式、机械式、压力式和电磁泵式等。其中压力式和电磁泵式类似于前面介绍的用于砂型铸造的气压式浇注机和电磁泵浇注机。而使用最为广泛的还是机械式浇注装置，用连杆驱动料勺舀取金属液体后旋转到一定位置，再倒入压铸机的压射室内。料勺可根据铸件大小更换。图 8-14 为浇注机械手结构及外形。

图 8-15 是负压浇注原理及真空压铸机外形。当真空泵抽取型腔、压射室内的空气时，保温炉内的金属液便在大气压力的作用下沿升液管进入压射室。浇注的金属量及浇注速度由真空系统控制。

（2）自动取件装置

自动取件装置一般通过机械手的夹钳夹住铸件，然后将铸件移出压铸机并放置在规定位

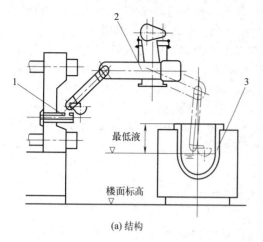

(a) 结构

(b) 外形

图 8-14　浇注机械手结构及外形

1—压射室；2—机械手；3—熔化坩埚

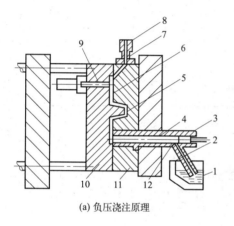

(a) 负压浇注原理

(b) 真空压铸机外形

图 8-15　负压浇注原理及真空压铸机外形

1—液体金属；2—加热器；3—填料；4—压射室；5—型腔；6—真空通道；
7—真空过滤器；8—真空泵；9—真空切断阀；10—动模；11—定模；12—升液管

置上。图 8-16 为四连杆自动取件机械手的工作过程。

图 8-16（a）是机械手处于原始位置；图 8-16（b）是机械手启动，沿固定轨迹进入动模板和定模板之间；图 8-16（c）是机械手，直线前移夹住铸件；图 8-16（d）是机械手直线后退，按原轨迹退出型外，然后松开，放下铸件。

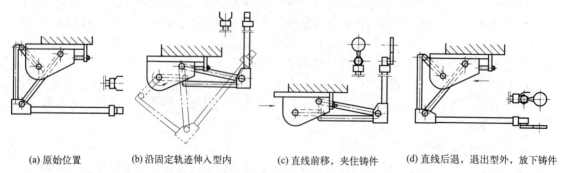

(a) 原始位置　　(b) 沿固定轨迹伸入型内　　(c) 直线前移，夹住铸件　　(d) 直线后退，退出型外，放下铸件

图 8-16　四连杆自动取件机械手的工作过程

机械手的结构和动作原理如图 8-17 所示。该机械手采用电气控制，液压传动。主液压缸 6 做前后运动时，通过齿条 1、传动齿轮 2 带动四连杆机构的曲柄转轴 3 做左右旋转运动，从而使四连杆机构上的手臂做伸入、直线平移、退出等动作。副液压缸 4 则控制手掌做夹持及放松动作。

机械手的座板 8 安装在压铸机定型板的一侧，座板上装有可动滑架 9，滑架在弹簧 5 的作用下处于座板偏后的部位。主液压缸在滑架的导槽内，活塞杆 10 固定在座板的支架 11 上，缸体侧面有齿条。手臂 15 通过连杆 13 和曲柄 12 与滑架 9 相连，同时摇杆 14 也将手臂和滑架连接，形成一个四连杆机构。

取件时，主液压缸右腔输入高压油，由于活塞杆固定在支架上，因此主液压缸沿导槽向前运动，其侧面的齿条通过齿轮 2 带动曲柄转轴 3 转动，转轴带动摇杆使四连杆绕定轴转动，于是手掌 16 即沿连杆机构特定的运动轨迹伸入型内。此时滑架台阶恰好挡住油缸端面，转轴 3 停止转动；而液压缸右腔继续进油，则使缸体克服滑架上的弹簧力，迫使滑架随同连杆机构一起沿座板导轨做直线运动。当手掌伸到预定位置时，主液压缸右腔停止送油；副液压缸 4 输入高压油，手掌做闭合动作，夹住铸件。随后主液压缸左腔进压力油，滑架在液压缸压力和弹簧力的作用下向后做直线运动。当主液压缸端面与滑架台阶脱离时，转轴 3 随液压缸的返回而做反向旋转，连杆机构反向运行，手掌退回原处。当到达终点位置时，副液压缸卸压，手掌在副液压缸体内弹簧力的作用下松开，铸件落入料筐内，完成一次取件动作。

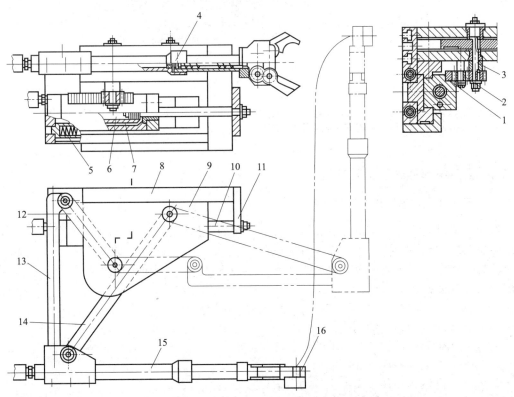

图 8-17　取件机械手结构及原理

1—齿条；2—传动齿轮；3—曲柄转轴；4—副液压缸；5—弹簧；6—主液压缸；7—油管；8—座板；
9—滑架；10—活塞杆；11—支架；12—曲柄；13—连杆；14—摇杆；15—手臂；16—手掌

（3）自动喷涂料装置

自动喷涂料装置有固定式和移动式。移动式一般为多关节式的机械手，可自由移动，适合复杂模具表面的喷涂。喷涂的基本原理是用一组细铜管（几十根）做喷头，按照型腔各部位的形状和深浅程度进行布置，确保模具型腔的各个部分都能喷涂均匀。

目前，压铸机的发展趋势是大型化、系列化、自动化，并且在机器结构上有很大的改进，尤其是压射机构更为迅速。冷室压铸机一般都设有增压式的三级压射机构，四级压射机构的压铸机也已用于生产。由于压射机构的改进，更好地满足了压铸工艺的要求，提高了压射速度及瞬时增压压力，从而有利于提高铸件外形的精确度和内部的致密度。

图 8-18 是我国力劲公司最新的 OLS 系列全实时控制大型压铸机。

图 8-18　新型 OLS 系列全实时控制大型压铸机

8.2 低压铸造设备及控制

8.2.1 低压铸造原理及工艺过程

（1）低压铸造原理及设备结构

低压铸造是介于一般重力铸造和压力铸造之间的一种铸造方法，从本质上说，是一种低压强与低速度的充型铸造方法。浇注时金属液在低压（20～60kPa）的作用下，由下而上地填充铸型型腔，并在压力下凝固而形成铸件。其实质是物理学中的帕斯卡原理在铸造方面的具体应用。根据帕斯卡原理有

$$p_1 F_1 H_1 = p_2 F_2 H_2$$

式中　p_1——金属液面上的压力；

　　　F_1——金属液面上的受压面积；

　　　H_1——坩埚内液面下降的距离；

　　　p_2——升液管中使金属液上升的压力；

　　　F_2——升液管的内截面积；

　　　H_2——金属液在升液管中上升的距离。

由于 F_1 远远大于 F_2，因此，当坩埚中液面下降高度 H_1 时，只要在坩埚中金属液面上施加一个很小的压力，升液管中的金属液就能上升一个相应的高度。这就是传统低压铸造

中"低压"的来源。

实际上，到目前为止，用压缩空气进行充型只是低压铸造的一种。这种工艺系统实践已证明是一种比较落后、控制比较复杂、工人劳动条件恶劣、生产成本比较高的方法。要实现低压低速充型，有多种多样的方法。现在成熟、简单、可靠、低成本的方法是机械液压式充型。近年新发展的一种充型方法是电磁泵式。

低压铸造机的结构和实物如图 8-19 所示。

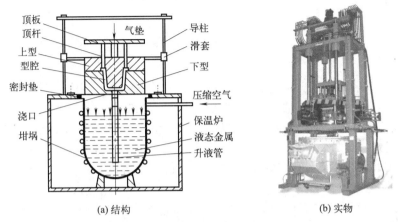

(a) 结构　　　　　　　　(b) 实物

图 8-19　低压铸造机的结构和实物

（2）工艺过程

低压铸造的工艺过程为：首先在密封的坩埚（或密封罐）中，通入干燥的压缩空气，使金属液在气体压力的作用下，沿升液管上升，通过浇口平稳地进入型腔，并保持坩埚内液面上的气体压力，一直到铸件完全凝固位置，然后解除液面上的气体压力，使升液管中未凝固的金属液回到坩埚。

① 低压铸造浇注过程　低压铸造浇注过程包括升液、充型、增压、保压和卸压五个阶段。各阶段的参数（压力 p、速度 v 及时间 t）变化如图 8-20、表 8-4 所示。

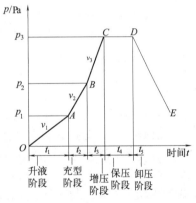

图 8-20　低压铸造浇注过程参数变化曲线

表 8-4　低压铸造浇注过程各阶段参数说明

阶段	$O{\to}A$ 升液阶段	$A{\to}B$ 充型阶段	$B{\to}C$ 增压阶段	$C{\to}D$ 保压阶段	$D{\to}E$ 卸压阶段
时间	t_1	t_2	t_3	t_4	t_5
压力/MPa	$p_1=h_1r\mu$	$p_2=h_2r\mu$	p_3 （工艺要求）	p_3 （工艺要求）	0
加压速度/(MPa/s)	$v_1=p_1/t_1$	$v_2=(p_2-p_1)/t_2$	$v_3=(p_3-p_2)/t_3$	—	—

注：h_1, h_2—充型高度；r—金属液密度；μ—金属液黏度。

充型速度在低压铸造参数中具有头等重要的意义。目前在工厂里常见的废品多半是气孔和氧化夹渣，这主要是充型速度控制不良引起的。充型速度又取决于通入坩埚的气体压力的增长速度（称加压速度），因此正确地控制和掌握加压速度是获得良好铸件的关键。加压速度值，即

$$v_\text{p} = p_\text{充} t$$

式中　v_p——加压速度，MPa/s；

$\quad\quad p_\text{充}$——充型压力，MPa；

$\quad\quad t$——达到充型压力值所需要的时间，s。

根据加压规范中的几种加压类型，加压速度可按浇注过程中的各个阶段来实现其不同的要求。

a. 升液阶段　金属液的升液阶段仅是充型前的准备阶段。为了能使金属液在压缩型腔空间的过程中，有利于型腔中的气体从排气道排出，应该尽量使金属液在升液管里缓慢上升。其上升速度控制在 50mm/s 左右比较合适。为了得到该升液速度，加压速度应为 0.0014MPa/s。

b. 充型阶段　金属液上升到铸型浇口以后，便开始进入充型阶段。根据铸件的壁厚，充型阶段有两种不同的要求。

·厚壁铸件　由于铸件壁厚，铸件的充型成型不是限制性的环节，因此金属液可以继续按升液速度 50mm/s 来充型，以确保铸型内气体的有利排出。其加压速度对应为 0.0014MPa/s。

·薄壁铸件　在铸件壁厚较小的情况下，金属液充型速度如果太慢，容易产生铸件轮廓不清、冷隔、欠浇等缺陷，所以薄壁铸件的充型速度相比升液速度应该有所提高。其提高程度需根据铸型冷却条件来确定。在实际生产中，薄壁铸件的充型速度还得根据铸件的散热条件来决定，并且应保证在得到轮廓清晰的铸件前提下，以尽量缓慢的充型速度来进行。

c. 结晶凝固阶段　金属液充满铸型以后，就进入结晶凝固阶段。这时金属液面上的压力给定根据浇注规范中的几种类型，可有如下两种情况：

·金属型铸件急速增压结晶时，为了保证铸件及时地得到结晶效果，需要的加压速度应加快。否则由于金属型冷却太快，增压不及时而减弱压力结晶的效果。对这种加压规范的加压速度可控制在 0.01MPa/s 左右。

·干砂型铸件缓慢增压时，在铸件浇满后也应及时增压来保证结晶效果。但考虑到砂型强度的限制，其加压速度可比金属型急速增压的速度小一些（通常可控制在 0.005MPa/s 左右）。另外，也可以考虑在增压前保持一段铸件的结壳时间（15s 左右）。

结晶压力的确定与铸件特点、铸型的种类等因素有关，压力越高，金属的致密度越高。一般砂型或带有砂芯的铸件，以不产生"机械黏砂"和"胀箱"为前提，所以结晶压力在 0.04～0.07MPa 之间；特别厚大的铸件和用金属型金属芯做出的铸件，结晶压力可以升到 0.2～0.3MPa。

结晶时间就是铸件完全凝固所需要的时间。铸件的凝固速度影响因素较多，如合金种类、合金浇注温度、铸型温度、冷却条件等，但目前尚难找出一个较为简单的公式计算生产条件下各种铸件的凝固时间。故在生产上多以铸件浇口残余长度为依据，凭经验控制结晶时间（应该指出，这种方法是欠准确的），或可按铸件重量估计结晶时间。

表 8-5 是低压铸造常用的几种加压规范形式，可供参考。

表 8-5　低压铸造常用的几种加压规范形式

应用范围	加压规范	说明
金属型薄壁件		金属型薄壁铸件的加压速度,一般可采用三级 升液速度 $v_1=0.0011\sim0.0014\text{MPa/s}$ 充型速度 $v_2=0.002\sim0.005\text{MPa/s}$ 增压速度 $v_3=0.005\sim0.010\text{MPa/s}$ 增压压力:一般 $0.05\sim0.1\text{MPa}$,特殊要求可以 增至 $0.2\sim0.3\text{MPa}$
金属型厚壁件		厚壁铸件的充型速度不要求太快,充型速度 v_2 可以采用 v_1 $v_2=v_1=0.0011\sim0.0014\text{MPa/s}$ $v_3=0.005\sim0.010\text{MPa/s}$ 增压压力:一般 $0.05\sim0.1\text{MPa}$,特殊要求可以 增至 $0.2\sim0.3\text{MPa}$
干砂型薄壁件及金属型干砂芯		v_1、v_3 同上 $v_2=0.0014\sim0.004\text{MPa/s}$ 充型阶段结束后须有一段短暂的结壳时间,视 具体的铸件而定。较薄的铸件也可以不停,继 续以 v_2 的速度增压 增压压力:$0.05\sim0.15\text{MPa}$
干砂型厚壁件		加压规范可与厚壁金属型相似。但充型速度 v_2 结束时须有一段结壳时间,约 $10\sim15\text{s}$
湿砂型薄壁件及厚壁件		A 是薄壁湿砂型加压规范 B 是厚壁湿砂型加压规范 $v_1=0.0011\sim0.0014\text{MPa/s}$ $v_2=0.0014\sim0.0025\text{MPa/s}$ $v_2'=v_1$ 湿砂型一般不增压,但稍许增加一些是可以的
一般简单小件		一般简单小件可用一种速度,视铸件的结构情 况和铸型种类参考上列 5 种情况
敞开式低压铸造干砂型大、中型铸件		A 是浇口使用闸板时 B 是浇口使用石墨冷却时 敞开式低压铸造,只采用低压充型,不采用结晶 增压工艺,因为铸型设有冒口且不封闭

② 低压铸造的工艺参数

a. 升液压力和速度　升液压力 p_1 是指金属液面上升到浇口所需的压力。金属液在升液管内的上升速度应尽可能缓慢，以便于型腔内气体的排出，并且使金属液进入浇口时不致产生喷溅。根据经验，升液速度一般控制在 150mm/s 以下。

b. 充型压力和速度　充型压力 p_2 是金属液充型上升到铸型顶部所需的压力。在充型阶段，金属液面上的压力从 p_1 升到 p_2，其升压速度 $v_2 = (p_2 - p_1)/t_2$（MPa/s）。

c. 增压和增压速度　金属液充满型腔后，需继续增压，使铸件的结晶凝固在一定压力 p_3 下进行。这时的压力称为结晶压力。一般 $p_3 = (1.3 \sim 2.0) p_2$，增压速度 $v_3 = (p_3 - p_2)/t_3$（MPa/s）。结晶压力越大，补缩效果越好，最后获得的铸件组织越致密。但通过结晶压力来提高铸件质量不是任何情况下都能采用的。

d. 保压时间　型腔压力增至结晶压力后，铸件完全凝固所需要的时间叫保压时间。保压时间与铸件质量有关，成正比关系。如果保压时间不够，铸件未完全凝固就卸压，型腔中的金属液将会全部或部分流回坩埚，造成铸件"放空"报废；如果保压时间过久，则浇口残留过长，不仅降低工艺收得率，而且还会造成浇口"冻结"，使铸件出型困难。故生产中必须选择适宜的保压时间。

③ 其他工艺参数规范

a. 铸型温度及浇注温度　低压铸造可采用各种铸型，非金属型的工作温度一般都为室温，无特殊要求，而金属型的工作温度有一定的要求。如低压铸造铝合金时，金属型的工作温度一般控制在 200～250℃，浇注薄壁复杂件时，可高达 300～350℃。

关于合金的浇注温度，实践证明，在保证铸件成型的前提下，应该是越低越好。表 8-6 为低压铸造常用的浇注温度和铸型温度。

表 8-6　低压铸造常用的浇注温度和铸型温度

铸型类型	铸型温度/℃			浇注温度/℃
	一般铸件	薄壁复杂件	金属型芯	
金属型	200～300	250～320	250～350	低压铸造的浇注温度可比相同条件的重力浇注的浇注温度低 10～20
干砂型	60～80	80～120	150～250(冷铁)	

b. 涂料　如用金属型低压铸造时，为了提高其寿命及铸件质量，必须刷涂料；涂料应均匀，涂料厚度要根据铸件表面光洁度及铸件结构来决定。

8.2.2　低压铸造工艺特点及其应用范围

（1）低压铸造工艺特点

低压铸造由于其浇注方式和凝固状态的特殊性，从而决定了其工艺的显著特点。与普通铸造方法和压力铸造方法相比，其具有如下特点。

① 与普通铸造相比具有的特点包括：

a. 由于可以采用金属型、砂型、石墨型、熔模壳型等，因此其综合了各种铸造方法的优势；

b. 不仅适用于有色金属，而且适用于黑色金属，因此，使用范围广；

c. 由于底注式充型，而且充型速度可以通过进气压力进行调节，因此充型非常平稳；

d. 金属液在气体压力作用下凝固，补缩非常充分；

e. 采用自下而上浇注和压力下凝固，大大简化了浇冒系统，金属液利用率达90%以上；

f. 金属液流动性好，可以获得大型、复杂、薄壁铸件；

g. 劳动条件好，机械化、自动化程度高，可以采用微机控制（机械化、自动化操作时设备成本高）。

② 与压力铸造相比具有的特点包括：

a. 铸型种类多，要求低；

b. 铸件能根据需要进行热处理；

c. 不仅适合薄壁铸件，而且适合厚壁铸件；

d. 铸件不易产生气孔；

e. 合金种类多；

f. 铸件总量范围大；

g. 铸件机械性能好；

h. 尺寸精度、表面粗糙度稍低；

i. 一般设备成本较低。

（2）低压铸造工艺设计特点

低压铸造所用的铸型，有金属型和非金属型两类。金属型多用于大批、大量生产的有色金属铸件，非金属型多用于单件小批量生产。如砂型、石墨型、陶瓷型和熔模型壳等都可用于低压铸造，而生产中采用较多的还是砂型。但低压铸造用砂型的造型材料透气性和强度应比重力浇注时高，这是因为型腔中的气体全靠排气道和砂粒孔隙排出。

为充分利用低压铸造时液体金属可在压力作用下自下而上地补缩铸件的这个优点，在进行工艺设计时常采用下列措施使铸件远离浇口的部位先凝固，让浇口最后凝固（顺序凝固）。

a. 浇口设在铸件的厚壁部位，使薄壁部位远离浇口；

b. 用加工余量调整铸件壁厚，以调节铸件的方向性凝固；

c. 改变铸件的冷却条件。

对于壁厚差大的铸件，用上述一般措施难以得到顺序凝固的条件时，可采用一些特殊的办法，如在铸件厚壁处进行局部冷却。

（3）低压铸造应用范围

低压铸造所用的铸型与一般重力铸造的铸型基本相同，但是由于进入坩埚的气体压力与流量的大小均可人为控制，因此金属液上升速度（即充型速度）和铸件的结晶压力可根据铸件的不同结构和铸型的不同材料来确定。所以低压铸造适用于砂型、熔模型、壳型、石墨型、石膏型、金属型等，对于铸型材料没有限制。

低压铸造对铸件的结构也没有严格限制，铝镁合金铸件壁厚最大的有150mm，最小的仅0.7mm；对铸件材质的适应范围较宽，如铸钢、铸铁、铸造铝合金、铸造镁合金、铸造铜合金等，以铸造铝合金应用最广。

低压铸造产品现已广泛应用于汽车、精密仪器、航空、航海等工业部门的大批量零部件的生产，如汽车轮毂、发动机缸体及缸盖、水泵体、油缸体、减振筒、密封壳体等。目前应用最多的是铝合金，在铜合金和铸铁生产中也有应用。

8.2.3 低压铸造设备结构

（1）低压铸造设备的结构组成

低压铸造设备一般由主机、液压系统、保温炉、升液管、液面加压装置、电气控制系统及模具冷却系统等部分组成。

① 主机 低压铸造主机一般由合型机构、静模抽芯机构、机架、铸件顶出机构、取件机构、安全限位机构等部分组成。

② 保温炉 主要有坩埚式保温炉和熔池式保温炉两种。坩埚式保温炉有石墨坩埚和铸铁坩埚两种类型。熔池式保温炉采用的是炉膛耐火材料整体打结工艺，硅碳棒辐射加热保温，具有容量大、使用寿命长、维护简单的特点，极利于连续生产，被现代低压铸造机广泛采用。

保温炉与主机的连接有固定连接式和保温炉升降移动式两种，可根据生产工艺要求选用。

③ 升液管 升液管是导流和补缩的通道，它与坩埚盖以可拆卸的方式进行密封连接，组成承受压力的密封容器。在工艺气压的作用下，金属液经升液管进行充型和增压结晶凝固；卸压时，未凝固的金属液通过升液管回落到坩埚。因此正确设计和使用低压铸造升液管非常重要。

（2）低压铸造机的类型及构造

低压铸造是金属液体在压力作用下由下而上地充填型腔并在压力下凝固成型的一种方法。由于其所用的压力较低（通常 0.02～0.06MPa），因此称为低压铸造。低压铸造装备一般由保温炉及其附属装置、模具开合机构、气压系统和控制系统组成。按模具与保温炉的连接方式，可分为顶置式低压铸造机和侧置式低压铸造机。

图 8-21 为顶置式低压铸造机，是目前用得最广的低压铸造机型。其特点是结构简单，制造容易，操作方便。但其生产效率较低，因保温炉上只能放置一副模具，在铸件的一个生产周期内，所有操作均在炉上进行，所以一个周期内，保温炉近一半时间是空闲的。另外，其下模受保温炉炉盖的热辐射影响，冷却缓慢，使铸件凝固时间延长；而且，下模不能设置顶杆装置，给模具设计带来了不便。此外，保温炉的密封、保养和合金处理均不方便。

为克服顶置式低压铸造机的缺点，又发展了侧置式低压铸造机，如图 8-22 所示。它是将铸型置于保温炉的侧面，铸型和保温炉由升液管连接。这样一台保温炉上同时可为两副以上的模型提供金属液，生产效率提高了。此外，装料、扒渣和合金液处理都较方便，铸型的受热条件也得到了改善。但是侧置式机器结构复杂，限制了其应用。

低压铸造保温炉一般采用坩埚式电阻炉，如图 8-23 所示。其优点是结构简单，温控方便。

8.2.4 低压铸造的自动加压控制系统

低压铸造工艺中，正确控制对铸型型腔的充型和增压是获得优质铸件的关键。因此，气体加压控制系统是低压铸造装备的核心。图 8-24 是以数字组合阀为中心的加压系统原理。该系统采用了 PLC 控制，装有高灵敏度的压力传感器和软件式 PID 控制器，具有较高的压力自动补偿能力，使得保温炉内的压力可以根据设定的曲线精确、重复再现，而不受保温炉泄漏、供气管路气压波动和金属液面高度变化的影响。

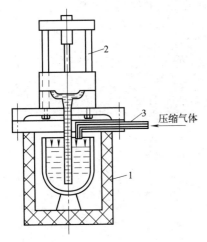

图 8-21 顶置式低压铸造机
1—保温炉体；2—开合模机构；3—进气管

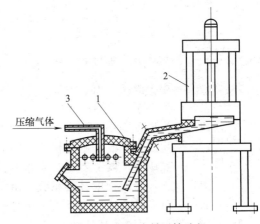

图 8-22 侧置式低压铸造机
1—保温炉体；2—开合模机构；3—进气管

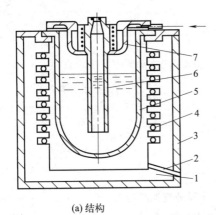

(a) 结构

(b) 外形

图 8-23 低压铸造保温炉的结构和外形
1—炉体；2—排铝孔；3—炉壳；4—电阻元件；5—铸铁坩埚；6—升液管；7—密封盖

目前低压铸造操作中在自动放置过滤网、自动下芯、自动取件方面取得了很大进展，但相比压铸而言，其自动化程度较低，可发展的空间仍然很大。

一种简单的低压铸造液面加压工艺曲线如图 8-25 所示。其中升液段、充型段加压曲线的斜率随铸件的不同而改变。

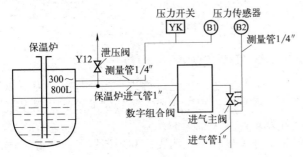

图 8-24 气体加压系统原理

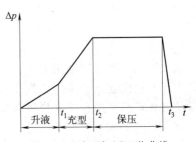

图 8-25 液面加压工艺曲线

由计算机控制的低压铸造生产过程如图 8-26 所示。加压工艺曲线的数学模型为

$$\frac{\mathrm{d}\Delta p_i}{\mathrm{d}t} = \rho g \left(1 + \frac{A_i}{A}\right) v_i (1 + \theta v_i)$$

式中　$\dfrac{\mathrm{d}\Delta p_i}{\mathrm{d}t}$——气体升压速度；

Δp_i——第 i 段压差值；

ρ——液体金属密度；

A——坩埚截面积；

A_i——型腔第 i 段处截面积；

v_i——型腔第 i 段上要求的液体金属充型速度；

θ——气体升压速度补偿系数，由实验确定；

g——重力加速度。

低压铸造计算机控制原理如图 8-27 所示。

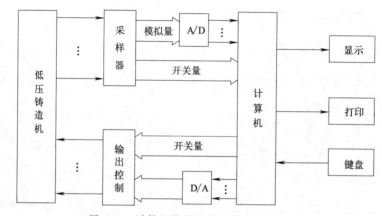

图 8-26　计算机控制的低压铸造生产过程

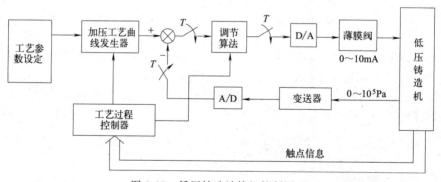

图 8-27　低压铸造计算机控制原理

　　该计算机控制系统采用了实时控制技术，对整个生产工艺过程进行闭环控制。为了便于编制程序和简化起见，采用块程序结构形式，即每一块程序完成一个特定的功能。程序之间的联系有跳转、调用和建立公用参数区三种方式。

　　该系统的主控制程序包括引导工作程序、开关量状态检测程序和中断服务程序等，详细资料可参见有关专著。

8.3 金属型铸造设备及控制

8.3.1 金属型铸造原理和工艺过程

（1）铸造原理

金属型铸造又称硬模铸造。它是将液体金属浇入金属铸型，以获得铸件的一种铸造方法。其铸型是用金属制成的，可以反复使用多次（几百次到几千次）。金属型铸造是现代铸造方法中不可缺少的一种铸造工艺。我国的金属型铸造可以追溯到春秋战国时期，主要用于农业工具的生产，得到白口铸铁的器具，提高刀具的硬度，譬如镰刀、斧子、犁具等。因此我国金属型铸造的历史十分悠久，是世界上第一个发明应用金属型的国家。

（2）铸件的成型特点

金属型和砂型，在性能上有显著的区别。金属型下列这些特点决定了它在铸件形成过程中有自己的规律。

① 金属型材料的导热性比砂型材料好。当液态金属进入铸型后，随即形成一个铸件—中间层—铸型—冷却介质的传热系统。金属型铸造时，中间层由铸型内表面上的涂料层和因铸件表面冷却收缩、铸型膨胀以及涂料析出、铸型表面吸附气体遇热膨胀而形成的气体层组成。中间层中的涂料材料和气体的热导率远比浇注的金属和铸型的金属小得多，如表8-7所示。冷却介质是指铸型外表面上的空气或冷却水，在铸型外表面上出现对流换热。

表 8-7　金属和中间层材料的热导率

材料名称	铸铁	铸钢	铝合金	铜合金	镁合金	白垩	氧化锌	氧化钛
热导率/[W/(m·K)]	39.5	46.4	138～192	108～394	92～150	0.6～0.8	约10	约4
材料名称	硅藻土	黏土	石墨	氧化铝	烟黑	空气	水蒸气	烟气
热导率/[W/(m·K)]	约0.08	约0.9	约13	约1.5	约0.03	0.02～0.05	0.02～0.06	0.02～0.06

金属液一旦进入型腔，就把热量传给金属型壁。液体金属通过型壁散失热量，进行凝固并产生收缩，而型壁在获得热量，升高温度的同时产生膨胀，结果在铸件与型壁之间形成了"间隙"。在"铸件—间隙—金属型"系统未达到同一温度之前，可以视为铸件在"间隙"中冷却，而金属型壁则通过"间隙"被加热。

② 金属型材料无透气性，砂型有透气性。型腔内的气体状态变化对铸件成型的影响：金属液在充填时，型腔内的气体必须迅速排出，但金属又无透气性，只要对工艺稍加疏忽，就会给铸件的质量带来不良影响。

③ 金属型材料无退让性。金属型或金属型芯，在铸件凝固过程中无退让性，阻碍铸件收缩。

8.3.2 金属型铸造工艺特点及其应用范围

（1）金属型铸造工艺特点

金属型铸造与砂型铸造相比，在技术上与经济上有许多优点。

① 金属型生产的铸件，其机械性能比砂型铸件高。同样的合金，其抗拉强度平均可提高约25％，屈服强度平均提高约20％，抗蚀性能和硬度亦显著提高。

② 金属型铸件的精度和表面光洁度比砂型铸件高，而且质量和尺寸稳定。

③ 金属型铸件的工艺收得率高，液体金属耗量较少，一般可节约15％～30％。

④ 不用砂或者少用砂，一般可节约造型材料80％～100％。

此外，金属型铸造的生产效率高；可使铸件产生缺陷的原因减少；工序简单，易实现机械化和自动化。

金属型铸造虽有很多优点，但也有不足之处，如：

① 金属型制造成本高。

② 金属型不透气，而且无退让性，易造成铸件浇不足、开裂或铸铁件白口等缺陷。

③ 金属型铸造时，铸型的工作温度、合金的浇注温度和浇注速度、铸件在铸型中停留的时间以及所用的涂料等，对铸件质量的影响甚为敏感，需要严格控制。

④ 金属型铸造目前所能生产的铸件，在重量和形状方面还有一定的限制，如对黑色金属只能是形状简单的铸件，铸件的重量不可太大；壁厚也有限制，较小的铸件壁厚无法铸出。因此，在决定采用金属型铸造时，必须综合考虑下列各因素：铸件形状和重量大小必须合适；要有足够的批量；完成生产任务的期限许可。

（2）金属型铸造工艺过程

① 金属型的预热。未预热的金属型不能进行浇注。这是因为金属型导热性好/液体金属冷却快，流动性剧烈降低，容易使铸件出现冷隔、浇不足、夹杂、气孔等缺陷。未预热的金属型在浇注时，铸型将受到强烈的热击，应力倍增，极易被破坏。因此，金属型在开始工作前，应该先预热。适宜的预热温度（即工作温度）随合金的种类、铸件结构和大小而变，一般通过试验确定。一般情况下，金属型的预热温度不低于150℃，具体见表8-8和表8-9。

金属型的预热方法有：用喷灯或煤气火焰预热；采用电阻加热器；采用烘箱加热，其优点是温度均匀，但只适用于小件的金属型；先将金属型放在炉上烘烤，然后浇注液体金属将金属型烫热，这种方法只适用于小型铸型，这是因为它要浪费一些金属液，并且会降低铸型寿命。

表8-8　金属型在喷刷涂料前的预热温度控制

铸件类型	金属型预热温度/℃	铸件类型	金属型预热温度/℃
铸铁件	80～150	镁合金铸件	120～200
铸钢件	100～250	铜合金铸件	100左右
铝合金	120～200		

表8-9　金属型在浇注前的预热温度控制

铸造合金	铸件特点	金属型预热温度/℃	金属型工作温度/℃
灰铁件		250～350	≥200
可锻铸铁		150～250	120～160
铸钢		150～300	≥80
铝合金	一般件	200～300	
	薄壁复杂件	300～350	
	金属芯	200～300	

铸造合金	铸件特点	金属型预热温度/℃	金属型工作温度/℃
镁合金	一般件	200～350	
	薄壁复杂件	300～400	
	金属芯	300～400	
铜合金	锡青铜	150～250	60～100
	铝青铜	120～200	60～120
	铅青铜	80～125	50～75
	一般黄铜	100～150	≤100
	铅黄铜	350～400	250～300

② 金属型的浇注。金属型的浇注温度一般比砂型高，可根据合金种类、化学成分、铸件大小和壁厚，通过试验确定。表 8-10 中的数据可供参考。

表 8-10 各种合金的浇注温度

合金种类	浇注温度/℃	合金种类	浇注温度/℃
铝锡合金	350～450	黄铜	900～950
锌合金	450～480	锡青铜	1100～1150
铝合金	680～740	铝青铜	1150～1300
镁合金	715～740	铸铁	1300～1370

由于金属型的激冷和不透气特点，浇注速度应做到先慢、后快、再慢。在浇注过程中应尽量保证液流平稳。

③ 铸件的出型和抽芯时间。金属型芯在铸件中停留的时间越长，由于铸件收缩产生的抱紧型芯的力就越大，因此需要的抽芯力也越大。当铸件冷却到塑性变形温度范围，并有足够的强度时，是抽芯最好的时机。铸件在金属型中停留的时间过长，型壁温度升高，需要更多的冷却时间，也会降低金属型的生产率。

最合适的抽芯与铸件出型时间，一般用试验方法确定。

④ 金属型工作温度的调节。若要保证金属型铸件的质量稳定，生产正常，首先要使金属型的温度在生产过程中恒定。所以每浇一次，就需要将金属型打开，停放一段时间，待冷至规定温度后再浇。如靠自然冷却，需要的时间较长，会降低生产率，因此常用强制冷却的方法。冷却的方式一般有以下几种：

a. 风冷：即在金属型外围吹风冷却，强化对流散热。风冷方式的金属型，虽然结构简单，容易制造，成本低，但冷却效果不是十分理想。

b. 间接水冷：即在金属型背面或某一局部，镶铸水套。其冷却效果比风冷好，适于浇注铜件或可锻铸铁件。但对于浇注薄壁灰铁铸件或球铁铸件，冷却激烈，会增加铸件的缺陷。

c. 直接水冷：即在金属型的背面或局部直接制出水套，在水套内通水进行冷却。其主要用于浇注钢件或其他合金铸件，铸型要求强烈冷却的部位。因其成本较高，只适用于大批量生产。

如果铸件壁厚薄悬殊，在采用金属型生产时，也常在金属型的一部分采用加温，另一部分采用冷却的方法来调节型壁的温度分布。

⑤ 金属型的涂料。在金属型铸造过程中，常需在金属型的工作表面喷刷涂料。涂料的作用是：调节铸件的冷却速度；保护金属型，防止高温金属液对型壁的冲蚀和热击；利用涂料层蓄气排气。

根据合金不同，涂料可能有多种配方。涂料基本上由三类物质组成：a. 粉状耐火材料（如氧化锌、滑石粉、锆砂粉、硅藻土粉等）；b. 黏结剂（常用水玻璃、糖浆或纸浆废液等）；c. 溶剂（水）。具体配方可参考有关手册。

涂料应符合下列技术要求：要有一定黏度，便于喷涂，在金属型表面上能形成均匀的薄层；涂料干后不发生龟裂或脱落，且易于清除；具有高的耐火度；高温时不会产生大量气体；不与合金发生化学反应（特殊要求者除外）等。

⑥ 复砂金属型（铁模复砂）。涂料虽然可以降低铸件在金属型中的冷却速度，但采用刷涂料的金属型生产球墨铸铁件（例如曲轴）仍有一定困难。这是因为铸件的冷速仍然过大，铸件易出现白口。若采用砂型，铸件的冷速虽低，但在热节处又易产生缩松或缩孔。于是在金属型表面复以 4～8mm 的砂层，这样就能铸出满意的球墨铸铁件了。

复砂层有效地调节了铸件的冷却速度，一方面可使铸铁件不出现白口，另一方面又能使其冷速大于砂型铸造。金属型无溃散性，但很薄的复砂却能适当减小铸件的收缩阻力。此外，金属型具有良好的刚性，有效地限制球铁石墨化膨胀，实现了无冒口铸造，消除疏松，提高了铸件的致密度。如金属型的复砂层为树脂砂，一般可用射砂工艺复砂，金属型的温度要求在 180～200℃ 之间。复砂金属型可用于生产球铁、灰铁或铸钢件，其技术效果显著。

⑦ 金属型的寿命。提高金属型寿命的途径为：

a. 选用热导率大，热膨胀系数小，而且强度较高的材料制造金属型；

b. 选用合理的涂料工艺，严格遵守工艺规范；

c. 金属型结构合理，制造毛坯过程中应注意消除残余应力；

d. 金属型材料的晶粒要细小。

（3）金属型铸造应用范围

金属型铸造在飞机、汽车、航空器、军工装备的制造方面用途很广泛，在其他交通运输机械、农业机械、化工机械、仪器、机床等生产中的应用也在不断扩大。金属型铸造生产的铸件小至数十克，大至数吨，且应用合金种类广泛，但主要应用非铁合金，钢铁合金的应用不多。金属型的结构特点决定了金属型铸造不宜生产太大、太薄和形状复杂的铸件。这是因为金属型腔是机械加工出来的，如果内腔太复杂就必须有很多的抽芯机构，且金属型冷却速度太快，太薄的铸件易造成浇不足缺陷。表 8-11～表 8-14 概括了金属型的应用范围和特点。

表 8-11　金属型铸造重量

铸件类别		铸件重量	铸件类别		铸件重量
铸铁件	一般	1～100kg	轻合金	一般	几十克至几十千克
	最重	达 3t		最重	小于 2kg
铸钢件	一般	1～100kg	铜合金		几十克至几十千克
	最重	达 5t			

表 8-12　金属型铸件最大壁厚　　　　　　　　单位：mm

铸件外轮廓尺寸	铸钢件	灰铁件（含球墨铸铁）	可锻铸铁	铝合金件	镁合金件	铜合金件
<70×70	5	4	2.5~3.5	2~3	—	3
70×70~150×150	—	5		4	2.5	4~5
>150×150	10	6		5	—	6~7

表 8-13　金属型铸件内孔的最小尺寸　　　　　　　　单位：mm

铸件材质	最小孔径 d	孔深		铸件材质	最小孔径 d	孔深	
		非穿透孔	穿透孔			非穿透孔	穿透孔
锌合金	6~8	9~12	12~20	铜合金	10~12	10~15	15~20
镁合金	6~8	9~12	12~20	铸铁	>12	>15	>20
铝合金	8~10	12~15	15~25	铸钢	>12	>15	>20

表 8-14　金属型铸造的应有批量

铸件特点	一般应具有的批量/件	铸件特点		一般应具有的批量/件
小而不复杂	300~400	当金属型 不加工时	小件	200~400
中等复杂	300~5000		大件	50~200
复杂	5000~10000	特殊要求的铸件		根据力学性能的需要，不受限制

8.3.3　金属型铸造设备

金属型铸造机又分为单工位金属型铸造机和多工位金属型铸造机两大类。现在采用金属型铸造技术的工厂，一般都采用单工位金属型铸造机；多工位金属型铸造机，通常以转台式结构，形成金属型铸造流水线实施机械化和自动化生产。

（1）单工位金属型铸造机

单工位金属型铸造机的结构如图 8-28 所示。按所生产铸件的复杂程度，它可分为如下四种类型。

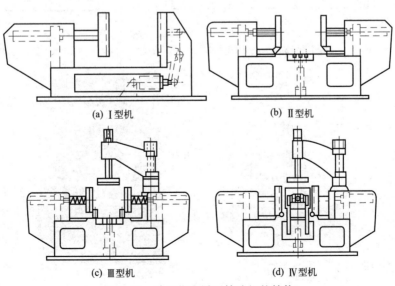

(a) Ⅰ型机　　　　　　　　　　(b) Ⅱ型机

(c) Ⅲ型机　　　　　　　　　　(d) Ⅳ型机

图 8-28　单工位金属型铸造机的结构

① Ⅰ型机 Ⅰ型机由机座、一个可动底板机构、一个固定底板机构、液压顶出机构及液压和电器设备组成。可动底板可由液压缸驱动沿导向装置向固定板移动。油水由底板引入冷却系统，顶出机构靠底板机构内的液压缸移动。机座内有油水收集器。

② Ⅱ型机 Ⅱ型机有两个可动底板机构和具有放置下部型芯功能的底板（三个可动底板机构），其他组成与Ⅰ型机类似。

③ Ⅲ型机 Ⅲ型机有两个可动底板机构和具有放置上部及下部型芯功能的底板（四个可动底板机构），其他组成与Ⅰ型机类似。

④ Ⅳ型机 Ⅳ型机不仅有两个可动底板机构和具有放置上部及下部型芯功能的底板，还有端面放置型芯的底板（5～6个可动底板机构），其他组成与Ⅰ型机类似。

单工位机可以按工序人工控制操作，也可以自动化生产；可以单机使用或多机使用，也可以组成金属型铸造生产线。

一种典型完整的金属型铸造机系统组成结构如图 8-29 所示，典型的金属型铸造机外形如图 8-30 所示。它主要由机体、左右开合型机构、侧开合型机构、臂升降及回转机构、取件机械手及压芯机构、铸件脱型顶升机构等部分组成。

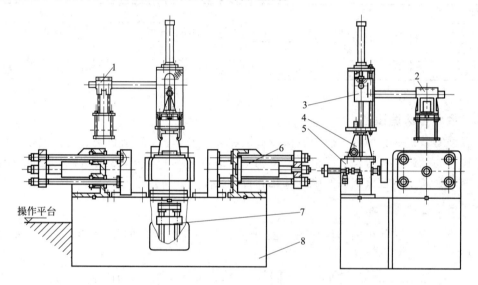

图 8-29　一种典型的金属型铸造机结构
1—压芯机构；2—取件机械手；3—臂升降机构；4—回转机构；5—侧开合型机构；6—左右开合型机构；7—顶升机构；8—机体

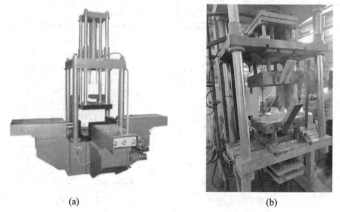

(a)　　　　　　　　　　(b)
图 8-30　典型的金属型铸造机及模具外形

为了提高金属型铸造的铸件质量，防止液态金属浇注时产生卷气、夹渣等缺陷，现代金属型铸造工艺常常采用倾斜浇注、垂直凝固的方式。因此，金属型铸造机采用了倾转式机构，如图 8-31 所示。

（2）转台式多工位金属型铸造机

转台式多工位金属型铸造机的组成如图 8-32 所示。它一般设有 3～12 个工作位置，通常是把数台单工位机布置在一个转台上，按照浇注、冷却、离型、清扫、下芯等操作工序配置。

为了提高生产效率，多工位机的周围配有定量浇注、最佳结晶温度控制、铸型恒温装置、摘取铸件机构等辅助设备，以实现生产自动化。首先熔炉自动向保温炉内输送金属液，然后金属液经定量自动浇注装置向金属型内浇注；转台转到一定位置时开型取出铸件，并放到输送器上，再转到一定位置经清扫、喷涂、闭型、调温后，进行新的工作循环。

这种设备占地面积小，结构紧凑，生产率高，每小时可浇注 120～150 次。图 8-33 是两种典型的金属型铸造机。

图 8-31　倾转式金属型铸造机

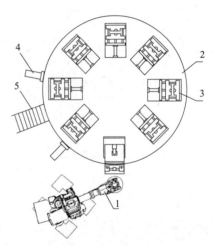

图 8-32　转台式多工位金属型铸造机
1—浇注机器人；2—工作台；3—铸造单元；
4—定位油缸；5—人行台梯

(a) 倾转式

(b) 水平式

图 8-33　金属型铸造机

8.4 半固态铸造成型设备

半固态铸造成型是在液态金属凝固的过程中进行强烈的搅动，使普通铸造凝固易于形成的树枝晶网络骨架被打碎而形成分散的颗粒状组织形态，从而制得半固态金属液，然后将其铸成坯料或压成铸件。根据其工艺流程的不同，半固态铸造可分为流变铸造和触变铸造两大类（图 8-34）。流变铸造是对从液相到固相冷却过程中的金属液进行强烈搅动，在一定的固相分数下将半固态金属浆料压铸或挤压成型［图 8-35（a）］，又称"一步法"；触变铸造是先将半固态浆料冷却制成坯棒，然后切成所需长度，再加热到半固态状，最后压铸或挤压成型［图 8-35（b）］，又称"二步法"。

半固态铸造成型设备主要包括半固态浆料制备装置、半固态成型设备、辅助装置等。按流变铸造和触变铸造分类，又有流变铸造设备和触变铸造设备。

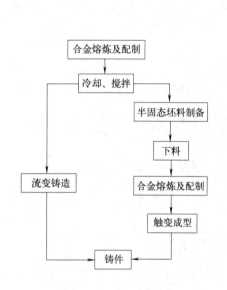

图 8-34　半固态铸造成型工艺过程

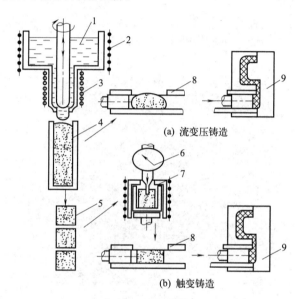

(a) 流变压铸造

(b) 触变铸造

图 8-35　半固态压铸装置

1—金属液；2—加热炉；3—冷却器；4—流变铸锭；5—毛坯；
6—软度指示仪；7—毛坯二次加热；8—压射室；9—压铸型

8.4.1 半固态浆料制备装置

在半固态成型工艺中，制备具有一定固相率的半固态浆料是工艺核心，也一直是半固态技术研究开发的热点。虽然新的工艺及装备不断涌现，但半固态浆料的制备方法主要有机械搅拌、电磁搅拌、单辊旋转冷却、单/双螺杆法等。其基本原理都是利用外力将固液共存体中的固相树枝晶打碎、分散，制成均匀弥散的糊状金属浆料。最新发展的还有倾斜冷却板法、冷却控制法、新 MIT 法等。

（1）机械搅拌式制浆装置

图 8-36 为机械搅拌式半固态浆料的制备装置。金属液在冷却槽中冷却至液-固相区间的同时，电动机带动搅拌头旋转，搅拌头对液体施以切线方向上的剪切力，将固相树枝晶破碎

并混合到液相中。半固态浆料从下端的出料口排出。调整浆料的出料量就能控制其固相率。机械搅拌式适合所有金属液体半固态浆料的制备。

该设备结构简单，搅拌的剪切速度率快，有利于形成细小的球状微观组织结构。但其对构件材料（搅拌叶片等）的要求高，构件材料的耐热蚀性问题及半固态金属浆料的污染问题都会给半固态铸坯带来不利影响。

（2）电磁搅拌式制浆装置

图 8-37 为电磁搅拌式半固态浆料的制备装置。它是用电磁场力来打碎或破坏凝固过程中的树枝晶网络骨架，形成分散的颗粒状组织形态，从而制得半固态金属液的。为保证破碎树枝晶所必需的剪切力，应有足够大的磁场。电磁搅拌式制浆装置在铝合金半固态成型工艺中获得了工业化应用。电磁搅拌制备半固态浆料，构件的磨损小，但搅拌的剪切速率慢，电磁损耗大。

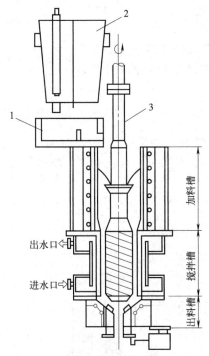

图 8-36　机械搅拌式半固态浆料的制浆装置
1—浇包；2—浇口杯；3—搅拌杆

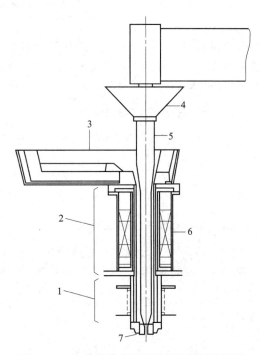

图 8-37　电磁搅拌式半固态浆料的制浆装置
1—高频加热段；2—搅拌段；3—浇口杯；4—防热罩；
5—塞杆；6—感应线圈；7—出料口

（3）单辊旋转冷却式制浆装置

在机械和电磁搅拌装置中，当浆料的固相率较高时，浆料的黏度迅速增大，流动性下降，使得浆料的出料非常困难。图 8-38 所示的单辊冷却法，由于利用辊子的回转产生的剪切力在制备浆料的同时强制出料，因此能获得高固相率的半固态浆料。

8.4.2　半固态成型设备

目前半固态铸造的成型设备主要有压铸机（即半固态压铸）、挤压铸造机（即半固态挤压）以及利用塑料注射成型的方法和原理开发的半固态注射成型机等。压铸机的结构及其工

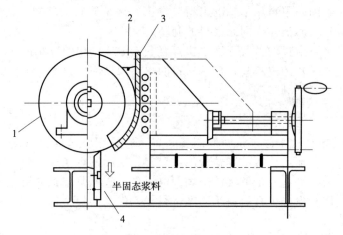

图 8-38 单辊旋转冷却式制浆装置
1—辊筒；2—加料口；3—固定板；4—挡板

作原理在 8.1 节中已有详述。挤压铸造机的结构及工作原理较为简单，其实质为将半固态金属浆料浇入金属模具中，并使其在压力机压力的作用下冷却凝固成型。下面主要介绍新近发展起来的半固态注射成型机。

（1）半固态触变注射成型机

图 8-39 为半固态触变注射成型机。它已成功地用于镁合金的生产。其成型过程为：细块状的镁合金从料斗加入，在螺杆的作用下向前推进；镁粒在前进的过程中逐渐被加热至半固态，并贮存于螺杆的前端，至规定的容积后，注射缸动作将半固态浆料压入模具使其凝固成型。

（2）半固态流变注射成型机

图 8-40 是半固态流变注射成型机。它与触变注射成型机的不同是加入料为液态镁合金，并在垂直安装的螺杆的搅拌作用下冷却至半固态。

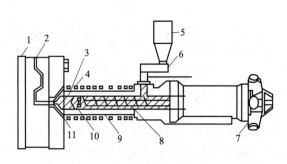

图 8-39 半固态触变注射成型机
1—模架；2—模型；3—浆料累积腔；4—加热器；5—料斗；
6—给料器；7—旋转驱动及注射装置；8—螺杆；9—筒体；
10—单向阀；11—喷嘴

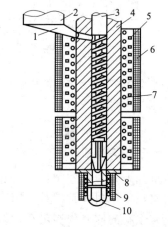

图 8-40 半固态流变注射成型机
1—金属液输入管；2—保温炉；3—螺杆；
4—筒体；5—冷却管；6—绝热管；7—加热器；
8—浆料累积腔；9—绝热层；10—喷嘴

在单螺旋搅拌半固态流变注射成型机的基础上，提出了双螺旋注射成型机，其原理如图8-41所示。它产生的剪切速率很高，获得的半固态组织更好。其搅拌螺杆及搅拌筒体内衬等构件采用了陶瓷材料，耐磨、耐蚀性能大大提高。

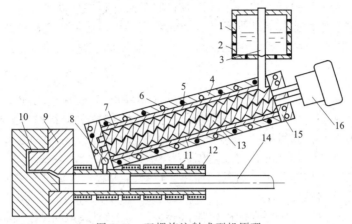

图 8-41 双螺旋注射成型机原理

1,5,11—加热源；2—坩埚；3—塞杆；4—搅拌桶；6—冷却通道；7—内衬；8—输送阀；
9—模具；10—型腔；12—射室；13—双螺旋；14—活塞；15—端帽；
16—驱动系统

图 8-42 为一种半固态注射成型机，图 8-43 为一种电磁挤压半固体压铸机。

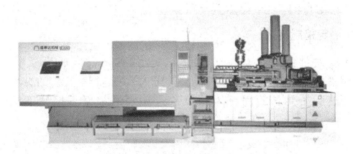

图 8-42 一种半固态注射成型机

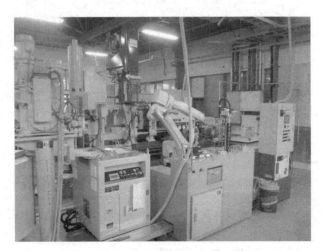

图 8-43 一种电磁挤压半固体压铸机

8.4.3 半固态铸造的其他装置

流变铸造采用"一步法"成型，半固态浆料制备与成型联为了一体，装备较为简单；而触变铸造采用"二步法"成型，除有半固态浆料制备及坯料成型设备外，还有下料装置、二次加热装置、坯料重熔测定控制装置等。下面就介绍触变铸造中的二次加热装置、坯料重熔测定控制装置。

（1）二次加热装置

触变成型前，半固态棒料先要进行二次加热（局部重熔）。即根据加工零件的质量大小精确分割经流变铸造获得的半固态金属棒料，然后在感应炉中重新加热至半固态供后续成型。二次加热的目的是：获得不同工艺所需要的固相体积分数，使半固态金属棒料中细小的树枝晶碎片转化成球状结构，为触变成型创造有利条件。

目前，半固态金属加热普遍采用感应加热。这种方法能够根据需要快速调整加热参数，加热速度快、温度控制准确。图 8-44 为一种二次加热装置的原理。它是利用传感器信号来控制感应加热器，从而得到所要求的固相体积分数。其工作原理为：当金属由固态转化为液态时，其电导率明显地减小（如铝合金液态的电导率是固态的 0.4～0.5）；同时，坯锭从固态逐步转变为液态时，电磁场在加热坯锭上的穿透深度也将变化，这种变化将引起加热回路的变化。因此通过安装在靠近加热锭坯底部的测量线圈可测出加热回路的变化，比较测量线圈的信号与标定信号之间的差别，就可计算出坯锭的加热温度，从而实现控制加热温度（即控制固相体积分数）的目的。

（2）坯料重熔测定控制装置

理论上，对于二元合金，重熔后的固相体积分数可以根据加热温度由相图计算得出。但实际中，常采用硬度检测法，即用一个压头压入部分重熔坯料的截面，以测加热材料的硬度来判定是否达到了要求的固相体积分数。半固态金属重熔硬度测定装置如图 8-45 所示。

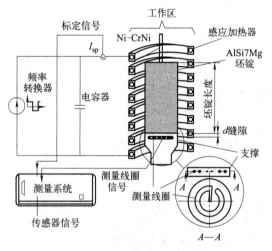

图 8-44 一种二次加热装置的原理

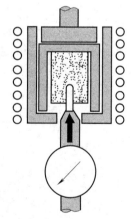

图 8-45 半固态金属重熔硬度测定装置

8.4.4 半固态铸造生产线及自动化

（1）半固态触变成型生产线及自动化

立式半固态触变成型生产线的平面布置如图 8-46 所示。其工作过程为：机器人将（冷）半固态坯料装入位于立式成型机（图 8-47）的加热圈内，位于机器下部平台上的感应加热圈将料坯加热到合适的成型温度，在完成模具润滑以后，两半模下降并锁定在注射口处；在一个液压圆柱冲头的作用下，坯料被垂直地压入封闭模具的下模内，在压入过程中能使坯料在加热时产生的氧化表面层从原金属表面剥去，剥去氧化皮的金属被挤入模具型腔内；零件凝固后，两半模分开，移出上次成型件，留在下半模内的铸件残渣由清除系统自动清除回收，接着进入下一零件循环。

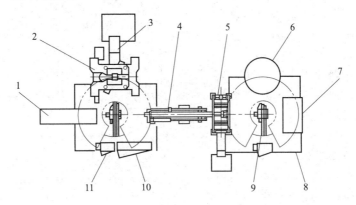

图 8-46 立式半固态触变成型生产线平面布置
1—送料装置；2—立式半固态成型机；3—残渣清除装置；4—零件冷却装置；5—去毛刺机；6—后处理系统；
7—集装箱包装系统；8—安全护栏；9—工业机器人；10—系统控制柜；11—机器人控制柜

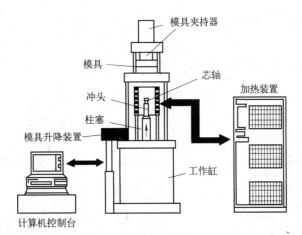

图 8-47 触变挤压成型设备

（2）半固态流变铸造生产线及自动化

由国外某公司开发的新型流变铸造（new rheo-casting）成型装置及其生产线如图 8-48 所示。该系统由铝合金熔化炉、挤压铸造机、转盘式制浆装置、自动浇注装置、坩埚自动清扫装置、喷涂料装置等组成。其工艺过程为，首先浇注机械手 3 将铝液从熔化炉 2 中浇入制浆机 4 的金属容器中冷却；与此同时浆料搬运机械手 5 从制浆机的感应加热工位抓取小坩埚，搬运至挤压铸造机并将浆料浇入压射室中使其成型，然后继续旋转将空坩埚送至回转式清扫装置上的空工位，并从另一个工位抓取一个清扫过的小坩埚旋转放置到制浆机上；最后制浆机和清扫机同时旋转一个角度，进入下一个循环。该生产线具有结构紧凑、自动化程度高、生产效率高的优点。

新流变铸造法的核心是采用弱搅拌的冷却（温度）控制法的半固态浆料制备装置，其结构如图 8-48 中的 4（转盘式浆料制备装置）。它采用的是转盘式结构，转盘上均匀布置了 8 个冷却工位。当将金属液浇入小坩埚后，转盘转动一个角度，装满金属液的坩埚进入冷却工位；然后满坩埚上方的密封罩下降，罩住坩埚，对坩埚外表面通气冷却；一段时间后，密封罩上升，转盘转动，坩埚又转入下一工作位置，重复上述动作；当满坩埚转入最后一个工位时，则由设置的感应加热器进行加热，对浆料做温度调整，以获得预定的固相率；调整后的浆料由搬运机械手送至高压铸造机成型，随后一个清理干净的空坩埚又由机械手返回至加热工位，转盘转动一个角度，进入下一工作循环。通过转盘式制浆装置能连续制备半固态浆料，从而提高了生产效率。新流变铸造法的半固态浆料制备原理如图 8-49 所示。

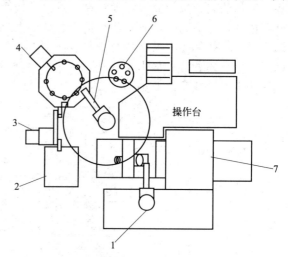

图 8-48　新流变铸造自动化生产线
1—取件机械手；2—熔化炉；3—浇注机械手；4—转盘式浆料制备装置；5—浆料搬运/浇注机械手；6—转盘式自动清扫和喷涂料装置；7—挤压铸造机

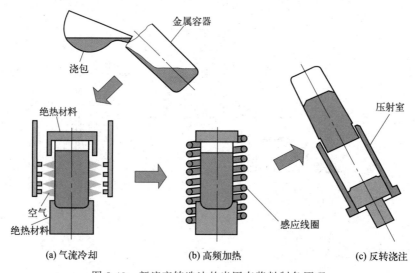

图 8-49　新流变铸造法的半固态浆料制备原理

思考题

1.简述压铸机的结构组成。比较立式压铸机与卧式压铸机在结构原理、工作过程上的区别。

2.比较压铸机和低压铸造机在结构组成、工艺特点上的区别。

3.结合新能源汽车的发展，简述铝合金压铸一体化技术的应用特点和难度。

4.在金属型铸造机中，采用倾转式结构的作用是什么？

5.简述低压铸造自动加压控制系统的原理及其结构组成。

6.在半固态成型加工中，采用注射成型机构的目的及作用是什么？

7.简述新流变（半固态）铸造法的工艺原理及自动化生产线的组成与特点。

8.简述半固态铸造技术的特点及应用领域。

参考文献

[1] 樊自田.材料成形装备及自动化[M].2版.北京:机械工业出版社,2018.

[2] 邓宏运.特种铸造生产实用手册[M].北京:化学工业出版社,2015.

[3] 陈维平,李元元.特种铸造[M].北京:机械工业出版社,2018.

[4] 吕志刚.铸造手册:第6卷[M].4版.北京:机械工业出版社,2020.

[5] 安勇良,宋良.特种铸造[M].哈尔滨:哈尔滨工业大学出版社,2019.

[6] 樊自田,吴和保,董选普.铸造质量控制应用技术[M].2版.北京:机械工业出版社,2015.

第 9 章

消失模铸造设备及生产线

从工艺上看，消失模铸造是介于砂型铸造与特种铸造之间的一种成型方法，它既有砂型铸造的某些特点又有特种铸造的一些特点，既可以用散砂振动紧实也可以黏结剂砂紧实。本章简单介绍了消失模铸造的工艺特点、关键技术，重点介绍了所涉及的相关设备及自动化生产线。

9.1 消失模铸造工艺过程及特点

消失模铸造（expendable pattern casting，EPC 或 lost foam casting，LFC），又称汽化模铸造（evaporative foam casting，EFC）或实型铸造（full mold casting，FMC）。泡沫模样的获得有两种方法：模具发泡成型、泡沫板材的加工成型。

它是采用泡沫塑料模样代替普通模样紧实造型，造好铸型后不用取出模样，直接浇入金属液即可。在高温金属液的作用下，泡沫塑料模样受热汽化、燃烧而消失，金属液取代原来泡沫塑料模样占据的空间位置，冷却凝固后即获得所需的铸件。消失模铸造浇注的工艺过程如图 9-1 所示。用于消失模铸造的泡沫模样材料包括 EPS（可发性聚苯乙烯）、EPMMA（可发性聚甲基丙烯酸甲酯）、STMMA（苯乙烯与 MMA 的共聚物）等，它们受热汽化产生的热解产物及热解的速度有很大不同。

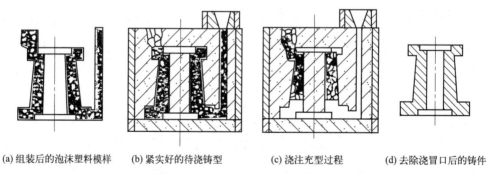

(a) 组装后的泡沫塑料模样　　(b) 紧实好的待浇铸型　　(c) 浇注充型过程　　(d) 去除浇冒口后的铸件

图 9-1　消失模铸造浇注的工艺过程

整个消失模铸造过程包括制造模样、模样组合（模片之间及其与浇注系统等的组合）、涂料及其干燥、填砂及紧实、浇注、取出铸件等工序，如图 9-2 所示。

与砂型铸造相比，消失模铸造方法具有如下特点：

① 铸件的尺寸精度高、表面粗糙度低。铸型紧实后不用起模、分型，没有铸造斜度和活块，取消了砂芯，因此避免了普通砂型铸造时因起模、组芯、合箱等引起的铸件尺寸误差和错箱等缺陷，提高了铸件的尺寸精度；同时由于泡沫塑料模样的表面光整，其粗糙度可以较低，因此消失模铸造的铸件表面粗糙度也较低。其铸件的尺寸精度可达 CT5～CT6 级，表面粗糙度可达 $6.3～12.5\mu m$。

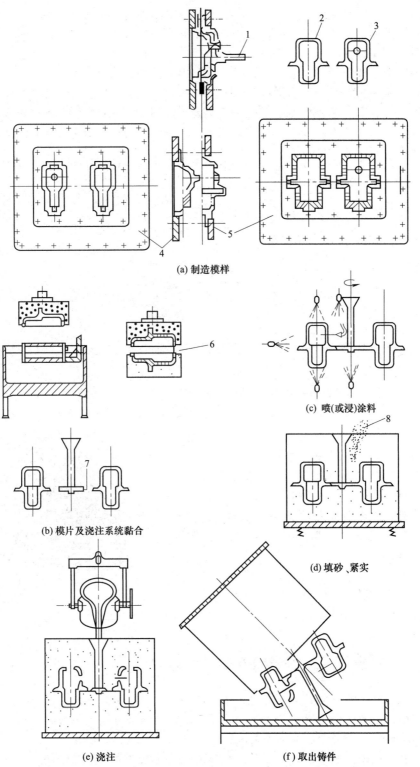

(a) 制造模样

(b) 模片及浇注系统黏合

(c) 喷(或浸)涂料

(d) 填砂、紧实

(e) 浇注

(f) 取出铸件

图 9-2　LFC 法工艺过程

1—注射预发泡珠粒；2—左模片；3—右模片；4—凸模；5—凹模；6—模片与模片黏合；
7—模片与浇注系统黏合；8—干砂

② 增大了铸件结构设计的自由度。在进行产品设计时，必须考虑铸件结构的合理性，以利于起模、下芯、合箱等工艺操作及避免因铸件结构而引起的铸件缺陷。由于消失模铸造没有分型面，也不存在下芯、起模等问题，因此许多在普通砂型铸造中难以铸造的铸件结构在消失模铸造中不存在任何困难，增大了铸件结构设计的自由度。

③ 简化了铸件生产工序，提高了劳动生产率，容易实现清洁生产。消失模铸造不用砂芯，省去了芯盒制造、芯砂配制、芯砂制造等工序，提高了劳动生产率；型砂不需要黏结剂，铸件落砂及砂处理系统简便；同时，劳动强度降低、劳动条件改善，容易实现清洁生产。消失模铸造与普通砂型铸造的工艺过程对比如图 9-3 所示。

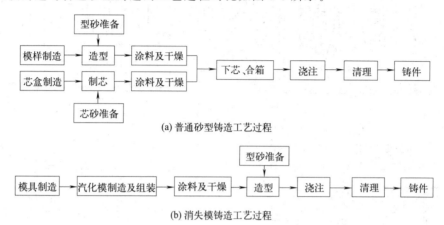

(a) 普通砂型铸造工艺过程

(b) 消失模铸造工艺过程

图 9-3 消失模铸造与普通砂型铸造的工艺过程比较

④ 减少了材料消耗，降低了铸件成本。消失模铸造采用无黏结剂干砂造型，可节省大量型砂黏结剂，旧砂可以全部回用。型砂紧实及旧砂处理设备简单，所需的设备也较少。因此，大量生产的机械化消失模铸造车间投资较少，铸件的生产成本较低。

总之，消失模铸造是一种近无余量的液态金属精确成型技术。它被认为是"21 世纪的新型铸造技术"及"铸造中的绿色工程"，目前已广泛用于铸铁、铸钢、铸铝件的工业生产。近年来，随着消失模铸造中的关键技术不断取得突破，其应用的增长速度加快。用消失模铸造出的复杂的汽车发动机缸体铸件如图 9-4 所示。

图 9-4 六缸缸体消失模铸件及泡沫模样

9.2 消失模铸造关键技术及设备

根据工艺特点，消失模铸造可分为三个主要部分：一是泡沫塑料模样的成型加工及组装部分，通常称为白区；二是造型、浇注、清理及型砂处理部分，又称为黑区；三是涂料的制备及模样上涂料、烘干部分，也称为黄区。

因此，消失模铸造设备包括三方面：泡沫塑料模样的成型加工设备；造型设备及型砂处理设备；涂料的制备及烘干设备。其主要设备包括白区的泡沫塑料模样的发泡成型设备，黑区的振动紧实设备、雨淋式加砂设备、抽真空设备及旧砂冷却设备，涂料制备及干燥温度控制设备等。

9.2.1 泡沫模样的发泡成型设备

模样制作的方法有两种：一是发泡成型；二是利用机床加工（泡沫模样板材）成型。前者适合批量生产，后者适合单件制造。泡沫塑料模样的模具发泡成型及切削加工成型过程如图 9-5 所示。其主要设备有预发泡机、成型发泡机、泡沫加工设备等。

（1）预发泡机

在成型发泡之前，对原料珠粒进行预发泡和熟化是获得密度低、表面光洁、质量优良的泡沫模样的必要条件。

图 9-6 是一种典型的间隙式蒸汽预发泡的工艺流程。珠粒从上部加入搅拌筒体，高压蒸汽从底部进入，开始预发泡。筒体内的搅拌器不停转动，当预发泡珠粒的高度达到光电管的控制高度时，自动发出信号，停止进汽并卸料，预发泡过程结束。

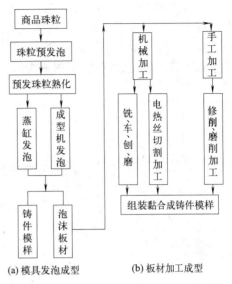

(a) 模具发泡成型　　(b) 板材加工成型

图 9-5　泡沫塑料模样的成型方法

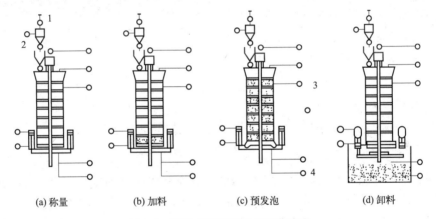

(a) 称量　　(b) 加料　　(c) 预发泡　　(d) 卸料

图 9-6　间隙式蒸汽预发泡工艺流程

1—称量传感器；2—原珠粒；3—光电管；4—蒸汽

目前在我国广大中小企业采用的一种间歇式蒸汽预发泡机如图 9-7 所示。该设备的关键是：

① 蒸汽进入不宜过于集中，压力和流量不能过大，以免造成结块、发泡不均，甚至使部分珠粒因过度预发而破坏；

② 因为珠粒直接与蒸汽接触，预发泡珠粒中水的质量分数高达 10% 左右，因此卸料后必须经过干燥处理。

这种预发泡不是通过时间而是通过预发泡的容积定量（即珠粒的预发泡密度定量）来控制预发泡质量的，控制方便、效果良好。

（2）成型发泡机

将一次预发泡的单颗分散珠粒填入模具内，再次加热进行

图 9-7　间歇式蒸汽
预发泡机

二次发泡，这一过程叫作成型发泡。成型发泡的目的在于获得与模具内腔一致的整体模样。

将预发泡后的珠粒吹入预热后的成型模具（图9-8所示的2和3）中，经过蒸汽加热、发泡成型、喷冷却水，最后可取出泡沫模样。成型发泡设备主要有两大类：一类是将发泡模具安装到机器上成型，称为成型机；另一类是将手工拆装的模具放入蒸汽室成型，称为蒸汽箱（或蒸缸）。大量生产多采用成型机成型。成型机的结构如图9-8所示。全自动化的卧式成型机如图9-9所示。

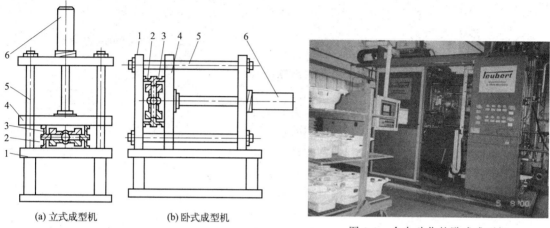

(a) 立式成型机　　(b) 卧式成型机

图9-8　成型机

1—固定工作台；2—定模；3—动模；4—移动工作台；5—导杆；6—液压系统

图9-9　全自动化的卧式成型机

模样的黏结、组装、上涂料、烘干等其他工序，均可由机械手或机器人完成。但值得注意的是，因泡沫模样的强度很低，机器操作时应避免模样的变形与损坏。

（3）泡沫模样的加工成型设备

泡沫模样的加工成型设备包括电热丝切割、数控机床切削加工成型设备等。图9-10为电热丝切割、数控机床切削设备。黏结组装后的泡沫模样及其铸件如图9-11所示。

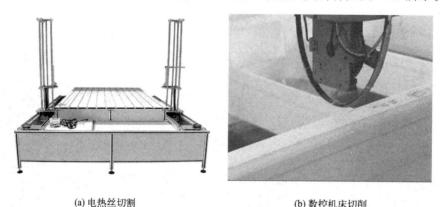

(a) 电热丝切割　　　　　　　　　　(b) 数控机床切削

图9-10　泡沫模样的加工成型设备

(a) 泡沫模样   (b) 铸件

图 9-11   黏结组装后的泡沫模样及其铸件

9.2.2   振动紧实及其设备

（1）干砂的振动紧实

消失模铸造中干砂的加入、充填和紧实是得到优质铸件的重要工序。砂子的加入速度必须与砂子的紧实过程相匹配，如果在紧实开始前将全部砂子都加入，肯定会造成变形。但砂子填充太慢造成紧实过程的时间过长，生产速度降低，并可能促使变形。消失模铸造中型砂的紧实一般采用振动紧实的方式。紧实不足会导致浇注时铸型壁塌陷、胀大、黏砂和金属液渗入，而过度紧实振动会使模样变形。振动紧实应在加砂过程中进行，以便于砂子充入模型束内部空腔，并保证砂子达到足够紧实而又不发生变形。

根据振动维数的不同，消失模铸造振动紧实台的振动模式可分为一维振动、二维振动、三维振动 3 种。研究表明：

① 三维振动的充填和紧实效果最好，二维振动在模样放置和振动参数选定合理的情况下也能获得满意的紧实效果，一维振动通常被认为适于紧实结构较简单的模样（但由于振动维数越多，振动台的控制越复杂且成本越高，故目前实际用于生产的振动紧实台以一维振动居多）；

② 在一维振动中，垂直方向的振动比水平方向的振动效果好；

③ 垂直方向与水平方向振动的振幅和频率均不相同或两种振动存在一定相位差时，所产生的振动轨迹有利于干砂的充填和紧实。

影响振动紧实效果的主要振动参数包括振动加速度、振幅和频率、振动时间等。振动台的激振力大小和被振物体的总质量决定振动加速度的大小。振动加速度在 $1g \sim 2g$ 的范围内较佳，小于 $1g$ 对提高紧实度没有多大效果，而大于 $2.5g$ 容易损坏模样。在激振力相同的条件下，振幅越小、振动频率越高，充填和紧实效果越好（实践表明，频率为 50Hz、振动电动机的转速为 $2800 \sim 3000$r/min、振幅为 $0.5 \sim 1$mm 较合适）。振动时间过短，干砂不易充满模样各部位，特别是带水平空腔的模样充填紧实不够。但振动时间过长，容易使模样变形损坏（一般振动时间控制在 $30 \sim 60$s 较好）。

（2）振动紧实台

消失模造型与黏土砂造型的区别在于消失模采用了干砂振动造型机即振动紧实台。目前，振动紧实台通常采用振动电动机作驱动源，结构简单、操作方便、成本低。根据振动电动机的数量及安装方式，振动紧实台分为一维紧实台、二维紧实台、三维紧实台及多维紧实台等。

消失模铸造的振动紧实台，不仅要求干砂快速到达模样各处，形成足够的紧实度，而且要求在紧实过程中使模样变形最小，以保证浇注后得到轮廓清晰、尺寸精确的铸件。一般认为，消失模铸造应采用高频振动电动机进行三维振动紧实（振幅 0.5～1.5mm，振动时间 3～4s），才能完成干砂的充填和紧实过程。

振动紧实台的基本组成包括激振器、隔振弹簧、工作台面、底座及控制系统等。其中激振器常用双极高转速的振动电动机，而隔振弹簧一般采用橡胶空气弹簧，以利于工作台面的自由升降。目前常用的消失模铸造紧实台有两种：一维振动紧实台和三维振动紧实台。

一维（双电动机驱动）振动紧实台的结构如图 9-12 所示。其特点是空气弹簧和橡胶弹簧联合使用；砂箱与振动台之间无锁紧装置，依靠工作台面上的三根定位杆来实现砂箱与振动台面的定位；两台振动电动机采用变频器控制；用高度限位杆来限制空气弹簧的上升高度。这种结构（或类似结构）的振动紧实台，简单实用，成本低，应用广泛。

三维振动紧实台的结构如图 9-13 所示。其特点是采用了六台振动电动机，可配对形成 3 个方向上的振动；振动紧实时砂箱固定在振动台的台面上；空气弹簧可实现隔振与台面升降功能。这种结构（或类似结构）的振动紧实台可方便地实现一至三维振动及振动维数的相互转换。但其设备成本较一维振动紧实台高，控制也相对复杂一些。

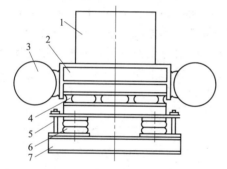

图 9-12 一维振动紧实台结构

1—砂箱；2—振动台体；3—振动电动机；4—橡胶弹簧；
5—高度限位杆；6—空气弹簧；7—底座

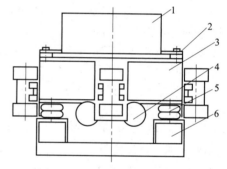

图 9-13 三维振动紧实台结构

1—砂箱；2—夹紧装置；3—振动台体；4—振动电动机；
5—空气弹簧；6—底座

消失模铸造振动紧实台种类繁多，一种常见的三维（6 电动机驱动）振动紧实台的外形如图 9-14 所示，另一种常用的二维（4 电动机驱动）振动紧实台的外形如图 9-15 所示。

图 9-14 三维振动紧实台

图 9-15 二维振动紧实台

双电动机驱动、可产生垂直方向圆振动的紧实台，由于有着独特的干砂充填性能，近年来应用逐渐扩大，有取代三维紧实台的趋势。图 9-16 为其工作原理。其结构特点是在振动台体下方安装了两个振动电动机，两电动机的偏心块之间因有相位差，电动机转动后便在砂箱各处形成相同振幅、相同振动加速度即均匀一致的垂直面圆振动，从而使型砂具有良好的流动充填性能（图中圆圈及箭头表示其振动轨迹）。其主要控制参数为：振幅 $0.3 \sim 0.5mm$；振动加速度 $9.8 \sim 11.76m/s^2$。

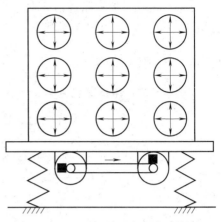

图 9-16　双电动机振动紧实台工作原理

消失模铸造的其他设备（旧砂冷却除尘系统、输送辊道、浇注设备等）大多与普通铸造装备相同，详细了解可参见有关专著。

9.2.3　雨淋式加砂器

在模样放入砂箱内紧实之前，砂箱的底部要填入一定厚度的型砂作为放置模样的砂床（砂床的厚度一般约为 100mm）。然后放入模样，再边加砂、边振动紧实，直至填满砂箱、紧实完毕。为了避免加砂过程中因砂粒的冲击使模样变形，由砂斗向砂箱内加砂常采用柔性管加砂、雨淋式加砂两种方法。前者是用柔性管与砂斗相接，人工移动柔性管陆续向砂箱内各部位加砂，可人为控制砂粒的落高，避免损坏模样涂层；后者是砂粒通过砂箱上方的筛网或多管孔雨淋式加入。雨淋式加砂均匀，对模样的冲击较小，是生产中常用的加砂方法。

一种雨淋式加砂装置的结构与外形如图 9-17 所示。它由驱动气缸、振动电动机、多孔闸板、雨淋式加砂管等组成。

加砂时，驱动气缸打开多孔闸板，原砂通过多孔闸板上的孔在较大的面积内（雨淋式）加入砂箱。调整多孔闸板中动板与静板的相对位置，可以改变漏砂孔的横截面积大小，进而改变"砂雨"的大小（即改变加砂速度）。此种加砂方法，加砂均匀，效率高，适合在生产流水线上使用，也是目前应用最广泛的加砂方法。

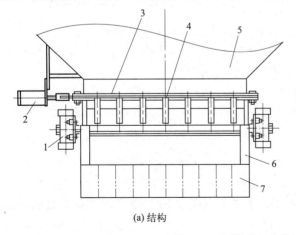

(a) 结构

(b) 外形

图 9-17　雨淋式加砂装置的结构与外形

1—气缸；2—振动电动机；3—闸板；4—雨淋式加砂管；5—砂斗；6—除尘器；7—橡胶幕

加砂方式应根据不同的需要而选取。在消失模铸造生产流水线上，常采用两工位加砂（造型）；加底砂工位可用软管加砂或雨淋式加砂，紧实工位常使用雨淋式加砂。

9.2.4 真空负压系统

（1）负压的作用及真空系统

干砂振动紧实后，铸型浇注通常在抽真空的负压下进行。抽真空的目的与作用是：将砂箱内砂粒间的空气抽走，使密封的砂箱内部处于负压状态，因此砂箱内部与外部产生一定的压差；在此压差的作用下，砂箱内松散流动的干砂粒可变成紧实坚硬的铸型，具有足够高的抵抗液态金属作用的抗压、抗剪强度。抽真空的另一个作用是：可以强化金属液浇注时泡沫塑料模汽化后气体的排出效果，避免或减少铸件的气孔、夹渣等缺陷。

消失模铸造中一个完整的真空抽气系统如图 9-18 所示。它主要由真空泵、水浴罐、汽水分离器、截止阀、管道系统、贮气罐等组成。

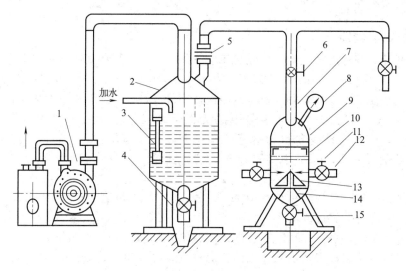

图 9-18　消失模铸造中的真空抽气系统

1—真空泵；2—水浴罐；3—水位计；4—排水阀；5—球阀；6—逆流阀；7—3in 管；8—真空表；9—滤网；
10—滤砂与分配罐；11—截止阀（若干个）；12—进气管（若干个）；13—挡尘罩；14—支托；15—排尘阀

真空泵是真空负压系统的主体设备，常采用结构简单、维护方便的节能型水环式真空泵。要根据砂箱和抽气大小要求，选择合适抽气量的真空泵。选择真空泵的原则是：抽气量大，但对它能达到的真空度要求并不高。

水浴罐的作用是除去被抽气体中的灰尘与颗粒；汽水分离器的功能为冷却真空泵内的循环水，实现汽水分离；贮气罐的主要作用是维持浇注期间，真空系统中的最低真空度。

（2）负压工艺参数

真空度大小是消失模铸造的重要工艺参数之一。真空度的选定主要取决于铸件的重量、壁厚及铸造合金和造型材料的类别等。通常真空度的使用范围是：$-0.02 \sim -0.08$MPa。

浇注时，为了使砂箱内维持一定的真空度，通常有 3 部分的气体需要被真空泵强行抽走：①一个被充分紧实后的铸型，仍有占砂箱总容积 30%左右的空气占据砂粒空隙之间；②泡沫塑料模型遇高温金属后，迅速汽化分解，产生大量的气体；③浇注时，由直浇口带入砂箱内的气体，以及通过密封塑料薄膜泄漏到砂箱内的气体。因此，真空系统需要有足够的抽气容量。

真空泵的动力消耗可按下式计算：

$$W = kn(V_1 + \beta mQ) \tag{9-1}$$

式中，W 为真空泵的电动机功率，kW；$k = 2 \sim 6\text{kW/m}^3$；$n$ 为砂箱个数；V_1 为单个砂箱的体积，m^3；β 为安全系数，$\beta = 3 \sim 10$；m 为每个砂箱内泡沫模样的质量，kg；Q 为泡沫模样的发气量，m^3/kg。

（3）真空对接机构

在机械化程度较高的消失模铸造生产线上，砂箱与真空系统的对接机构是必不可少的。真空对接机构是根据截止阀的原理设计而成的，其结构形式如图9-19所示。

当砂箱需要抽真空时，首先液压缸5带动密封垫1和阀体2向前移动，与砂箱抽真空口紧贴，然后锥体3打开，砂箱即与真空系统接通。当砂箱不需要抽真空时，首先液压缸5带动密封垫1、阀体2、锥体3后退，与砂箱脱离，然后在弹簧4预紧力的作用下，锥体3和阀体2实现密封。

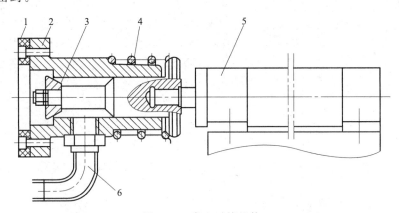

图9-19　真空对接机构
1—密封垫；2—阀体；3—锥体；4—弹簧；5—液压缸；6—抽真空管道

9.2.5　旧砂冷却设备

消失模铸件落砂后的型砂温度很高，并且由于是干砂，其冷却速度相对较慢，所以对于规模较大的流水生产的消失模铸造车间，型砂的冷却是消失模铸造正常生产的关键之一，型砂的冷却设备是消失模铸造车间砂处理系统的主要设备。砂温过高会使泡沫模样损坏，造成铸件缺陷。

用于消失模铸造旧砂冷却的设备主要有振动沸腾冷却设备、振动提升冷却设备、砂温调节器等。通常把振动沸腾冷却、振动提升冷却等作为初级冷却，而把砂温调节器作为最终砂温的调定设备，以确保待使用的型砂温度不高于50℃。

（1）振动沸腾冷却设备

振动沸腾冷却设备的结构与外形如图9-20所示。旧砂从进砂口进入沸腾床，振动的作用使砂粒在孔板上呈波浪式前进，形成定向运动的砂流。从孔板下部鼓入的冷空气穿过砂层，形成理想的对流热交换。该设备生产效率高，冷却效果好，但噪声较大，振动参数的设置要求严格。

在用于黏土旧砂的冷却时，通常要向沸腾床中的热砂喷水（增湿），通过水分的蒸发带走部分热量，达到降低砂温的目的。但消失模铸造中使用的是干燥的硅砂，不允许增湿，只能靠冷空气流带走热量，因此该设备的冷却效果有所下降。

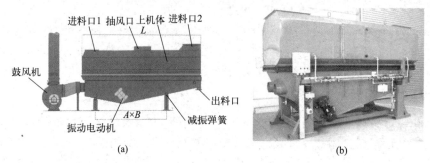

(a)

(b)

图 9-20 振动沸腾冷却设备的结构与外形

（2）垂直冷却振动提升机

垂直冷却振动提升机的结构及外形如图 9-21 所示。它由螺旋输送槽、振动电动机、隔振弹簧、底座等组成。两振动电动机空间交叉安装，同步振动时，在螺旋输送槽上产生沿垂直方向的振动力 F_z 和绕垂直方向的振动力矩 M_z，旧砂粒在 F_z 和 M_z 的作用下沿螺旋输送槽向上提升。在垂直振动提升机的上方中央连接抽风口，由于抽风的作用，旧砂被振动提升时，气流经"热砂—通风孔—抽风管"带走部分热量，使热砂得到初步冷却。

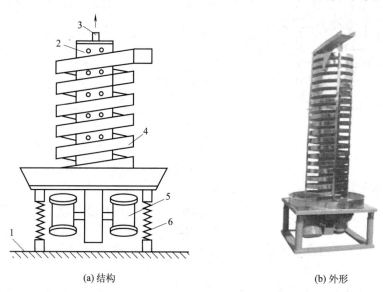

(a) 结构

(b) 外形

图 9-21 垂直冷却振动提升机的结构及外形
1—底座；2—通风孔；3—抽风管；4—螺旋输送槽；5—振动电动机；6—隔振弹簧

（3）砂温调节器

砂温调节器的结构及外形如图 9-22 所示。它主要是利用砂子与冷水管的直接热交换来调节旧砂的温度。为了提高热交换效率，在水管上设有很多散热片；同时，为了保证调温质量，通过测温仪表和料位控制器等监测手段，自动操纵加料和卸料。卸料口的出砂温度可控制在 50℃以下。该类设备与树脂砂、水玻璃砂等砂处理系统中的冷却设备结构类似。由于消失模铸造中采用的是无黏结剂的干砂，其流动性更好，但冷却速度会更慢。

在消失模铸造系统中，砂温调节器可作为二级调温设备（振动沸腾冷却设备、冷却提升机、垂直振动提升机等可作为一级冷却设备），安放在振动紧实台前一个砂斗的下方，控制最后的砂温。

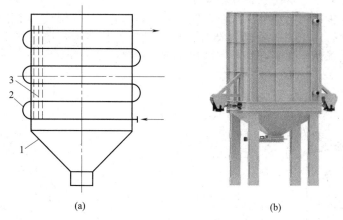

图 9-22　砂温调节器的结构及外形
1—壳体；2—调节水管；3—散热片

（4）卧式水冷沸腾冷却床

卧式水冷沸腾冷却床的结构及外形如图 9-23 所示。热砂进入床体后，鼓风进入气室，通过气嘴，使砂粒悬浮，同时使砂粒向出口方向移动。砂粒通过鼓风、抽风及水冷管进行热交换而降温。

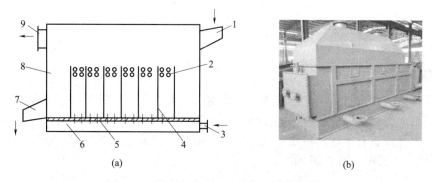

图 9-23　卧式水冷沸腾冷却床的结构及外形
1—入料口；2—冷却水管；3—鼓风口；4—隔板；5—气嘴；6—气室；7—出料口；8—壳体；9—抽风口

这种水冷加风冷的热砂冷却方式，对高温砂粒的冷却效果好，生产率高。但其设备系统较复杂、能耗大，维修不太方便，对砂粒的粒度要求较为严格。

9.2.6　其他消失模铸造设备

浇注后的铸件经一定时间的自由冷却即翻箱落砂，炽热铸件和散砂在振动输送落砂机或落砂栅格上实现分离。铸件从落砂机（或栅格）前取走，带有涂料和杂质的热砂穿过落砂栅格上的孔进入旧砂处理及回用系统。旧砂经过除尘、磁选、筛分、冷却等工序，去除其中的杂质、铁豆、粉尘，并使温度降低至 50℃ 以下，再输送至砂斗内贮存待用。

（1）翻箱机

消失模铸造生产流水线上使用的一种底托式翻箱倾倒机的结构及外形如图 9-24 所示。它由翻转架、夹紧装置、液压缸、托辊等组成。落砂时，砂箱进入翻转架上托辊和夹紧装置的卡口，砂箱被卡紧；同时小液压缸驱动溜槽置于砂箱上沿，翻转架连同小液压缸、溜槽在大液压缸的驱动下转动135°，把砂和铸件倒到振动输送机或振动落砂机上。该形式的翻箱机可使输送辊道与砂箱一同举升翻箱，适用于辊道输送器造型生产线。

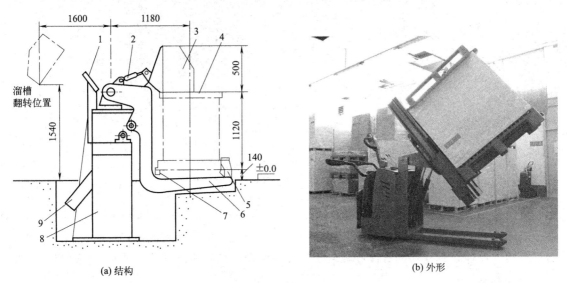

(a) 结构   (b) 外形

图 9-24　底托式翻箱倾倒机的结构及外形
1—挡块；2—小液压缸；3—溜槽；4—砂箱；5—夹紧装置；6—翻转架；
7—托辊；8—支座；9—大液压缸

（2）落砂机

消失模铸造的特点是采用无黏结剂的干砂造型。由于是干、散砂，采用振动输送落砂机完全可以满足"铸件与旧砂分离"的要求。该类设备采用了两台振动电动机作激振器，结构简单，维修方便，兼有落砂、输送双重功能，目前被广泛采用。双侧激振输送落砂机的结构如图 9-25 所示，实物如图 9-26 所示。

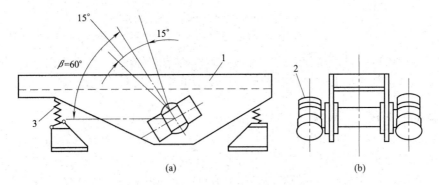

(a)   (b)

图 9-25　双侧激振输送落砂机的结构
1—栅床；2—振动电动机；3—隔振弹簧

图 9-26 双侧激振输送落砂机实物

热、干的旧砂冷却速度慢，大量泡沫模样上的涂料被带入旧砂中，使得旧砂中的灰尘含量大。因此，旧砂的除尘和冷却是消失模铸造中旧砂处理系统最重要的工艺及设备环节。

9.3 典型的消失模铸造生产线

按消失模铸造工艺流程，将各种消失模铸造设备有机地组合起来，配备必要的物流输送装备，可形成消失模铸造连续生产流水线。

（1）年产 1500t 的消失模铸造生产线

图 9-27 为某工厂年产 1500t 铸件的消失模铸造生产线的黑区平面布置。它具有布置紧凑、占地面积小、投资少等优点，是目前国内消失模铸造生产线中较紧凑、较经济的布置类

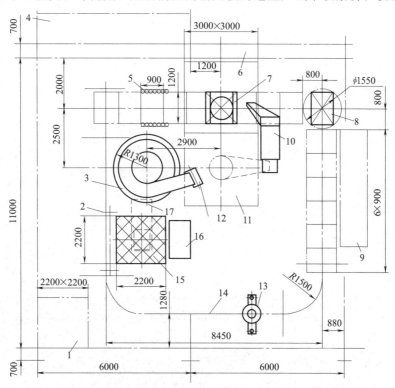

图 9-27 年产 1500t 铸件的消失模铸造生产线的黑区平面布置

1—除尘器；2—翻转架；3—振动冷却提升机；4—真空系统；5—边辊；6—砂斗；7—振动紧实台；8—转向架；9—浇注区；10—斗式提升机；11—冷却砂斗；12—磁选滚筒；13—电动葫芦；14—吊环；15—落砂栅格；16—铸件桶；17—振动输送机

型之一。黑区部分控制在 12m×12m 的面积内。振动紧实辊道与浇注辊道（相互）垂直布置。浇注后的砂箱，用电动葫芦来完成铸件的倒箱及砂箱的转运。由于投资的限制，砂箱的移动采用人工推动方式。

该生产线的工艺流程为：砂箱由电动葫芦吊至滚道上，并由人工推入振动紧实工位；在完成雨淋加砂及型砂的紧实后，推入转向架使砂箱转向，进入浇注工位待浇（每次可同时浇注五个砂箱）；浇注后的砂箱经一定时间的冷却后，由电动葫芦吊至翻转架上方，倒箱落砂；铸件进入铸件桶后由行车吊走，而旧砂经落砂栅格、振动给料机、振动冷却提升机、磁选机进入冷却砂斗；干砂经冷却调温后，由振动给料机、斗式提升机送入振动紧实台上方的砂斗中待用。砂处理系统采用了机械化动作，整个生产线设备流畅、简洁、投资少。该生产线的三维视图如图 9-28 所示。

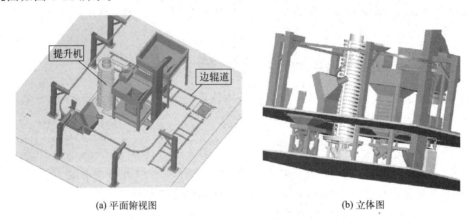

(a) 平面俯视图　　　　　　　　　　　　　　　　(b) 立体图

图 9-28　图 9-27 所示生产线的三维视图

（2）年产 3000t 的消失模铸造生产线

图 9-29 为某厂年产 3000t 的消失模铸造生产线的黑区平面布置，图 9-30 为一种简易型消失模铸造车间 3D 模型。

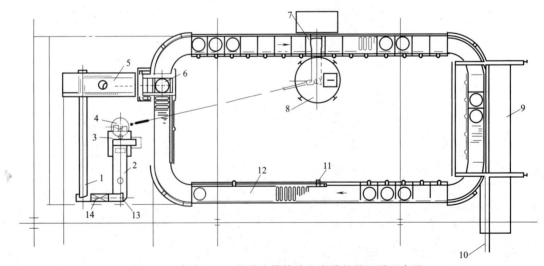

图 9-29　年产 3000t 的消失模铸造生产线的黑区平面布置

1—带式输送机；2—筛分机；3—砂冷却器；4—干砂压送罐；5—落砂机；6—翻箱机；7—振动紧实台；8—砂斗；
9—浇注平台；10—浇注单轨；11—辊道驱动系统；12—冷却带；13—磁选滚筒；14—斗式提升机

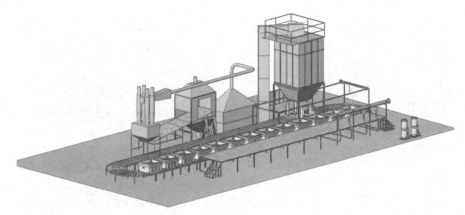

图 9-30 消失模铸造车间 3D 模型

该类铸造车间的黑区布置，采用间隔式辊道驱动输送装置组成封闭式造型生产线。铸件浇注冷却后，由翻箱机 6 倒出砂箱内的铸件与干砂，振动落砂机实现铸件与干砂分离，旧砂经提升、磁选、筛分后，进入砂冷却器进行冷却、降温，使温度低于 50℃，最后由气力压送装置送入振动紧实台上方的砂斗中待用。

（3）年产 5000t 的自动化消失模铸造生产线

图 9-31 为一自动化消失模铸造生产线布置，图 9-32 为一种自动化程度较高的消失模铸造车间现场。其特点是设置了两台振动台，分别紧实底砂及模样四周。即前一振动台工位，加底砂后振实；随后砂箱进入下一振动台工位，放置泡沫模型后加砂紧实。造好型后的砂箱由辊道、转运小车送至浇注工位。在浇注工位，自动对接装置将砂箱和真空管道连接，抽真空后浇注。浇注后的砂箱则送入翻转式落砂机，落砂后铸件进入装料框，热砂送入砂冷却装置冷却，而砂箱则返回造型工位进入下一循环。冷却后的干砂由风力输送器送至造型工位上方的砂斗中。该线造型速度可达 12 箱/h，砂箱尺寸为 800mm×800mm×950mm。

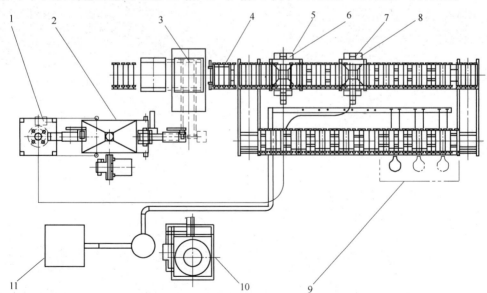

图 9-31 自动化消失模铸造生产线布置

1—风力输送器；2—砂冷却装置；3—翻转式落砂机；4—砂箱及辊道；5,7—振动台；6,8—砂斗；
9—浇注工位；10—除尘器；11—真空系统

(a)
(b)

图 9-32　一种自动化消失模铸造车间现场

（4）铝合金消失模铸造压力凝固设备及生产线

一种适用于铝合金消失模铸造的压力凝固设备如图 9-33 所示。为了减小铝合金消失模铸件的气孔缩松率，浇注后需要采用压力下凝固措施。砂箱紧实浇注后，立即放入加压罐内，在一定压力下凝固，可获得更致密的铝合金铸件。其生产线如图 9-34 所示。

图 9-33　铝合金消失模铸造压力凝固设备　　　图 9-34　铝合金消失模铸造加压凝固生产线一角

思考题

1. 简述消失模铸造工艺的原理及特点。
2. 简述消失模铸造工艺的主要设备及其作用。
3. 概述消失模铸造的关键技术。
4. 比较一维振动紧实台、二维振动紧实台及三维振动紧实台在结构组成及工作原理上的区别。
5. 简述在消失模铸造过程中采用真空负压的作用。试分析何种情况下不需要真空负压系统？
6. 在消失模铸造中，为何要采用雨淋式加砂？简述常用的雨淋式加砂方法及特点。

7. 比较消失模铸造生产线与黏土砂铸造生产线和树脂砂铸造生产线在组成上的差异，并简述原因。

8. 举例说明消失模铸造工艺在工业中的应用。

9. 简述消失模铸造工艺中旧砂冷却设备的工作原理及特点。

参考文献

[1] 樊自田. 材料成形装备及自动化[M]. 2版. 北京:机械工业出版社,2018.

[2] 刘立中,刘宁. 消失模铸造工艺学[M]. 北京:化学工业出版社,2019.

[3] 章舟. 消失模铸造生产实用手册[M]. 北京:化学工业出版社,2011.

[4] 邓宏运,王春景. 消失模铸造及实型铸造技术手册[M]. 北京:机械工业出版社,2021.

[5] 樊自田,吴和保,董选普. 铸造质量控制应用技术[M]. 2版. 北京:机械工业出版社,2015.

[6] 蒋文明,李广宇,樊自田. 镁/铝双金属材料消失模复合铸造技术[M]. 武汉:华中科技大学出版社,2023.

第 10 章

熔模精密铸造设备及自动化

10.1 熔模精密铸造工艺过程及特点

　　熔模精密铸造（又称熔模铸造、失蜡铸造）距今已有四千多年的历史，其铸件精密、复杂，接近于零件最后的形状，可不经过加工直接使用或经很少加工后使用。熔模精密铸造是先用易熔材料制成可熔性模型，然后在其上涂覆若干层特制的耐火涂料，经过逐层撒砂、干燥与硬化后形成一个整体模组，再通过蒸汽或热水等加热方法熔失熔模而获得中空的型壳，接着将型壳放入焙烧炉中经高温焙烧，最后在其中浇注熔融的金属而得到铸件的方法。其工艺流程如图 10-1 所示。

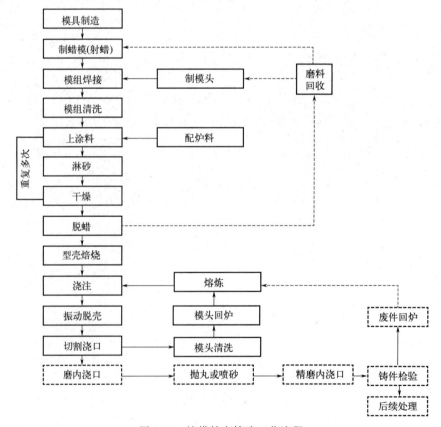

图 10-1　熔模精密铸造工艺流程

　　熔模精密铸造几乎用在了所有工业部门，用以生产各类工业产品，同时具有生产各类工艺品、艺术品的优势。图 10-2 为一些典型的熔模铸造产品。

(a) 曾侯乙墓中的青铜器尊和盘　　　　　　(b) 涡轮蜡模及铸件

(c) 航空发动机叶片　　　　　　　　　(d) 典型钛合金精密铸件

图 10-2　熔模精密铸造应用实例

与其他铸造方法相比，熔模精密铸造具有如下特点：

① 熔模铸件的尺寸精度高，表面粗糙度较低，可以浇注形状复杂的铸件，一般尺寸精度可达 CT5～CT7 级，粗糙度 Ra 达 $25～6.3\mu m$。

② 可以铸造薄壁铸件以及质量很小的铸件，熔模铸件的最小壁厚可达 0.5mm，质量可以小到几克。

③ 可以铸造带有精细花纹的图案、文字、细槽和弯曲细孔的铸件。

④ 熔模铸件的外形和内腔形状几乎不受限制，可以制造出用砂型铸造、锻压、切削加工等方法难以制造的形状复杂的零件，而且可以使有些组合件、焊接件稍微进行结构改进后直接铸造成整体零件，从而减轻零件质量，降低生产成本。

⑤ 铸造合金的类型几乎没有限制，常用来铸造合金钢件、碳钢件和耐热合金铸件；生产批量没有限制，可以从单件到成批大量生产。

熔模铸造方法的不足之处主要就是工艺复杂、生产周期长，不能用于生产轮廓尺寸很大的铸件。熔模精密铸造生产过程中主要涉及蜡模成型设备、壳型制造设备、脱蜡及焙烧设备。

10.2　蜡模成型设备及温度控制

10.2.1　蜡模成型设备

熔模精密铸造的第一道工序就是制模。制模的工艺过程如图 10-3 所示，主要包括设计模型、压型、压制熔模等。在制模过程中，压蜡机是不可或缺的关键设备。压蜡机的工作目的就是在一定的工艺条件下借助压蜡装置和模具，将液态或膏态的模料成型出所需要的蜡型。目前较先进的为液压蜡模压注机，如图 10-4 所示。它具有压力、流速、温度、时间等参数可自动调节控制等优点，容易保证蜡模的质量，提高了生产率。

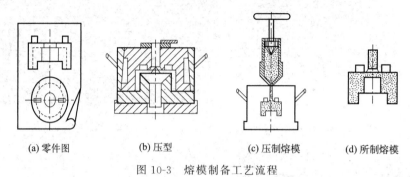

(a) 零件图   (b) 压型   (c) 压制熔模   (d) 所制熔模

图 10-3　熔模制备工艺流程

(a) 单工位   (b) 双工位

图 10-4　液压蜡模压注机

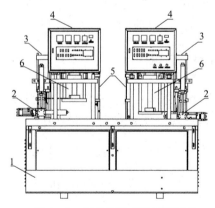

图 10-5　双工位卧式液压压蜡机
1—机架；2—射蜡装置；3—给蜡缸；
4—控制箱；5—贮蜡缸；6—压模装置

　　常见的双工位卧式液压压蜡机结构如图 10-5 所示，由化蜡装置、贮蜡装置、压蜡装置、开合压型装置、冷却保温系统、液压传动系统、电器控制系统等组成。压蜡机的工作循环一般包括合模与锁紧、注射装置前移、注射与保压、熔模冷却、注射装置后退、开模取出蜡型等基本工序，如图 10-6 所示。蜡模制备的主要动作包括：输蜡缸往复运动从贮蜡罐中抽吸蜡液压入压蜡缸中，当输蜡缸往复运动数次后压蜡缸被充满，在此之前合模缸合模；合模后压蜡缸向模具中压蜡，压蜡完毕合模缸保压一定时间后再开模返回，取出蜡模，完成一个工作循环。在合模缸开始保压时，输蜡缸又开始往复运动，从贮蜡罐中抽吸蜡液，下一个工作循环开始。

图 10-6　压蜡机工作过程循环

压蜡机常用的压蜡方法主要有膏态压注、液态压注和固态压注。膏态压注为传统的压蜡成型方法，是将固态蜡料制成熔融的膏态后利用注蜡机注入模型。膏态压注的压注温度较低，因此模型冷凝时间短，收缩也较小，蜡模的质量较高。美国MPI公司的膏状贮蜡罐是一种典型的膏态压注系统，见图10-7。贮蜡罐外筒由导热快的铝合金制成，分1、2两个温度区，1区在上，2区在下。1区约占整个贮蜡罐高度的1/3，2区占2/3。1区采用电加热并带有温度控制器，可使蜡液始终保持所需的温度和适当的液面位置。蜡液从1区底部进入，以免卷入气体，罐内已存在的气泡可通过蜡液表面向外逸出。2区通过筒外循环水套来加热或冷却蜡膏，并采用了笼形搅拌器。该搅拌器由三片耐磨叶片组成，叶片不断刮擦筒壁，可将模料均匀混合成膏状。温度靠插入蜡膏中的热电偶和温度控制器控制，其温度控制十分准确灵敏。

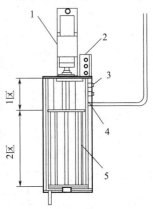

图 10-7　膏状贮蜡罐结构
1—电动机；2—控制面板；
3—蜡液水平控制器；
4—进蜡口；5—搅拌机叶片

液态压注是通过注蜡设备（蜡枪）将液态模料注入压型。该方法可以将熔化后的模料直接方便地装入贮蜡罐而无需制备蜡膏，省去了制备蜡膏的一些辅件，并可以实现连续压注成型。使用液态模料压制熔模，需用较高压力及长时间保压，液态模料流动性好，因此所制熔模表面精度很高。但液态压注存在制模周期长，模料凝固过程中体收缩较大等缺点，因此主要用于大而薄件的生产。

控制液蜡流态较好的方法是采用锥形蜡嘴和锥形柱塞压蜡头。工作时由于锥塞与枪体内孔之间的间隙很小（几十微米），因此其水力直径很小，液蜡受固体壁影响很大，从而保证了液态蜡在间隙中的流动状态为层流，最后以层流状态压入压型。典型的液态压注系统工作过程完全由液压系统控制，自动化程度较高，能自动控制和调节蜡料温度、压型温度、压蜡嘴温度、压注压力、压注速度及流量以及合型压力、保压时间等工艺参数。

固态压注是将处于固态下的模料直接挤压进压型型腔生产蜡模的技术。固态压注时模料温度低（40℃以下），几乎没有流动性，主要靠高压挤压模料使其产生塑性流动，在注蜡口强烈的摩擦和机械剪切作用下使蜡料局部处于熔融状态，进而充满压型型腔。用此种方法压注的熔模，由于其成型过程无需凝固，熔模体收缩很小，几乎没有线收缩，有效避免了表面缺陷。同时由于操作温度的降低，十分有利于简化压型的设计和制造以及模料使用寿命的延长。因此，全自动高压固态压蜡机是高质量蜡模生产的发展方向之一。

10.2.2　蜡模成型工艺控制

压蜡机的关键技术就是采用何种压注技术以及如何控制制模工艺参数。熔模质量与压注方法及压制过程工艺参数的设定和控制密切相关，选定合适的压注方法后，再在熔模的压制过程中对压力、流速、温度进行适时控制，即可获得高质量的熔模。若要得到质量比较稳定的熔模，应遵循以下几个原则：①蜡料在蜡型中应是层流；②压型充填时间必须小于或等于薄膜凝固时间；③注射压力必须保持最小。压力和流速是压注过程中最重要而又密切相关的两个参数。精铸生产中围绕压力和流速的控制，可将压型设备归纳为下列几种类型。

（1）压力和流速的控制

压注时模料的压力是通过压力控制阀控制的，驱动模料所需的最小压力取决于模料的黏稠程度和充型过程中所受的阻力。模料温度越低，黏度越大，达到期望流动速度所需要的压力就越高。流速一般用流动控制阀来控制。目前，压蜡机对压力和流速的控制一般有下列几种方式。

① 只控制压力。液压回路中只有压力控制阀而没有流速控制阀。使用这类压蜡机时，模料和环境温度，甚至是液压油或贮蜡缸温度的任何微小变化都可能影响模料流动速度，进而影响蜡模质量。此外，压力高时无法获得低的流速，压力低时无法获得高的流速。因此，这类压蜡机无法实现低流速（避免卷气）、高压力（为了获得表面质量好的蜡模）的控制。

② 同时控制压力和流速，但无压力补偿。这类压蜡机在压力高时可以通过流量阀控制获得低的流速。但是由于没有压力补偿，在压力低时无法获得很高的流速，而且压力和温度的任何波动也都将导致模料流动速度改变，进而影响蜡模质量。

③ 同时控制压力和流速，有压力补偿。这种控制方法已被国外多数压蜡机采用，是常规条件下控制压注过程最有效的方法。系统内的流量控制阀具有附加的加速和减速能力。流量控制阀可根据负荷或温度变化自动调节阀口尺寸，当压力减小时，补偿器就会增大阀口尺寸，以保证获得预先设定的稳定的流动速度。因此，在预先设定的压力范围内，无论温度、流动阻力如何变化，流动速度均能得到精确控制，而且流动速度可任意调节而不受压力制约。但是这套系统未能将压注过程分开，只能预先设定同一压力，不能在充满压型型腔的瞬间，立即换挡减小压力。

④ 分段式压力控制和流速控制。该控制方法是将压注过程分为充型、压实和保持3个阶段，将充型压力与压实压力明确分开。充型压力用来使模料获得较快的充型速度，以保证充型完满，蜡模轮廓清晰且没有流痕，因此充型压力应适当大些；压实压力主要用于保证蜡模尺寸稳定、表面缩陷和变形小、飞边毛刺少，尤其应保证不损坏型芯，所以压实压力应明显低于充型压力。在压实压力保持一段时间后，关闭射蜡嘴，压实阶段结束，进入第三阶段即保持阶段。保持阶段是使已成型的蜡模在压型中驻留一段时间，使蜡模坚挺刚硬直至起模，故而保持阶段仅需较小的压力即可。其控制过程如图10-8所示。

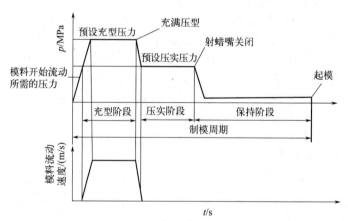

图 10-8　压注过程分段控制

（2）压型温度控制

压型温度直接影响蜡模的表面质量。目前，主要通过使用类似水龙头的手动阀门增减通入压板的冷却水流量来控制压板温度，进而控制压型温度。由于压板和压型之间的热传导并不可靠，另外压型壁的厚度对型腔的温度也有很大影响，因此这种方法并不能精确地控制型腔温度。可以采用下列方法控制型腔温度。

① 用热电偶测量压板温度。可通过调整冷却水管道阀门的大小来控制压板温度（图10-9），这样可使压板温度控制得到改善。为避免压板表面的温度波动，可使热电偶对称分布。另外可以采用专门的加热制冷系统，加热时用快速加热器，冷却靠制冷机。

② 采用温度控制器。它可以使冷却水温保持在设定温度，以便提供温度符合要求的稳定水流。压板温度也因此保持在了要求的范围内。

③ 分别控制压板和压型温度。上述两种方法都未能消除压板和压型之间热传导的影响，因而并没有实现对压型温度的真正控制。在控制压板温度的同时，再通过对压型本身温度的控制，对蜡模质量的提高将会起到决定性的作用。图10-10为压型温度控制。

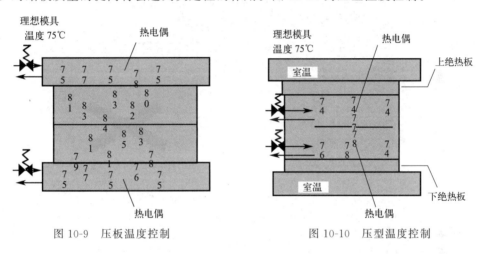

图 10-9　压板温度控制　　　　　　图 10-10　压型温度控制

10.3　型壳制造设备及控制

熔模铸造要求获得表面光滑、棱角清晰、尺寸精确、质量良好的铸件，而型壳的好坏直接影响铸件质量。型壳是由黏结剂、耐火材料和撒砂材料等，经配涂料、浸涂料、撒砂、干燥硬化、脱蜡和焙烧等工艺制成的。涂料分为面层和背层（加固层）。面层直接与金属液接触，应平整、坚实、光滑，并且不与金属液发生反应，以保证铸件表面质量。背层是加固加厚型壳的，可使其具有良好的综合性能。只有涂料还不能形成型壳，还需要撒砂作为骨料。撒砂一方面可吸附涂料中的溶剂，使之停止流动，防止涂料大片流失，另一方面可以防止干燥硬化时，涂料层发生大面积收缩而形成宽大的裂纹。撒砂会造成粗糙的型壳背面，有利于上、下两层型壳结合。另外，撒砂还有利于提高型壳的透气性。

熔模铸造中优质的型壳应满足下列几方面的要求：

① 有良好的工艺性能，能准确地复制出熔模外形，保证尺寸精确、表面光洁。

② 有足够的常温和高温强度以及必要的刚度，以避免在脱蜡、焙烧、浇注等过程中的复杂应力作用下发生变形、裂纹和破损。

③ 具有高的化学稳定性、良好的退让性、良好的透气性及小的热膨胀性。

④ 残留强度低，具有良好的脱壳性（溃散性）。

耐火材料是组成熔模铸造型壳的基本材料，并决定型壳的主要性能。用于熔模铸造型壳的耐火材料有石英（硅砂）、电熔刚玉、镁砂、锆石英、耐火黏土、高岭石、铝矾土等。常用的黏结剂有水玻璃、硅酸乙酯、硅溶胶。型壳的制备主要包括涂挂涂料、撒砂、干燥与硬化、脱蜡、焙烧。

10.3.1　涂挂涂料和撒砂

涂料的配制是保证涂挂质量的重要一环。配制时应让各组分均匀分散，充分混合和润湿。涂料配制用设备、加料次序和搅拌时间等均会影响涂料的质量。涂料在使用前须先搅拌均匀。常采用低速连续式沾浆机搅拌配制涂料，并可供制壳上涂料用，如图 10-11 所示。沾浆机中的 L 形叶片固定不动，靠浆桶慢速转动（22～50r/min）来达到搅拌涂料的目的。由于设备转速慢，配涂料时气体不易被卷入涂料中，同时 L 形叶片离桶底距离很近，可使涂料基本无沉淀。由于浆桶转速较低，使涂料均匀所需的时间较长。

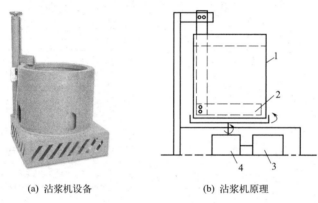

(a) 沾浆机设备　　　　　　(b) 沾浆机原理

图 10-11　沾浆机结构

1—涂料桶；2—L 形叶片；3—电动机；4—变速箱

涂料的浸涂是制壳的关键工序之一，要各处都涂并应均匀。将模组浸入涂料中，做上下移动和转动，提起后滴去多余涂料并合理转动，使模组上均匀覆盖一层涂料，待涂料滴落很少时，即可进行撒砂。若模组具有深孔、沟槽和凹角等涂料不易浸入的部位，可用 0.3～0.35 MPa 的压缩空气由细口吹气喷管轻轻吹这些部位或用毛涂刷局部表面，以去除这些部位的小气泡和多余涂料，使模组各部位涂料均匀，避免缺涂、局部堆积和裹气泡。涂加固层涂料时也要求模组在涂料中多次上下移动和转动，使涂料能渗入上一层涂料、撒砂空隙中并能润湿良好，以排除砂粒间隙中的空气。只有这样才能形成均匀连续而又紧密镶嵌的整体，防止生成孔洞、裂隙和分层，从而保证型壳的结构强度。如图 10-12 所示是人工与机器人上涂料的生产过程。

挂完一层涂料后要在表面进行撒砂处理。撒砂的目的是用砂粒来固定涂料层并增加型壳的厚度，使型壳有足够的常温和高温强度。撒砂也可提高型壳的透气性和退让性，并能防止型壳在硬化时产生裂纹和其他表面缺陷。砂子的粒度是逐渐加粗的，

(a) 人工上涂料　　(b) 机器人上涂料

图 10-12　在模组表面上涂料

表面层用的砂粒最细，背层的砂粒粗。撒砂种类应与该层涂料用耐火粉料一致，有相同的热膨胀系数，以加强撒砂与涂层的结合力。此外，撒砂的粒度分布不宜过于集中，这样才能使砂粒相互镶嵌，提高型壳的致密度；并且要严格限制砂中的粉尘量，其质量分数应小于0.3%，因为粉尘覆盖在涂料上就不易挂上砂粒。撒砂的方法根据生产规模的大小及设备的不同，有雨淋法和沸腾法（即浮砂法）。

雨淋法也称淋砂法，其设备有转盘式和直立式等。图10-13（a）为转盘式雨淋式撒砂机，图10-13（b）为直立式雨淋撒砂机。砂粒由提升机提到顶部，经连续式筛砂机下落。雨淋法的优点是撒砂动量小，均匀，不易击穿涂层，涂料豆也易清除，最适宜用于型壳面层撒砂。其缺点是撒砂时要手工翻转模组，劳动量较大，生产效率不高。

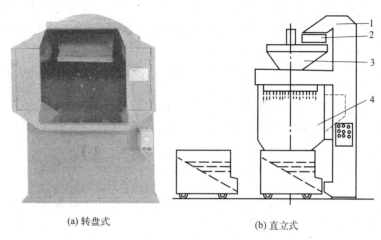

(a) 转盘式   (b) 直立式

图 10-13　雨淋式撒砂机
1—斗式提升机；2—连续筛砂机；3—贮砂斗；4—模组撒砂区

沸腾法又称浮砂法，也是应用较广泛的一种撒砂方法。其原理见图10-14。砂存放在沸腾砂床筒中，压缩空气从底部引入，通过上、下孔板1和毛毡2，使砂粒悬浮起来形成浮砂层。此法撒砂速度快，生产效率高，且设备简单。但高速气流易使砂粒击穿涂料层而影响表面质量，同时高速气流使溶剂蒸发较快，涂料易结皮；砂粒摩擦使温度上升，造成涂料黏不上砂，特别是熔模棱角部分的涂料易被风吹薄，结皮，挂不上砂。另外，砂粒摩擦易使粉尘量增加，劳动条件较差。砂筒中涂料豆及被打落的熔模还容易打落其他熔模。该法适用于背层撒砂。

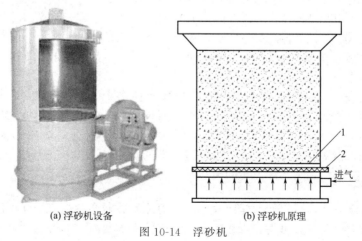

(a) 浮砂机设备   (b) 浮砂机原理

图 10-14　浮砂机
1—上、下孔板；2—毛毡

10.3.2　干燥和硬化

型壳干燥是制壳工艺的又一关键工序。根据黏结剂材料的不同，水玻璃、硅酸乙酯、硅溶胶型壳有着各自的干燥硬化方法。

水玻璃型壳在硬化前需进行自然干燥，这样可消除或减少表面皱皮、蚁孔等缺陷，并使型壳和铸件的表面粗糙度值变小。该型壳中水玻璃溶胶是多种形式的硅酸钠溶于水中的混合体系。由于硅酸钠水解作用的结果，生成多种形式的硅酸。所谓化学硬化，就是用化学物质使这种硅酸溶胶转变成凝胶，将涂料层中的耐火材料颗粒黏结起来，使型壳具有一定的强度。常用的水玻璃型壳硬化剂有氯化铵、结晶氯化铝、聚合氯化铝、氯化镁、氯化钙等。

硅酸乙酯型壳是通过水解液中溶剂的挥发以及继续进行水解-缩聚反应而达到最终的胶凝。该型壳的硬化可用氨气催化，俗称氨干。氨气既可通过碱解反应加快水解，也可通过改变涂层中水解液的 pH 值加快缩聚反应。

硅溶胶型壳采用干燥硬化的胶凝方法，而不采用化学硬化法。其工艺过程为：上涂料、撒砂、干燥。如此反复得到所需厚度的型壳。干燥的目的是使涂料中的溶剂挥发，胶体颗粒浓度增大，把耐火材料紧密黏结起来使其产生强度。溶剂去除量越大，强度越高。为了加速干燥，通常可采用强制通风，控制空气的温度、湿度及流速。一般空气温度为 20～28℃，相对湿度为 40%～70%，流速为 240～300m/min 时较为理想。

10.3.3　脱蜡

熔失熔模的过程通称为脱蜡，是熔模铸造的主要工序之一。脱蜡的方法有多种，如有机溶剂法、热水脱蜡法、高压蒸汽脱蜡法、闪烧脱蜡法、微波脱蜡法、热砂脱蜡法等。现在应用最广泛的为高压蒸汽脱蜡法。另外，国内水玻璃型壳多采用热水脱蜡法。

（1）蒸汽脱蜡

蒸汽脱蜡是当今世界熔模铸造脱蜡方法的主流。其优点是型壳质量较好，蜡料回收率较高，但设备费用较高。另外，采用高压蒸汽时要注意安全。典型的蒸汽脱蜡装置如图 10-15 所示。

为快速脱蜡，防止型壳被胀裂，要求使用高压蒸汽（蒸汽压力在 0.6～0.75MPa 之间），并要求在极短时间内达到高压。为保证短时间内达到所要求的压力，一般脱蜡釜应有专用蒸汽锅炉，最好设有贮压罐。典型的蒸汽脱蜡装置系统结构见图 10-16。

图 10-15　脱蜡釜设备

脱蜡釜主要由内封头、炉胆、筒节及由球冠形封头和齿圈等零件构成的快开门组成。物料的进出通过快开门，筒节及快开门上均布置有齿圈。关闭快开门并转动一个角度，使其与筒节的齿圈啮合，在蒸汽压力的作用下，通过齿圈间密封圈的密封可达到保压目的。釜内压力越大，密封效果越好。型壳浇口杯向下放置，整个型壳的脱蜡应在 6～10min 内完成。脱出的蜡由脱蜡釜下部流出。

（2）热水脱蜡

热水脱蜡设备简单，费用低，蜡回收率高。但热水脱蜡会使型壳的强度降低，同时热水沸腾易将脱蜡槽中的砂粒及污物翻入型腔中，造成砂眼等缺陷。另外，此种脱蜡方法还具有

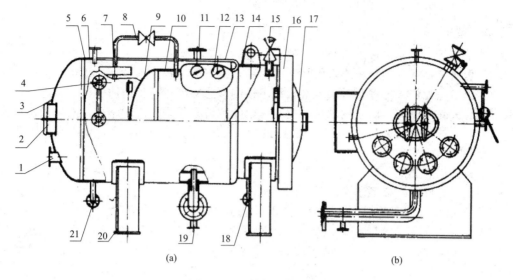

图 10-16　脱蜡釜系统结构

1—电热管法兰；2—人孔装置；3—外封头；4—水位表管座；5—锅壳；6—压力表管座；7—汽水分离器；
8—连通管；9—内封头；10—炉胆；11—安全阀管座；12—压力表；13—U 形圈；14—筒节；15—保险装置；
16—齿圈；17—球冠封头；18,19,21—排污管座；20—底座

劳动条件差和劳动强度大的缺点。水玻璃型壳由于普遍应用熔点较低的石蜡硬脂酸模料，因此广泛采用热水脱蜡法。

热水脱蜡装置如图 10-17 所示。首先将制完模壳的模组 8 放入模壳提升篮 7 中，打开热蒸汽源使热蒸汽经由进汽口 6 进入通气管 2 中，由于通气管 2 的导热性，脱蜡液 5 升温至要求的最佳温度；然后将装有模组 8 的模壳提升篮 7 落入脱蜡液 5 中，并使模组的顶部低于脱蜡液上液面一定高度即可。温控开关 3 通过进汽阀门 9 调节进汽量，保持脱蜡液始终处于要求的温度。由于通气管 2 的环形均匀分布在脱蜡液存放槽内的四周侧壁上，且通气管 2 分布的最高位置低于脱蜡液 5 的上液面，因此能使脱蜡液均匀升温。同时由于温控开关的控制，脱蜡液始终处于恒温，并保持平静不会沸腾，从而提高了脱蜡的效果及脱蜡的质量。

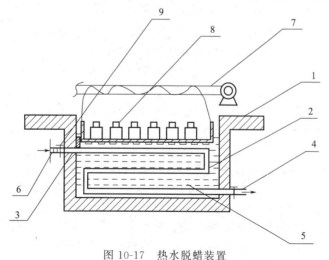

图 10-17　热水脱蜡装置

1—脱蜡液存放槽；2—通气管；3—温控开关；4—排汽口；5—脱蜡液；
6—进汽口；7—模壳提升篮；8—模组；9—进汽阀

10.3.4 型芯

一般情况下，熔模铸造的内腔是与外形一道通过涂挂涂料、撒砂等工序形成的，不用专制型芯。但对于某些特别窄小或形状复杂的内腔，常规的涂挂涂料、撒砂等工序根本无法实施，或内腔型壳无法干燥硬化时，就必须使用预制型芯来形成铸件内腔。这些型芯在铸件铸成后再进行去除。例如，航空发动机的空心涡轮叶片就必须采用陶瓷型芯。陶瓷型芯要先与蜡模组合，涂挂浆料结壳后再脱蜡焙烧进行浇注，浇注完成并脱芯后即可获得涡轮叶片铸件。其流程如图 10-18 所示。

熔模铸造用型芯除与常规铸造型芯一样受金属液包围外，不仅工况条件恶劣，还需经受脱蜡和焙烧。为此，陶瓷型芯应满足下列要求。

① 耐火度高。型芯的耐火度至少应高于合金浇注温度，一般应达 1400℃ 以上。在定向凝固和单晶铸造时则要求在 1550~1600℃ 之间甚至达 1650℃，工作时间达 1h 或更长。

② 热膨胀率低，尺寸稳定。型芯的热膨胀率应尽可能小，且无相变，以免造成型芯开裂或变形。

③ 足够的强度。包括常温强度和高温强度。

④ 化学稳定性好。型芯不与金属液及其氧化物发生化学反应。

⑤ 易脱除。由于铸件中的陶瓷型芯大多数采用化学腐蚀法溶失，因此，型芯必须有较大的孔隙率（20%~40%）。

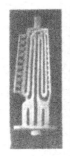

(a) 型芯　(b) 带型芯的蜡模　(c) 模组　(d) 壳型　(e) 叶片铸件

图 10-18　某发动机高压涡轮叶片的型芯、蜡模、壳型和铸件

陶瓷型芯大多采用热压注成型。热压注成型即低压注射成型，是目前应用最广的陶瓷型芯制备方法，也是制备高温合金叶片用陶瓷型芯最常用的一种方法。用该法成型的型芯尺寸精确，表面光洁度高，更主要的是这种成型方法可以生产形状复杂的型芯。热压注成型是在热压机（图 10-19）上进行的。其原理是在压力下将具有较好流动性的热浆料压入金属模内，并在压力的持续作用下使其充满整个金属模具，待浆料凝固然后去除压力，拆开模具获得陶瓷型芯坯体，坯体经过焙烧即可得到陶瓷型芯。图 10-20 为热压注法制备陶瓷型芯的工艺流程。

在航空发动机叶片的制备过程中常采用定向凝固技术（又称定向结晶）。这是在凝固过程中通过强制手段建立起某一个特定方向的温度梯度，从而使凝固沿着某个特定方向进行的一种技术。在金属的凝固过程中，已凝固的部分与未凝固的熔体之间由于具有特定方向的温度梯度，从而导致金属沿着与热传导相反的方向凝固。采用定向凝固技术可以获得特定取向的柱状晶或单晶，制备出柱状晶或单晶叶片，使其性能显著提高。定向凝固技术经历了数十年的研究发展，目前被广泛应用的是高速凝固法（high rate solidification，HRS）和液态金属冷却法（liquid metal cooling，LMC）。其工艺原理如图 10-21 所示。

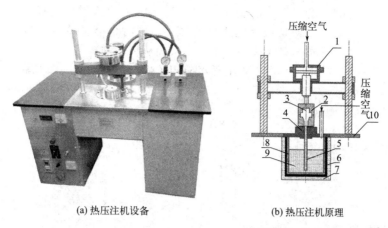

(a) 热压注机设备   (b) 热压注机原理

图 10-19　真空热压注机及其原理

1—压紧装置；2—模具；3—型芯；4—供料装置；5—升液管；6—硅胶加热板；
7—保温装置（特殊棉花）；8—盛料桶；9—浆料；10—工作台

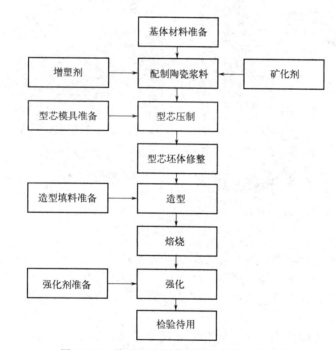

图 10-20　热压注法制备陶瓷型芯的工艺流程

　　高速凝固法是一种使铸件单方向移动逐渐脱离高温区实现单方向凝固的方法。这种方法改善了温度梯度在凝固过程中逐渐减小的问题。炉子底部设置一块绝热挡板，挡板上开一个略大于铸件的口，炉子内部保持加热状态，在金属凝固过程中，缓慢下拉型壳，使得金属暴露在外部的部分开始冷却凝固，而位于炉内的金属熔体仍处于加热状态，从而建立了一个轴向的温度梯度。高速凝固法具有较高、稳定的温度梯度与冷却速率，可以获得较长的柱状晶以及细小的组织，从而大幅度提高铸件的力学性能。但该方法的温度梯度仍有不足，在厚大铸件定向凝固时仍容易出现雀斑、杂晶等铸造缺陷。

　　液态金属冷却法是使用液体金属冷却铸件，即将抽拉出来的铸件浸入高热导率、高沸点、低熔点的液态金属（主流采用 Sn）中以增大冷却效果。液态金属冷却法提高了铸件的冷却速率和固液界面的温度梯度，最高可达 200 K/cm，并且能够保持稳定的温度梯度使结晶过程稳定进行，因而可以使得枝晶间距显著减小，同时也能减小各种凝固缺陷出现的概率。但该设备较复杂，操作不够简单。近年来，人们从型壳制备等方面进行了工艺优化，改进了液态金属冷却工艺的不足，在工程上已经应用于生产航空发动机单晶涡轮叶片和地面燃机用大尺寸单晶涡轮叶片。

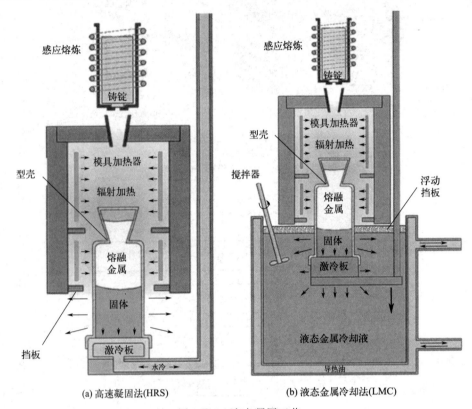

图 10-21　定向凝固工艺

对于空心复杂铸件（如涡轮叶片）的制造，无论是从生产周期考虑还是从劳动量考虑，陶瓷型芯脱除都是一个十分重要的环节，浇注完成后必须进行型芯脱除才能形成铸件复杂内腔。脱除陶瓷型芯的方法，首先取决于陶瓷型芯的材质，当然也与铸件的材质及铸件内腔结构的复杂程度有关。

根据陶瓷型芯脱除的作用原理，脱芯方法可分为物理脱芯、化学脱芯和物理-化学脱芯三类。除形状较简单而尺寸较大的型芯用机械物理脱除法外，大多数陶瓷型芯需结合化学腐蚀法脱除，如混合碱法、碱溶液法、压力脱芯法、氢氟酸法。化学脱芯材料的腐蚀性很强，氢氟酸有强腐蚀性和剧毒，应尽量避免使用。其他化学腐蚀法的脱芯材料虽比氢氟酸的腐蚀性小，但操作中也应特别注意安全，并配置良好的通风装置。铸件放入碱槽前要预热，以防止碱液飞溅。脱芯槽结构如图 10-22 所示。典型的物理-化学脱芯设备为压力釜，脱芯在压力釜中进行。图 10-23 为压力釜的结构。

碱液喷射脱芯是将碱液的化学腐蚀与高压液流的机械冲击相结合的另一种物理-化学脱芯方法。该方法是使用内径为 0.5～1.8mm 的小口径喷枪，在 34.5～69.0MPa 的压力下，以 1.4～45.5L/min 的流速，将浓度（质量分数）为 20%～50% 的 NaOH 或 KOH 溶液，直接喷射到铸件腔体内的陶瓷型芯上。型芯材料受碱液的溶解而松散的同时，在重力与冲击力的作用下快速脱除。图 10-24 为一典型的碱液喷射脱芯装置。

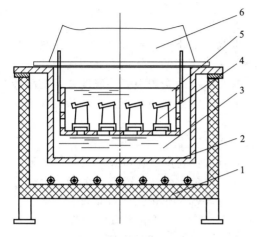

图 10-22　脱芯槽结构
1—炉体；2—碱槽；3—碱液；
4—铸件；5—铸件框；6—抽风罩

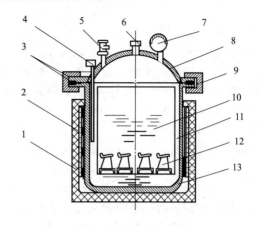

图 10-23　压力釜结构
1—隔热套；2—发热体；3—密封圈；4—测温管；5—放气阀；
6—安全阀；7—压力表；8—釜盖；9—紧固环；10—碱液；
11—铸件框；12—铸件；13—罐体

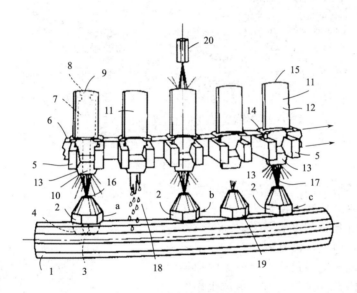

图 10-24　碱液喷射脱芯装置
1—液槽；2—喷嘴；3—内腔；4—喷嘴进液口；5—夹具；6—环形轨道；7—陶瓷型芯；8—冷却用腔体；
9—型芯顶端；10—型芯底端；11—铸件；12—叶身；13—榫头；14—缘板；15—叶顶；16—喷嘴喷
出口；17—喷嘴喷出的液流；18—自重下滴的脱芯液；19—压缩空气；20—附加喷嘴

　　图 10-24 中，涡轮叶片铸件 11 直立固定在环形轨道 6 的夹具 5 上；环形轨道 6 在变速电动机的驱动下围绕立轴转动；铸件 11 包括叶身 12、榫头 13、缘板 14 和叶顶 15；陶瓷型芯 7 的底端 10 在榫头底面外露，型芯顶端 9 在叶顶 15 形成冷却用腔体 8；喷嘴 2 位于铸件榫头 13 下方，脱芯液自液槽 1 经由喷嘴的进液口 4、内腔 3，从喷嘴的喷出口 16喷出；由 a、b 和 c 喷嘴喷出的液流 17 直接喷到型芯底端 10 上；铸件内腔的脱芯液因重力作用而自动下滴，如 18 所示；为强化铸件内腔的排渣过程，可由喷嘴喷入压缩空气19；20 为附加喷嘴，用于脱除型芯的顶端 9 部分。碱液喷射脱芯能加快脱芯速率、缩短

脱芯时间、降低脱芯费用。

10.3.5 焙烧与浇注

精密铸造用模壳脱蜡后，模壳内还含有不少的挥发物，如水分、残余蜡料、皂化物、盐分等，只有对其进行高温焙烧后才能去除这些残留物，减少模壳的发气量，提高模壳的透气性。同时经过高温焙烧，可以提高模壳的高温强度，减小液态合金与模壳的温度差，提高液体金属的充型能力，减少由于气孔和跑火而产生的废品。模壳焙烧质量直接影响精铸件产品质量和产品成本。

机械化熔模铸造车间带有焙烧浇注流水线，大批量生产企业一般多用贯通式焙烧炉，手工生产车间多用箱式或台车式焙烧炉，如图 10-25 所示为某企业贯通式焙烧炉实物。贯通式焙烧炉在连续生产状态下，生产速度为 20~30min，可出两炉车模壳。隧道式焙烧炉可分为三个温区段，即预热段、高温烧成段及缓冷段，炉内设计多部窑车依次经过装料、焙烧、浇注等流程，生产效率高，适用于大批量生产铸造厂使用，其燃料可选用发生炉煤气、天然气、液化气等。贯通式焙烧炉适用于精密铸造中的模壳焙烧，具有成品率高、质量稳定的优点，额定温度 1100 ℃，可分别满足水玻璃和硅溶胶黏结剂的焙烧要求。

图 10-25　贯通式焙烧炉

焙烧炉炉体结构如图 10-26 所示。外壳为底部架空式钢结构，炉体沿长度方向分为预热段、加热段和保温段，加热段和保温段炉顶装有双蜗壳平焰烧嘴，预热段炉顶低于后两段，没有安装烧嘴，主要利用烟气余热对该段的模壳进行预热，使模壳的加热温度由低到高，避免了模壳直接受高温辐射产生裂纹。炉体采用砖与纤维混合结构。内层砖结构能长时间抵抗气流冲刷，经受焙烧过程中产生的大量腐蚀性气体的侵蚀；外层纤维可以减少炉体的蓄热。复合结构使砌体的使用寿命增长，维修成本大大低于全纤维结构。

图 10-27 是某公司制作的经脱蜡焙烧后的水玻璃型壳与硅溶胶型壳。从图中可较明显看出，相比于硅溶胶型壳，水玻璃型壳更加厚重，型壳表面也更粗糙。在浇注铸件的过程中，由于水玻璃型壳的高温强度较低，挂涂层的次数需要更多才能确保不漏钢水，因此水玻璃型壳厚重，导致需消耗的原材料量也更多。

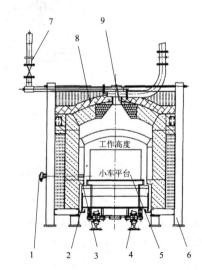

图 10-26　贯通式焙烧炉炉体结构
1—热电偶；2—下部密封；3—上部密封；4—焙烧小车；5—工件；6—炉体骨架；7—煤气系统；8—平焰烧嘴；9—空气送风系统

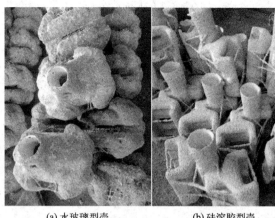

(a) 水玻璃型壳   (b) 硅溶胶型壳

图 10-27　熔模精密铸造用型壳示例

10.4 熔模精密铸造生产线

10.4.1 自动化制壳生产线

水玻璃工艺机械化制壳设备，是用一条悬链输送线把浸涂料、撒砂、硬化、干燥等工序和相应的设备连成一条生产线，如图 10-28 所示。人工将模组挂到悬链的吊具上，模组随着悬链运动，自动进入涂料—撒砂—硬化—干燥工序，经过几次重复即可完成制壳操作，最后将制备好的型壳进行浇注。常用的水玻璃型壳硬化剂有 NH_4Cl、$AlCl_3$、$MgCl_2$ 等。采用混合硬化工艺、交替硬化工艺及交替撒砂工艺可获得较好的经济效益。

(a) 水玻璃工艺制壳车间整体图   (b) 制壳生产线

图 10-28　水玻璃精铸生产线

全自动制壳生产线运行常用机械传动，运行速度为 0.5～2.5m/min（可调）。吊具节距由模组最大轮廓尺寸来确定，一般为 400mm 和 480mm 两种。全线长度为 100～400m，分为单工位、双工位、三工位、六工位制壳线。双层涂料槽分别盛装表面层和加固层涂料，在更换涂料时，操作人员需要在轨道上前后移动，以确保涂装作业的均匀性和效率。对应涂料槽（表面层和加固层）平台上安装摇臂式涂料搅拌机，分别放入不同的涂料槽中，确保涂料的均匀混合。撒砂多用沸腾砂床，砂床上方配有除尘罩，下方配有上砂装置。风送砂子进入砂床上方除尘罩方箱内，通过除尘后的砂子由上方撒落到通过的模组上，按模组消耗的砂量调整上砂量可保证砂床砂子沸腾的效果。硬化槽一般为长方形，其长度由硬化时间和悬链运行速度确定。槽体为砖、水泥结构（或钢板焊成型），槽内外表面可用多层环氧树脂黏结玻璃布为内衬，其厚度为5mm，也可用PVC板焊接成型。

硅溶胶自动化生产线主要由人工挂（取）模组、涂料、撒砂、自动干燥等部分组成，在运动中对模组风干，如图10-29所示。在运动中对模组进行风干，与固定式风干相比，模组风干程度达到一致性，减少了铸件缺陷，缩短了人工挂（取）模组的距离，提高了效率。为使型壳干燥良好，要严格控制室温、环境湿度和风力。

(a) 硅溶胶工艺制壳车间整体图　　　　(b) 制壳生产线

图 10-29　硅溶胶精铸生产线

机械化流水线生产型壳，有连续式和脉动式两种，如图10-30所示。连续式生产线生产效率高，生产线长度可以按要求变化。脉动式生产线结构紧凑，可以在静止中完成生产工序。

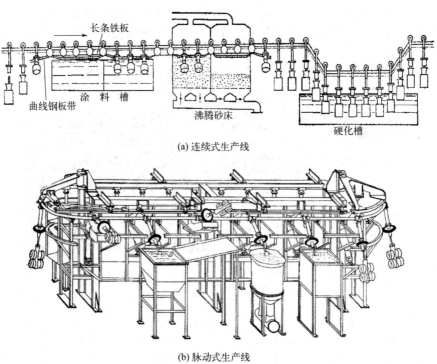

(a) 连续式生产线

(b) 脉动式生产线

图 10-30　脉动式制壳机

10.4.2　工厂（车间）布置

工厂平面布置原则：工艺流程是合理和流畅的。主要物料运输路线：蜡处理→制模→制壳→脱蜡→蜡处理为一个封闭环；制壳→脱蜡→浇注→清壳→废壳运出路线通顺；金属炉料运入→熔化浇注铸件→清壳→切割浇冒口→清理→热处理→外加工→成品入库安排合理；物料运输无交叉处。

图 10-31 是一个年产 300t 出口商品精铸件工厂的平面布置。从图中可以看出工艺流程是合理和流畅的，蜡料的流动形成一个封闭环，制壳材料进入和清理废壳运出路线通顺。铸件的流向合理，物料运输无交叉处。

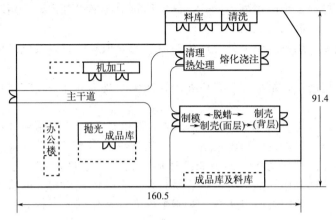

图 10-31　工厂平面布置

图 10-32 是一个年产 300t 水玻璃型壳精铸件熔模铸造车间的平面布置。设计时采用一班工作制，如改为两班工作制年产精铸件可达 600t。

该车间大量生产小型铸钢件，采用第三类工艺（石蜡-硬脂酸模料、水玻璃型壳工艺）。整个车间可分成六个部分。

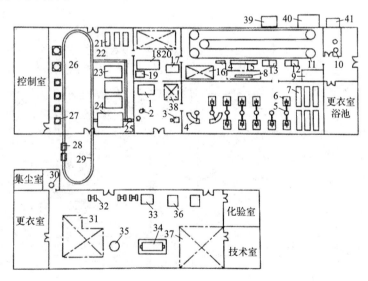

图 10-32　年产 300t 熔模铸造车间布置

1—蒸汽化蜡槽；2—水套可倾式搅蜡机；3—滚筒蜡片机；4—手动压蜡机；5—模料保温桶；6—自动压蜡机；
7—熔模存放架；8—熔模组装台；9—砂桶；10—涂料搅拌机；11—制壳生产线；12—料桶；13—撒砂槽；
14—装卸模台；15—硬化槽；16，20—型壳存放处；17—制浇口棒；18—热水脱模槽；19—模料处理槽；
21—型壳存放架；22—焙烧线；23—箱式电炉；24—油炉；25—推壳气缸；26—工频电炉；27—中频电炉；
28—浇注小车；29—浇注线；30—振动脱壳机；31—气割浇口；32—砂轮；33—修件工作台；34—碱煮滚筒；
35—井式退火炉；36—抛丸滚筒；37—成品库；38—模料存放处；39—风机房；40—袋式除尘器；41—水玻璃池

第一部分是模料制备，包括化蜡、制蜡片、搅蜡等工序，保证供给合乎质量要求的半固态蜡料。

第二部分是制造蜡模，配备了 10 台气动压蜡机和两台手动压蜡机。

第三部分是制壳生产线，由于布置比较紧凑，虽然全线长 88m，但是占地面积并不大。模组在生产线上一次只能挂一层涂料，因此模组在生产线上转 5～6 圈后卸下。面层涂料和背层涂料在同一个槽内，中间用隔板分开，靠坡形轨道让模组进入，不用时则用过渡垫板使模组通过而不进入。撒砂的情况与涂料类同。

第四部分为脱模，除热水脱模外，还包括模料的处理和回收以及浇口棒的制造。脱过模的型壳就地存放。

第五部分是焙烧浇注，焙烧部分采用油炉焙烧生产线。为保证生产连续进行，还装有 3 台 75kW 的箱式电炉。

根据生产需要，该车间除有两台 430kg 的工频电炉外，还有两台 150kg 的中频电炉，每次开炉为一大一小。浇注在环形轨道上进行，浇注小车靠人工推动，采用电葫芦浇包。

第六部分是脱壳清理。浇注后的型壳沿环形轨道被推到脱壳室旁边，用气动凿岩机脱壳。由于大部分铸件都采用易割浇口，很容易打掉，少数内浇口较大的铸件送气割工序割除内浇口，然后手工用砂轮磨去浇口残根。对于带深孔的铸件则要进行碱煮、去除黏砂。清砂后的铸件在井式退火炉中退火，最后经抛丸滚筒清除氧化皮，检验合格后入库。有的零件还需要矫形修整，因此设有修件工作台。

除了生产车间外，还有一个化验室，用以控制模料与涂料质量以及合金化学成分。

图 10-33 是一个年产 1800～2500t 的精密铸件车间布置。其分成 6 个工部，即Ⅰ熔化工部、Ⅱ供位工部、Ⅲ制壳工部、Ⅳ制模工部、Ⅴ铸件清理与热处理工部、Ⅵ炉料与其他物料仓库。

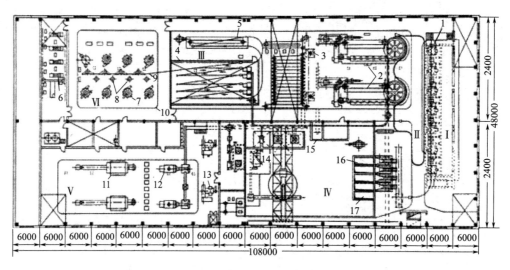

图 10-33　年产 1800～2500t 的精密铸件车间布置

1—感应熔炼炉；2—焙烧、浇注和冷却装置；3—型壳仓库；4—制壳装置；5—脱蜡槽；6—制备涂料装置；
7—制模机；8—输送机上组装模组位置；9,10—模组输送机；11—热处理炉；12—碱煮装置；
13—脱壳和去除浇注系统装置；14—石英粉干燥炉；15—砂斗；16—炉料料柜；17—黏土料柜

制模工部用制模机 7 制造熔模，然后用输送机 9 把模组送到制壳工部，涂挂耐火涂料、撒砂和氨气干燥，最后在槽 5 中脱模。脱模后的型壳存放在型壳仓库 3 中。待浇注的型壳在焙烧炉中焙烧后即可进行浇注，浇注后的模组经冷却后运送到清理和热处理工部，首先脱壳，然后去除浇注系统，接着进行碱煮。检验合格后的铸件进行热处理。车间的机械化、自动化程度较高。

思考题

1. 概述熔模精密铸造的工艺流程及特点。
2. 简述熔模精密铸造工艺的主要设备及其作用。
3. 简述蜡模压铸机的结构特点和工作原理。
4. 概述熔模铸造中涂料的黏结剂类型及应用特点。
5. 简述型壳的分类及干燥、硬化方法。
6. 概述型壳的制备过程及性能要求。
7. 简述陶瓷型芯的制备过程及脱芯方法。
8. 简述熔模精密铸造航空发动机单晶叶片的制备工艺过程。

参考文献

[1] 陈维平,李元元. 特种铸造[M]. 北京:机械工业出版社,2018.
[2] 顾国明,景宗梁. 熔模精密铸造技术及应用[M]. 北京:化学工业出版社,2022.
[3] 吕志刚. 铸造手册:第5卷[M]. 4版. 机械工业出版社,2021.
[4] 叶久新,李海树. 特种铸造[M]. 北京:机械工业出版社,2018.
[5] 夏巨谌,张启勋. 材料成形工艺[M]. 北京:机械工业出版社,2010.
[6] 吕凯. 熔模铸造[M]. 北京:冶金工业出版社,2018.
[7] 杨银岐,李海树. 熔模铸造水玻璃型壳改为硅溶胶型壳的成本分析[J]. 特种铸造及有色合金,2021,41(4):527-528.
[8] 李凤光. 高气孔率氧化铝基陶瓷型芯的制备与性能研究[D]. 武汉:华中科技大学2017.
[9] 赵效忠. 陶瓷型芯的制备与使用[M]. 北京:科学出版社,2013.

第 11 章

增材制造快速铸造设备

11.1 增材制造快速铸造概述

增材制造技术，最早起源于美国 20 世纪 80 年代初期，称为快速原型（rapid protoyping，RP）。1986 年，在美国成立 3D Systems 公司的 Charles W. Hull 研发出了"立体光刻法"（stereo lithography，SL）。1988 年，3D Systems 推出了世界第一台"立体光刻机"（stereo lithography apparatus，SLA）。1989 年，Dechard 博士发明了选区激光烧结技术（selective laser sintering，SLS）。1993 年，麻省理工学院教授 Emanual Sachs 发明了喷射黏结成型技术。

国内自 1990 年起开始对增材制造技术进行基础研究工作。华中理工大学于 90 年代成功开发了分层实体制造（laminated object manufacturing，LOM）打印机，并在快速成型设备、材料及应用方面进行了大量研究，同时进行了选区激光烧结设备系统的研制和开发。同期清华大学研制成功了一种"M-RPMS 型多功能快速原型制造系统"；西安交通大学也开展了大量光固化设备及材料研究。

经过近 40 年的发展，增材制造技术在工业机械制造、航空航天、汽车、陶瓷、铸造砂芯、生物、医疗、建筑等领域展现出重大应用价值和广阔发展前景，突破了传统制造（冷、热加工）模式，是制造业领域的一项重大技术成就。而将增材制造技术与传统铸造相结合，可充分发挥增材制造的技术优势，提高铸造柔性，从而极大降低产品研发创新成本，缩短创新研发周期，提高新产品投产的一次成功率，拓展产品创意与创新空间，无需任何模具就能制造出传统工艺无法加工的零部件，极大增强工艺的实现能力，对推动传统铸造的发展与转型具有重要的理论与实际意义。

目前，应用于铸造领域的增材制造技术主要包括喷射黏结成型（three-dimensional printing，3DP）、选区激光烧结成型（selective laser sintering，SLS）、光固化成型（stereo lithography，SL）和分层挤出成型（layered extrusion forming，LEF）。其基本工艺流程如图 11-1 所示。3DP 主要制备砂型（芯），适用于砂型铸造，属于直接成型；SLS 主要制备覆膜砂型、"熔模"等，适用于砂型铸造、熔模精密铸造等，属于直接/间接成型；SL 主要制备陶瓷型（芯）、"熔模"，适用于熔模精密铸造，属于直接/间接成型；LEF 主要制备陶瓷型

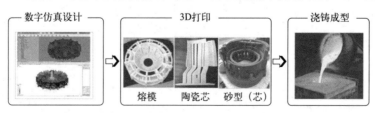

图 11-1　增材制造在铸造中的应用

（芯），适用于熔模精密铸造，属于直接成型，如表 11-1 所示。随着增材制造技术在铸造领域的应用，逐渐改变了传统铸造的面貌与发展方向。无论是哪种增材制造技术都是基于分层制造的原理，即先将复杂的三维模型切分成断面，再将这些断面分别叠加成型在一起，最后形成三维实体，如图 11-2 所示。

表 11-1　快速铸造方法分类

成型方法	材料	铸造中的用途	类别
喷射黏结成型（3DP）	陶瓷、砂	砂型（芯）	直接
选区激光烧结成型（SLS）	熔模、覆膜砂	覆膜砂型、"熔模"	直接/间接
光固化成型（SL）	光敏树脂、陶瓷	陶瓷型（芯）、"熔模"	直接/间接
分层挤出成型（LEF）	陶瓷	陶瓷型（芯）	直接

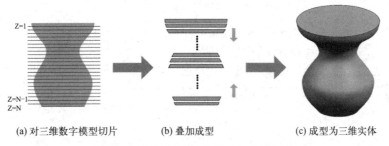

(a) 对三维数字模型切片　　　(b) 叠加成型　　　(c) 成型为三维实体

图 11-2　增材制造的分层叠加成型原理

11.2　3D 打印铸造砂型（芯）设备

11.2.1　3DP 成型原理及特点

3DP 成型的工作原理类似于喷墨打印机，只是将黏结剂打印在粉末表面上，其工作原理如图 11-3 所示。3DP 的工作过程为：首先滚轮把工作槽中的粉末铺平，然后喷头按照指定的路径将液态黏结剂喷射到预先铺好的粉末层上的指定区域中；上一层黏结完毕后，成型缸下降一个层厚，供粉缸上升一个层厚，推出若干粉末，同时铺粉辊将粉末推到成型缸，将其铺平并压实；喷头在计算机控制下，按下一层建造截面的成型数据有选择地喷射黏结剂建

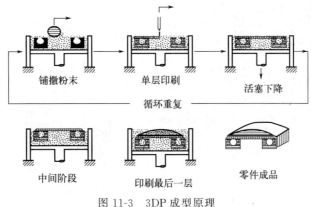

铺撒粉末　　　　单层印刷　　　　活塞下降

循环重复

中间阶段　　　　印刷最后一层　　　　零件成品

图 11-3　3DP 成型原理

造层面，铺粉辊铺粉时多余的粉末被收集到集粉装置中，如此周而复始地送粉、铺粉和喷射黏结剂，最终完成一个三维粉体的黏结（即制出成型制件）。粉床上未被喷射黏结剂的地方仍为干粉，在成型过程中起支撑作用，成型结束后容易去除。

砂型（芯）的喷射黏结成型技术发展已较为成熟，可直接无模快速成型，改变了铸造行业的生产模式，提高了金属铸件的成型效率。其部分砂型（芯）试样如图 11-4 所示。

(a) 复杂管路砂芯　　(b) 发动机缸体砂型(芯)及铸件　　(c) 发动机缸盖上水道砂芯

图 11-4　3DP 成型的砂型（芯）

在 3DP 砂型铸造工艺过程中，首先进行砂型（芯）的三维建模，选择合适的砂粒、黏结剂与固化剂；然后按切片路径进行喷射黏结成型；接着对成型的砂型（芯）进行组装；最后进行金属液浇注，待冷却后去除砂型（芯）就可以获得金属零件了。其工艺流程如图 11-5 所示。喷射黏结成型砂型材料主要有硅砂、锆砂等，黏结剂主要为呋喃树脂、酚醛树脂、无机黏结剂等。

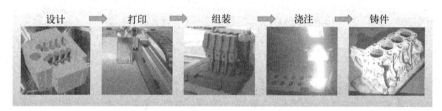

图 11-5　3DP 砂型铸造工艺流程

11.2.2　3DP 成型系统

3DP 成型系统涉及机械、控制、信息、计算机和材料等多个学科，是一个典型的多学科交叉和综合应用的复杂机械电子系统。3DP 快速成型系统包括机械系统、软件系统和控制系统，其总体结构如图 11-6 所示。

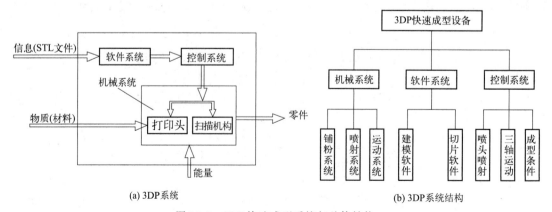

(a) 3DP 系统　　　　　　　　　　　　(b) 3DP 系统结构

图 11-6　3DP 快速成型系统与总体结构

① 机械系统：是 3DP 快速成型工艺过程的执行机构，为系统提供工艺需要的成型环境，实现扫描运动、材料供给和打印的基本结构，并在控制系统生成的控制信号作用下，完成 3DP 快速成型工艺所要求的各种动作。

② 软件系统：读入零件的 STL 文件数据，根据成型工艺的要求进行数据处理与计算，生成层面实体位图数据和支撑位图数据；在成型加工过程中向控制系统传送数据和发送控制指令信息。

③ 控制系统：接收软件系统的数据和控制指令信息生成控制驱动信号，并把控制驱动信号传送到机械系统相应的执行部件。

图 11-7 为 3DP 成型系统原理。其主要由计算机控制系统、供粉缸、铺粉辊、黏结剂喷头、工作缸、黏结剂输送系统组成。

3DP 成型设备的机械系统又可分为打印头系统、运动系统和材料供给系统 3 个分系统，如图 11-8 所示。

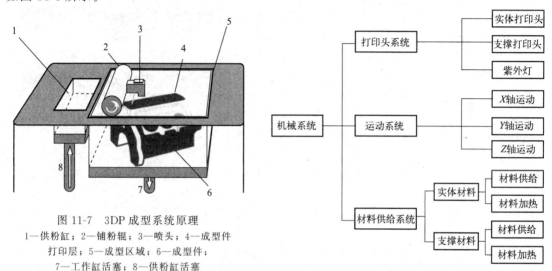

图 11-7　3DP 成型系统原理

1—供粉缸；2—铺粉辊；3—喷头；4—成型件
打印层；5—成型区域；6—成型件；
7—工作缸活塞；8—供粉缸活塞

图 11-8　3DP 成型设备机械系统的组成

机械系统是 3DP 成型工艺的主要执行机构，其成型过程高度自动化，其运动主要包括铺粉装置的送粉和铺粉运动、喷头的扫描运动和成型平台的升降。其中，铺粉运动完成新粉末层的铺平工作；喷头的扫描运动完成制件层面轮廓的黏结成型，是核心运动之一。轴的下降能保证成型平台的水平度和下降位置的精度。在加工过程中，机械系统各组件的运动在控制指令下有序进行，使粉末材料与黏结剂材料有序地空间结合，从而获得三维实体制件。

3DP 成型系统机械结构的总体布局如图 11-9 所示。3DP 工艺过程中的运动主要是 XY 平面运动及 Z 轴纵向运动，打印头搭载在小车上，可在 X-Y 方向运动，成型平台沿 Z 轴方向运动。

3DP 设备的关键零部件是打印头，主要用于黏结剂的喷射。常用的打印头主要有热气泡式和微压电式两大类。热气泡式喷射原理如图 11-10 所示。喷射液体充满喷嘴喷射室［图 11-10（a）］，

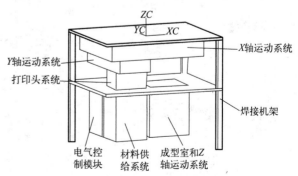

图 11-9　3DP 成型系统机械结构总体布局

通过脉宽为几微秒的脉冲电流将喷头内的微型加热电阻迅速加热至 $300\sim400℃$，与加热元件表面接触的液体迅速受热汽化，形成一微小气泡［图 11-10（b）］，该气泡可将加热元件与型腔中的液体隔离而避免液体被继续加热。停止加热后，加热元件余热使气泡膨胀挤压液体，使之瞬时从喷嘴挤出［图 11-10（c）］；随着加热电阻的冷却，气泡逐渐收缩，挤出液体在惯性作用下与喷嘴内的液体分开而形成液滴射出［图 11-10（d）］。气泡消失后喷嘴型腔产生负压，并且在毛细管虹吸作用下，从进液系统中吸入液体重新充满腔体［图 11-10（e）］，为下一次喷射做准备。

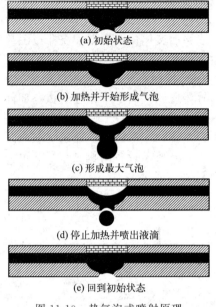

(a) 初始状态

(b) 加热并开始形成气泡

(c) 形成最大气泡

(d) 停止加热并喷出液滴

(e) 回到初始状态

图 11-10　热气泡式喷射原理

压电式喷射技术是在装有液体的喷头型腔壁安装压电换能器，控制喷头型腔的收缩实现液滴的喷射。根据微压电晶体换能器的工作原理及排列结构，压电式喷头可分为收缩型、弯曲型、推挤型和剪切型等几种类型，如图 11-11（a）所示。压电喷射原理如图 11-11（b）所示。其工作过程主要分为以下阶段：喷射前，压电晶体首先在打印信号的驱动下发生微小变形，然后振动片发生弹性变形，挤压喷嘴型腔使被打印液体克服自身表面张力在喷嘴出口处形成液滴喷射而出。压电式喷射方式可根据环境温度来调节脉冲电压幅值和频率，保证在常温下能稳定地将液滴喷出，易于实现高精度打印。另外，压电喷头与贮墨腔为两个独立结构，便于喷头的清洗和不同种类黏结剂的更换。因此，基于压电式喷射方式设计的喷射系统可满足不同种类黏结剂溶液的稳定喷射，从而有效提高成型精度。

图 11-12 为 3DP 成型机的总体结构。3DP 成型设备的控制系统结构如图 11-13 所示。其具有如下特点：①采用单机控制模式，硬件结构简单，成本较低；②直接利用计算机的扩展槽，通过计算机总线进行信息传输，相当于并行方式，计算机的资源得以充分利用，运行速度快；③控制系统采用了开放式模块化设计，扩展灵活性好，可形成系列化生产；④设备的监测系统较完善，可靠性较高，可以进行无人值守成型加工。

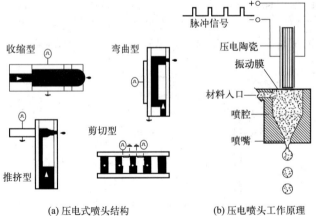

(a) 压电式喷头结构　(b) 压电喷头工作原理

图 11-11　压电式喷头

图 11-12　3DP 成型机的总体结构

3DP 成型设备控制系统的软件体系主要包括应用软件、硬件驱动程序和接口驱动程序。3DP 设备整体工作的运行流程如图 11-14 所示。

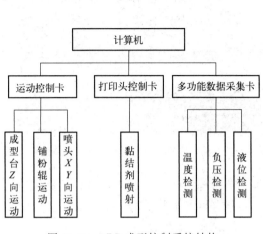

图 11-13　3DP 成型控制系统结构

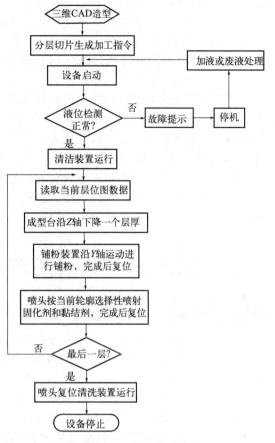

图 11-14　设备运行流程

① 应用软件：包括三维造型软件、分层切片软件、数据处理软件、安全监控软件。三维造型软件用于在一台高性能计算机上建立制件的三维模型，或者通过逆向工程软件得到制件的三维模型数据，然后通过表面三角化转换成文件格式；分层切片软件可在成型工艺要求下把文件进行分层切片处理；数据处理软件用于对已切片的文件进行转换，生成喷头的位图数据指令和运动机构的运动指令；安全监控软件用于喷射黏结成型过程中设备的故障诊断、加工进程监管和停机保护，它可确保设备在出现断电等意外情况下，能够继续之前的加工状态而不必重新加工。

② 硬件驱动程序：接收上位机的加工控制代码，用于控制和调节微喷射黏结过程中各个电动机的运转和喷头的选择性喷射。为了提高喷射精度，喷头驱动程序采用了位置补偿法提前驱动喷头进行喷射，减小液滴落点误差。提前喷射的位置和时间可通过公式反求。

③ 接口驱动程序：用于完成各功能板卡接口的驱动，便于上位机对各板卡的实时监控与信息反馈。

近年来 3DP 技术发展迅猛，在砂型（芯）的制备方面基本可实现工业化生产，如图 11-15 为宁夏共享 3D 打印砂型生产线。

微滴喷射黏结的成型速度快，在制备大型零件上具有优势，成型材料价格相对较低，而且成型过程不需要支撑，特别适合做内腔复杂的原型。但其成型件疏松多孔，坯体强度较低，表面较粗糙，需进行必要的后处理，进一步提高精度与强度。若要从根本上解决铸型微喷射黏结快速成型的精度和强度问题，还需要对喷射黏结过程中的若干关键技术问题进行系统而深入的分析，探索喷射黏结工艺中的喷射方式、喷射参数、黏结剂性能及固化行为、成型粉末材料参数对制件精度的影响机理，研究铺粉过程中粉末层之间力的相互作用规律。另外，在 3DP 设备方面，国内虽有一些企业面向市场推广国产微喷射黏结成型设备，但核心

图 11-15　宁夏共享 3D 打印砂型生产线

部件"喷头"属于高精尖科技产品，被英国、日本、美国等垄断，从而严重限制了我国工业喷墨打印行业的发展。希望将来能有国产化的喷头，解决这一卡脖子的技术难题。

11.3 SLS 成型铸造型芯设备

11.3.1　SLS 成型原理及特点

SLS 装置的结构及其工作原理如图 11-16 和图 11-17 所示。首先如图 11-17（a）所示，成型缸升降机构 1 下降一个层厚的高度，移动机构推动铺粉辊 2 运动（同时铺粉辊自转），将粉末刮至成型缸上，在制件已成型部分的上表面铺一薄层粉末；然后如图 11-17（b）所示，铺粉辊 3 返回原位，贮粉缸升降机构上升一定高度推出一定量粉末，等待后续铺粉工作。与此同时，数控系统操控激光束按照该层截面轮廓在粉层上进行扫描照射，使粉末颗粒的表面发生相互烧结并与下面已成型的烧结面黏结。当一层截面烧结完后成型缸升降机构下降一个层厚，再进行上述工作循环，如此反复操作直至工件完全成型。

图 11-17（b）中未烧结的粉末 5 保留在原位置起支撑作用。完成整个制件的扫描、烧结、成型后，取出成型件去掉表面上多余的粉末，并对表面进行打磨、烘干，根据不同零件制造工艺不同也会有渗蜡或渗树脂等后处理，最终获得具有一定性能的零件。

激光选区烧结技术在制造复杂、轻量、薄壁零件及新产品开发等方面发挥了很大作用，所用的材料主要有覆膜砂、蜡基铸造模样、陶瓷等，如图 11-18 所示。以覆膜砂作为烧结材料并用激光选区烧结法直接成型铸造用型（芯），是快速成型技术在铸造行业中的杰出应用，与传统的砂型铸造方法相比，省去了许多工装设备（造型机、制芯机、运输设备等），使得复杂、笨重的铸件生产过程可以在激光选区烧结机器上完成。如图 11-19 是采用 SLS 方法制备的复杂六缸柴油机缸盖的大型砂型，并

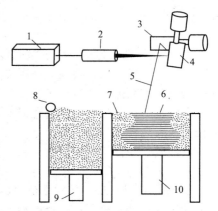

图 11-16　激光选区烧结装置结构
1—激光器；2—扩束聚焦镜；3—Y 轴振镜；
4—X 轴振镜；5—激光束；6—成型件；
7—粉末；8—铺粉辊；9—贮粉缸升降机构；
10—成型缸升降机构

最终获得了表面质量和尺寸精度满足设计要求的缸体铸件。

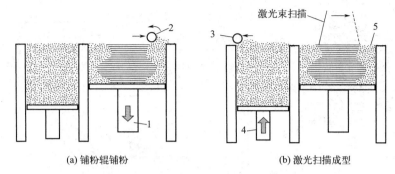

(a) 铺粉辊铺粉　　　　　　　　　(b) 激光扫描成型

图 11-17　激光选区烧结（SLS）成型工作原理

1—成型缸升降机构；2,3—铺粉辊；4—贮粉缸升降机构；5—粉末

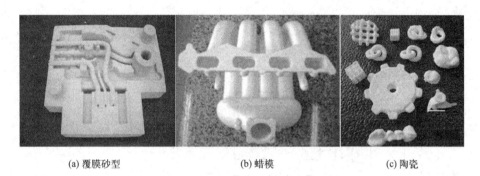

(a) 覆膜砂型　　　　　(b) 蜡模　　　　　(c) 陶瓷

图 11-18　不同的激光选区烧结成型材料

(a) 砂型芯　　　　　　　　　(b) 六缸柴油机缸盖铸件

图 11-19　激光选区烧结砂型与铸件

11.3.2　SLS 成型系统

图 11-20 为 SLS 成型机。其由计算机控制系统，成型机主机和激光器冷却器三大部分组成。图 11-21 是 SLS 成型机的主机系统，包括可升降工作缸、废料桶、铺粉辊、送料装置、聚焦扫描单元、加热装置等基本单元。其控制系统主要由计算机、各种接口模板、电动机驱动单元、各种传感器组成，并配以应用软件。

图 11-22 为该硬件系统的结构组成。该系统配置主要包括计算机系统、振镜动态聚焦扫描系统、测量控制系统、驱动系统。

（1）计算机系统

采用一台上位计算机完成模型切片数据、数据处理并输入下位机、激光束扫描、铺粉、送粉、工作台升降等控制任务。

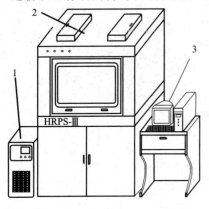

图 11-20　SLS 成型系统
1—激光器冷却器；2—成型机主机；
3—计算机控制系统

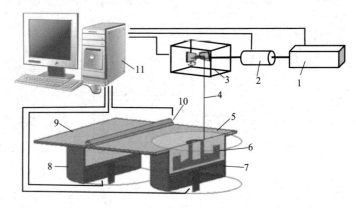

图 11-21　SLS 成型机的主机系统
1—激光器；2—扩束聚焦镜；3—振镜扫描系统；4—激光束；
5—工作台面；6—烧结件；7—成型缸；8—贮粉缸；
9—粉末；10—铺粉辊；11—计算机控制系统

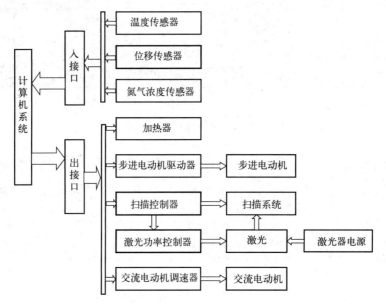

图 11-22　SLS 成型控制系统的硬件构成

（2）振镜动态聚焦扫描系统

　　振镜动态聚焦扫描系统由 XY 扫描头和动态聚焦模块组成。XY 扫描头上的两个镜子在伺服电动机的控制下，把激光束反射到工作面预定的 X、Y 坐标点上，其控制信号由动态聚焦扫描控制器提供；动态聚焦模块通过伺服电动机调节 Z 方向的焦距，使反射到 X、Y 任意坐标点上的激光束始终聚焦在同一平面上。动态聚焦扫描系统的各种动作由其控制器控制，包括电源和 X、Y、Z 轴数字驱动器。其任务是把计算机系统输出的信息变成相应的控制指令去控制 X、Y、Z 伺服电动机的偏转角度和激光发送。扫描头和激光系统的控制始终是同步的。

（3）测量控制系统

主要为温度、氮气浓度和工作缸升降位移的检测与控制。温度传感器用来检测工作腔和送料筒的预热温度，以便进行预热温度的实时控制；氮气浓度传感器用来检测工作腔中的氮气浓度，以便把氮气浓度控制到预定的值。工作腔和送料筒粉末的预热温度可分别自动调节。

（4）驱动系统

为各种电动机的控制。交流电动机完成铺粉辊的铺粉和自转的驱动，其速度可由交流电动机调速器调节；步进电动机完成工作缸的上、下升降，上、下升降的控制指令由计算机通过步进电动机驱动器来提供。

SLS 成型的材料选择范围很广，所以其成型工艺方法也是多种多样的，但大体上可分为聚合物粉末的激光烧结成型、无机物（金属、陶瓷等）与聚合物混合粉末的激光烧结成型和无机物（金属、陶瓷等）粉末的激光烧结成型，在铸造领域主要用于制备覆膜砂型（芯）与熔模。其成型工艺过程如图 11-23 所示。

如图 11-23 所示，首先是制件的三位数字模型准备及切片处理；然后对设备预热，预热一定时间后使设备成型室中的温度达到稳定；接着结合材料的特性及加工条件对成型参数（激光功率、激光束扫描速度、扫描间距、环境温度、粉层预热温度、贮粉缸的粉末预热温度、层厚、铺粉辊移动速度等）进行设置；随后就可以进行零件成型了，成型完毕后不能即刻取出成型件，应先关闭机器，零件随机器冷却后再取出；最后去除多余粉末并对其进行适当后处理（如浸石蜡、表面打磨等）。

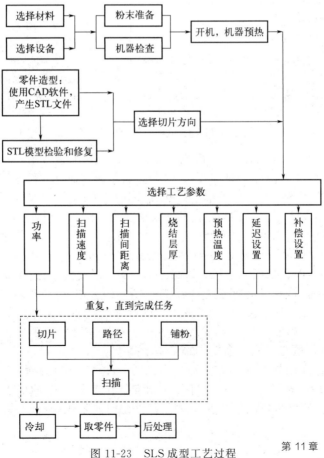

图 11-23　SLS 成型工艺过程

激光选区烧结技术的成型材料利用率较高，但成型试样结构疏松、表面粗糙多孔，并受粉末颗粒大小及激光光斑的限制，且有内应力，制件易变形，设备成本高，维护困难。另外，为了改善 SLS 成型试样的强度与精度以满足使用要求，一般需进行后期处理。如 SLS 覆膜砂型（芯）应进行后期再加热固化与表面涂料处理以提高强度与表面精度，可用于制备铸钢、铸铁、镁合金、钛合金等铸件，尺寸精度一般可达 CT6~CT8，表面粗糙度一般可达 $12.5 \sim 3.2 \mu m$；而制备熔模取代蜡模一般通过渗蜡或树脂进行处理以提高强度与表面精度，可用于制备不锈钢、铝合金铸件等，尺寸精度一般可达 CT6，表面粗糙度一般在 $6.3 \mu m$ 以下，但这属于间接成型型壳，后期还需在熔模表面涂多层涂料、结壳、脱模、烧结成陶瓷壳才能用于金属浇注。

11.4 SL 成型铸造模型设备

11.4.1 SL 成型原理及特点

SL 是利用光能的化学和热作用可使液态树脂材料产生变化的原理，对液态树脂进行有选择地固化，可以在不接触的情况下制造所需的三维实体原型。其工作过程如图 11-24 所示。

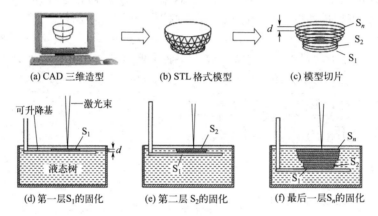

图 11-24　光固化成型过程

首先在计算机上用三维 CAD 系统构成产品的三维实体模型 [图 11-24（a）]，然后生成并输出 STL 文件格式的模型 [图 11-24（b）]。接着利用切片软件对该模型沿高度方向进行分层切片，得到模型各层断面的二维数据群 S_n（$n=1, 2, \cdots, N$），见图 11-24（c）。依据这些数据，计算机从下层 S_1 开始按顺序将数据取出，通过一个扫描头控制紫外激光束，在液态光敏树脂表面扫描出第一层模型的断面形状。被紫外激光束扫描辐照过的部分，由于光引发剂的作用，引发预聚体和活性单体发生聚合而固化，产生一薄固化层 [图 11-24（d）]。形成了第一层断面的固化层后，可将基座下降一个设定的高度 d，在该固化层表面再涂覆一层液态树脂，接着依上所述用第二层 S_2 断面的数据进行扫描曝光、固化 [图 11-24（e）]。当切片分层的高度 d 小于树脂可以固化的厚度时，上一层固化的树脂就可与下层固化的树脂黏结在一起。第三层 S_3、第四层 S_4……，这样一层层地固化、黏结，逐步按顺序叠加直到 S_n 层为止，最终形成一个立体的实体原型 [图 11-24（f）]。

对液态树脂进行光扫描曝光的方法通常有两种。图 11-25（a）是一种由计算机控制的 X-Y 平面扫描仪系统，光源可以经过光纤传送到安装在 Y 轴臂上的聚焦镜中，也可通过一组定位反光镜将光传送到聚焦镜中，并通过计算机控制使聚焦镜在 X-Y 平面运动，对液态树脂进行扫描曝光；图 11-25（b）是一种振镜光扫描系统，由振摆电动机带动的两片反射镜，根据控制系统的指令，按照每一截面轮廓的要求做高速摆动，从而将激光器发出的光束反射并聚焦于液态光敏树脂表面，并沿此面作 X-Y 方向的扫描运动。

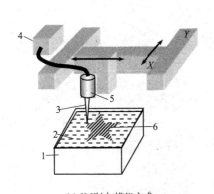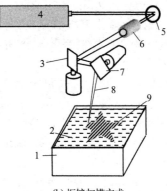

(a) X-Y轴扫描仪方式

1—液槽；2—液态树脂；3—激光束；
4—激光器；5—聚焦镜；6—成型物

(b) 振镜扫描方式

1—液槽；2—液态树脂；3—Y 轴振镜；
4—激光器；5—反射镜；6—聚焦镜；
7—X 轴振镜；8—激光束；9—成型物

图 11-25 光扫描原理

由于光固化技术成型的试样表面精度较高，目前主要将其与熔模精密铸造工艺相结合，采用光固化技术制备熔模精密铸造所需的树脂、蜡模、陶瓷壳（芯）等。其试样如图 11-26 所示。其中，树脂模和蜡模主要取代传统熔模精密铸造中的"熔模"，然后在模型表面涂挂耐火材料制备型壳，型壳经干燥、脱蜡、焙烧等工序耐热且有一定强度后即可进行金属浇注；直接成型陶瓷型壳（芯）坯体后坯体经干燥、脱脂烧结后也可进行金属浇注。采用光固化技术制得叶轮铸件的原型，结合熔模精密铸造方法，最终获得了性能良好的叶轮铸件，如图 11-27 所示。

(a) 树脂   (b) 蜡模   (c) 陶瓷壳

图 11-26 光固化成型材料

(a) SL叶轮树脂熔模   (b) 焙烧后的型壳   (c) 叶轮铸件

图 11-27 光固化＋熔模精密铸造制备叶轮

第 11 章 增材制造快速铸造设备

11.4.2　SL 成型系统

图 11-28 为光固化成型机外形。该设备可成型尺寸为 600mm×600mm×300mm，使用半导体激光器作光源。该成型机的原理如图 11-29 所示。其主要由计算机控制系统、主机和激光器控制系统三部分组成。

① 计算机控制系统：由高可靠性计算机、性能可靠的各种控制模块、电动机驱动单元、各种传感器组成，并配以 HRPLA2002 软件。该软件用于三维图形数据处理，加工过程的实时控制及模拟。

② 主机：该主机由五个基本单元组成，主要包括涂覆系统、检测系统、扫描系统、加热系统、机身与机壳。它主要完成系统光固化成型制件的基本动作。

③ 激光器控制系统：主要由激光器和振镜扫描机构组成。振镜扫描机构用来控制激光器，输出紫外激光来固化树脂。

图 11-28　光固化成型机外形

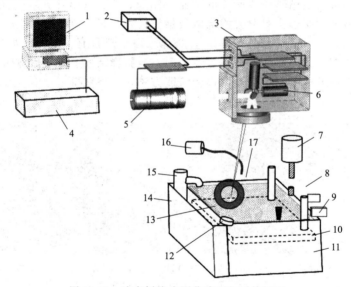

图 11-29　液态树脂光固化成型机系统原理

1—控制计算机；2—电源；3—扫描头；4—激光器；5—动态聚焦镜；6—振镜系统；7—步进电动机；
8—升降架；9—液面检测传感器；10—升降工作台；11—液槽；12—功率检测传感器；13—成型件；
14—副液槽；15—充液泵；16—抽气泵；17—补液刮板

激光扫描系统由控制计算机 1、电源 2、扫描头 3、激光器 4、动态聚焦镜 5、振镜系统 6 和功率检测传感器 12 等组成。其中，振镜系统由两组反射镜和驱动器构成，一组控制激光束在 X 轴方向的移动，另一组控制激光束在 Y 轴方向的移动；激光器为 350nm 的紫外光固态激光器；动态聚焦镜用于动态补偿激光束从液面中心扫描到边缘时产生的焦距差；功率检测传感器定时监测激光器的功率变化，为扫描过程提供动态数据；电源给控制板提供所需要的电压。

光固化成型系统主要由步进电动机 7、升降架 8、液面检测传感器 9、升降工作台 10、液槽 11、功率检测传感器 12、成型件 13、副液槽 14、充液泵 15、抽气泵 16 和补液刮板 17 等组成。其中，步进电动机 7、升降架 8 和升降工作台 10 构成的升降机构主要在工作中承载成型件并进行上升、下降操作。当成型件的一层固化后，升降机构将成型件下降到设定高度使固化层浸入液面下，并控制固化层面与液态树脂面保持设定的距离，这个距离一般在 0.1mm 以下。由液面检测传感器 9、副液槽 14 和充液泵 15 构成补液系统，以确保液面能在设定的高度精确定位。工作中当树脂有消耗并检测到液面下降偏离设定高度时，即可用充液泵从副液槽抽取树脂补充到主液槽，以使液面回到设定的高度。由抽气泵 16 和补液刮板 17 组成的铺液系统，主要用于在每一层树脂被激光束扫描固化后在其上表面铺上一层液态树脂。

如图 11-30 所示，补液刮板是一种空心夹层结构。当刮板在成型件固化层以外的区域移动时，抽气泵从刮板空心夹层处抽出适量空气使之能吸入适量液态树脂；当含液态树脂的刮板移动到成型件的固化层面上时，刮板即释放出一层薄薄的液态树脂铺覆在已固化层上，等待激光束的下一轮扫描固化。

光固化技术的一种衍生工艺是数字光处理（digital light processing，DLP）立体光刻技术。这种技术可使整个固化过程加快，既可节约能源，又能提高生产效率。DLP 立体光刻技术已在生产中逐渐得到使用。它是先利用切片软件将物体的三维模型切成薄片，将三维物体转化到二维层面，然后利用数字光源照射使光敏树脂一层一层地固化，最后层层叠加得到实体材料，如图 11-31 所示。

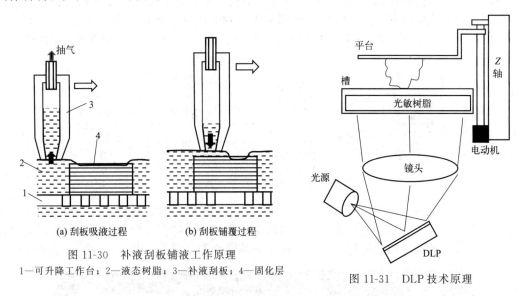

(a) 刮板吸液过程   (b) 刮板铺覆过程

图 11-30　补液刮板铺液工作原理

1—可升降工作台；2—液态树脂；3—补液刮板；4—固化层

图 11-31　DLP 技术原理

DLP 快速成型技术相比传统加工方法有以下特点：首先这一技术节约时间，省时省钱，可以将整个设计周期进一步缩短；其次它不需要切削工具等其他辅助工具，因此不需要复杂的过程，没有其他材料工具的损耗；再次这种技术不需要接触加工，因此没有加工后的废物产生，也没有其他振动和噪声产生，没有复杂的程序，全自动控制，可以不停歇地一直工作，节省人力；最后只需要一台机器就可制作出不同的模型，且打印精度比较高，容易实现快速原型设计。虽然 DLP 快速成型技术有很多的优点，但它还是有不足之处。如光敏树脂的价格都比较高，因此成本比较高；由于 DLP 快速成型技术所用的材料是光敏树脂，需要避光保存。

DLP 所使用的光敏树脂固化速度快，大约比紫外光固化快 5~8 倍，而且固化时间可以根据实际需要进行调节。另外，其固化成型使用的是数字灯光，避免了紫外光对人体的伤害。DLP 技术已成为快速制造领域研究的热点，在某些行业有替代传统光固化的趋势。

光固化成型技术可实现高表面精度、复杂结构模型的制备，与熔模精密铸造工艺结合代替蜡模，可用于制备碳钢、不锈钢等铸件。当使用光固化技术制备熔模代替传统蜡模时，获得的铸件尺寸精度可达 CT4，表面粗糙度 Ra 可达 $6.3\mu m$；直接制备陶瓷壳（芯）时，虽大幅缩短了工艺，成型的陶瓷壳（芯）表面精度较高，但经高温烧结后，尺寸收缩较大、尺寸稳定性较差，易产生变形或开裂。另外，其设备运行及维护成本较高，且液态树脂具有气味和毒性。

11.5 挤出成型陶瓷型芯设备

11.5.1 挤出成型原理及特点

分层挤出成型技术作为一种较新的增材制造技术，也被称为挤出自由成型（extrusion freeform fabrication，EFF）、冻结挤出成型（freeze extrusion fabrication，FEF）、墨水直写成型（direct ink writing，DIW）等。该技术具有设备成本低（无需激光或紫外线发射器）、材料来源广（适用于金属、陶瓷、聚合物等）、烧结收缩率较小（浆料固含量较高）甚至零污染（较低黏结剂含量，无需树脂或聚合物）等优势。

分层挤出成型的基本流程如图 11-32 所示。首先将粉末、黏结剂、分散剂等材料均匀混合制备出高固含量的浆料；然后在计算机辅助下按预设路径，通过压力作用分层沉积浆料，浆料层层叠加成型试样坯体；最后坯体经干燥、脱脂、烧结等简单后处理获得所需零件试样。

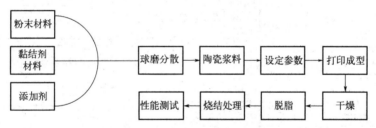

图 11-32　分层挤出成型工艺流程

分层挤出成型技术的研究和应用取得的进展，主要集中在成型材料及其应用领域，包括生物、陶瓷、食品、药品、电子等，将其应用于铸造领域的研究较少，但已有研究者开始关注该方法在铸造领域应用的可行性，主要制备铸造中的陶瓷型壳（芯），如图 11-33 所示。

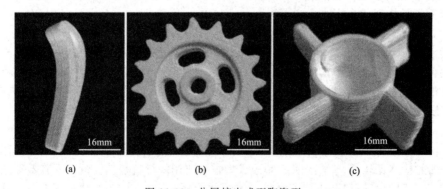

(a)　　　　　　　　　　(b)　　　　　　　　　　(c)

图 11-33　分层挤出成型陶瓷型

11.5.2 挤出成型系统

分层挤出成型设备系统主要由机械系统、软件系统和控制系统组成，如图 11-34 所示。

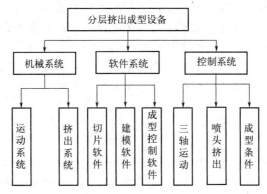

图 11-34 分层挤出成型设备系统基本组成

分层挤出成型设备的机械系统由运动系统与挤出系统构成，是分层挤出成型系统的主要执行部分，在成型过程中无人为干预且高度自动化。其总体架构如图 11-35 所示。

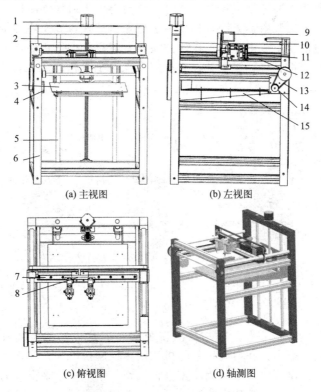

(a) 主视图　　　　(b) 左视图

(c) 俯视图　　　　(d) 轴测图

图 11-35 分层挤出成型设备的机械系统

1—Z 轴步进电动机；2—Z 轴滚珠丝杠；3—成型平台；4—Y 轴步进电动机；5—Z 轴导向光轴；
6—机架；7—X 轴滑轨；8—挤出机构支架；9—X 轴步进电动机；10—X 轴同步带；11—协调机构；
12—Y 轴同步带 1；13—Y 轴同步带 2；14—Y 轴同步带轮；15—平台支架

三维运动机构是实现挤出头在三维空间运动的执行机构，包括三维平台和传动机构。每一个零件的分层挤出成型过程都需通过挤出头与成型平台的三维精确运动来实现，实现精准定位与成型平台的稳定运动是分层挤出成型获得高精度成型的基础。

挤出系统包括挤出头、浆料筒和压力控制器。挤出头在 X-Y 平面内做复合运动，成型平台沿 Z 轴做往复运动，主要负载为成型平台及其支架重量，整体负载较重，阻力大，传动精度要求高。分层挤出成型过程中主要是将浆料沉积在成型平台上，而浆料被施加合适的驱动力才能通过挤出头顺畅挤出。根据驱动力来源形式不同，浆料挤出形式可分为螺杆驱动式、柱塞驱动式和气压驱动式，如图 11-36 所示。

螺杆驱动式通常与气压驱动系统相结合，首先对压力储料罐施加高压气体驱动陶瓷浆料流入螺杆挤出头，然后通过螺杆旋转控制陶瓷浆料挤出，如图 11-36 (a) 所示。这种驱动形式易实现远程、持续供料，无需中途更换料筒，适用于挤出高黏度非牛顿流体浆料。然而，打印完成后螺杆及料筒清理较繁琐。另外，螺杆长时间与陶瓷浆料摩擦会被磨损，维护成本高。

柱塞驱动式通常将步进电动机的旋转运动转换为直线运动，驱动活塞运动来控制浆料挤出，如图 11-36 (b) 所示。这种形式不能持续供料，适用于中小型陶瓷坯体成型；步进电动机、螺杆等部件增加了挤出头重量及成本；浆料不能顺畅挤出时，活塞阻力增大，并且因活塞与步进电动机刚性连接，易导致步进电动机过载而损坏。

气压驱动式是通过控制压缩气体对料筒内活塞的压力实现浆料按需挤出的，如图 11-36 (c) 所示。此驱动形式成型中小型零件坯体时，料筒内可压缩气体体积较小，通过调节合适的气压和制备高度分散的浆料，无明显挤出滞后现象。此外，气压驱动结构仅由料筒、活塞和适配器组成，装备简单、成本低廉、操作方便，具有良好的适用性，并且便于更换和清洗料筒；挤出过程中气密性良好，挤压力控制稳定，保证了浆料连续、均匀挤出。

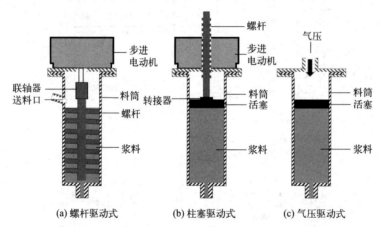

图 11-36　浆料挤出形式

为了实现挤出头的准确定位，还需要升降机构、夹持机构与微调机构，如图 11-37 所示。夹持机构用于固定挤出头和料筒；升降机构用于控制挤出头升降，从而避免刮蹭到成型坯体；微调机构可对挤出头的微小位置偏差进行校正，精准定位挤出头的相对位置。这样在多挤出头的设备中，各挤出头被独立控制，可按需调用、协同成型，满足不同区域、不同精度成型要求，避免非工作态挤出头刮蹭到已成型坯体，保证成型精度和效率。

分层挤出成型设备的控制系统主要包括 PC 端、主控板 (PCB)、运动控制系统、协同控制系统和温度控制系统，可控制挤出头实现 X、Y、Z 三轴运动和协同挤出成型。控制系统通过输出指令控制挤出成型装置完成运动动作，挤出成型装备的控制系统总体构架及设备如图 11-38 所示。

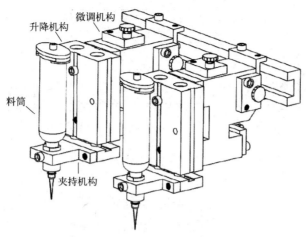

图 11-37　挤出头升降机构、夹持机构与微调机构

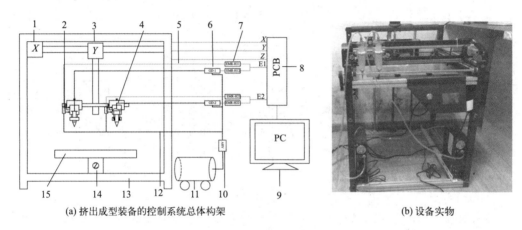

(a) 挤出成型装备的控制系统总体构架　　　　　　(b) 设备实物

图 11-38　分层挤出成型设备

1—X 轴电动机；2—电磁阀；3—Y 轴电动机；4—挤出头；5—导线；6—气压控制器；7—继电器；
8—主控板；9—计算机；10—调压阀；11—气泵；12—气管；13—机架；14—Z 轴电动机；15—成型基板

采用上、下位机控制模式设计分层挤出成型设备，其系统结构如图 11-39 所示。上位机主要采用计算机，负责完成三维建模、模型切片、生成打印所需的 G 代码、人机交互等任务；下位机使用嵌入式的单片机，主要进行读取 G 代码、控制设备的运动及成型等任务。上、下位机之间采用串行总线进行数据的传输。其下位机主要由 Arduino Mega250 主控板与 Ramps1.4 拓展板组成。Arduino Mega2560 使用的处理器为 atmega2560，起到控制此成型设备的作用。采用编译软件烧录相应的 Marlin 固件，读取零件 STL 文件经切片软件切片后获得的 G 代码，控制步进电动机运转，进而控制挤出机构按既定规划路线运动。

分层挤出成型设备的软件系统可分为三维建模数据的处理、成型参数的选择和对成型过程中运动的控制三大部分，其工作框架如图 11-40 所示。完整的分层挤出成型样品工艺包括以下步骤：①利用三维造型软件设计 3D 模型并导出为 STL 格式文件；②使用切片软件对导入的 STL 格式文件进行切片处理，得到对应的 G 代码；③控制软件将 G 代码传输给主板，主板接收 G 代码并开始成型。目前使用较多的建模软件有 UG、Solidworks、Pro/E 等，常用的切片软件主要有 Cura、Slic3r、Simplify3D 等。

分层挤出成型技术正逐渐朝着多头协同挤出成型的方向发展，在多材料成型中具有一定

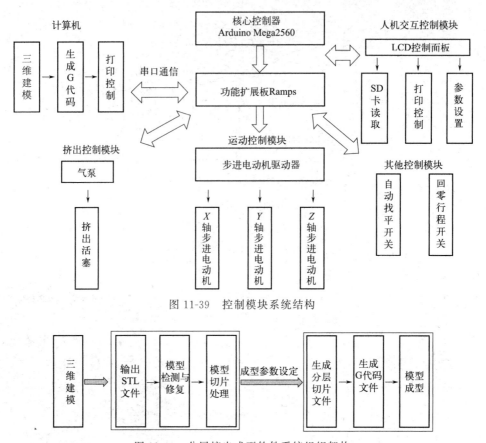

图 11-39 控制模块系统结构

图 11-40 分层挤出成型软件系统组织架构

优势。但由于浆料挤出工艺的特殊性,浆料在驱动力作用下经喷嘴挤出后逐层堆积,成型的试样表面会呈现比较明显的层纹效应,从而导致成型试样的表面精度偏低,并且难以满足精密铸造要求。若能提高分层挤出成型陶瓷型芯表面精度从而达到铸造要求,实现多材料多头协同挤出成型,该工艺在铸造领域将具有更广阔的发展前景。

思考题

1. 增材制造技术基于什么成型原理?
2. 简述增材制造技术的分类及其应用特点。
3. 概述喷射黏结成型技术的系统组成及工作原理。
4. 简述激光选区烧结技术的成型系统及控制过程。
5. 简述光固化成型技术的成型系统及应用范围。
6. 概述分层挤出成型技术的系统组成及工作原理。
7. 比较喷射黏结成型、激光选区烧结成型、光固化成型和分层挤出成型技术的优缺点。
8. 简述分层挤出成型技术中的浆料挤出方式及其特点。

参考文献

[1] 樊自田. 材料成形装备及自动化[M]. 北京:机械工业出版社,2018.

[2] 樊自田,杨力,唐世艳. 增材制造技术在铸造中的应用[J]. 铸造,2022,71(1):1-16.

[3] 苏仕方. 铸造手册:第5卷[M]. 4版. 北京:机械工业出版社,2021.

[4] 鲁中良,苗恺,闫春泽,等. 增材制造与精密铸造技术[M]. 北京:国防工业出版社,2021.

[5] 闫春泽,史玉升,魏青松,等. 激光选区烧结3D打印技术[M]. 武汉:华中科技大学出版社,2019.

[6] 杨卫民,魏彬,于洪杰. 增材制造技术与装备[M]. 北京:化学工业出版社,2022.

[7] 卢秉恒,连芩,李涤尘. 陶瓷光固化增材制造技术[M]. 北京:国防工业出版社,2021.

[8] 唐世艳. 分层挤出成形铸造用陶瓷型芯的精度控制及特性研究[D]. 武汉:华中科技大学,2019.

[9] 杨力. 精密铸造陶瓷型/芯双头挤出直接成形的材料及精度研究[D]. 武汉:华中科技大学,2020.

[10] 樊自田,钱磊,唐世艳,等. 精密铸造用陶瓷壳芯的制备方法及装置:CN 111940683A[P]. 2020-11-17.

[11] 樊自田,杨力,唐世艳,等. 基于分层挤出成形的陶瓷和金属零件一体化精密铸造方法:CN110370423A[P]. 2019-10-25.

[12] 赵火平. 微喷射粘结快速成形铸造型芯关键技术研究[D]. 武汉:华中科技大学,2015.

[13] Yang Li, Tang Shiyan, Fan Zitian, et al. Rapid casting technology based on selective laser sintering [J]. China Foundry,2021,18(04):296-306.

[14] Tang Shiyan, Yang Li, Fan Zitian, et al. A review of additive manufacturing technology and its application to foundry in China[J]. China Foundry,2021,18(04):249-264.